信息技术人才培养系列规划教材

Linux 云计算开发实战系列

Linux 系统管理与服务配置实战

慕课版

U0265040

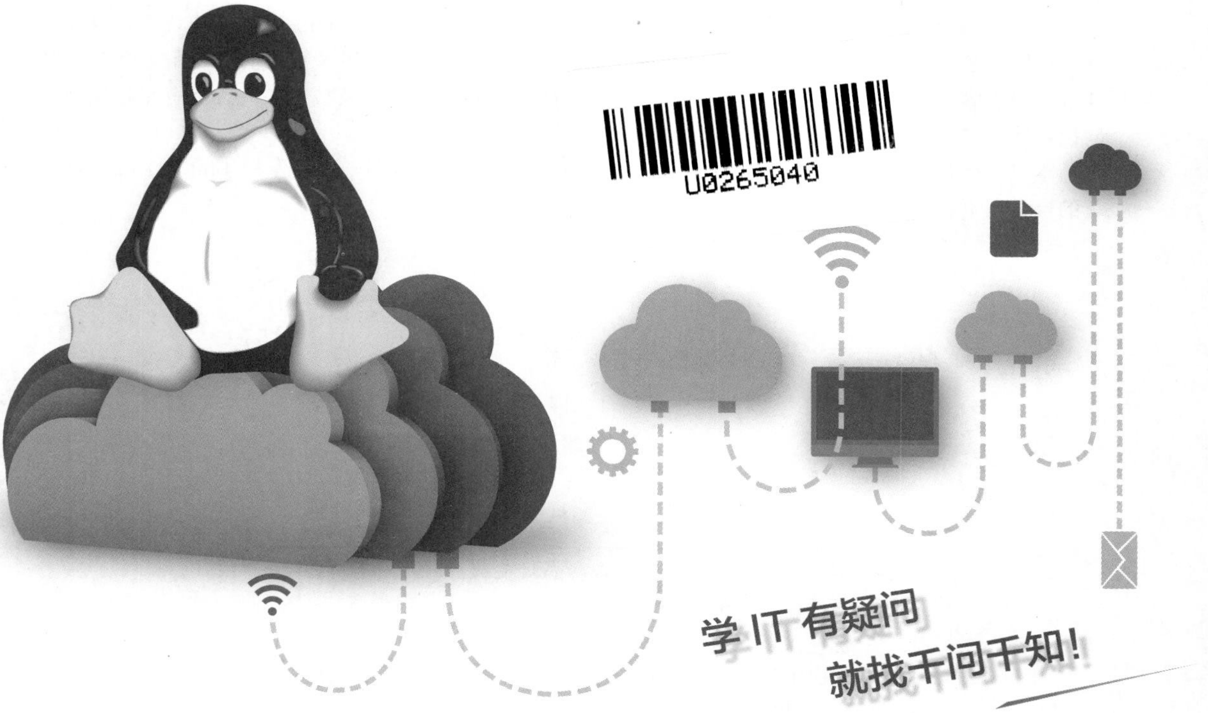

学 IT 有疑问

就找千问千知！

◎ 千锋教育高教产品研发部 编著

人 民 邮 电 出 版 社

北 京

图书在版编目（CIP）数据

Linux系统管理与服务配置实战 : 慕课版 / 千锋教育高教产品研发部编著. -- 北京 : 人民邮电出版社, 2020.2（2024.6重印）
信息技术人才培养系列规划教材
ISBN 978-7-115-51579-7

Ⅰ. ①L… Ⅱ. ①千… Ⅲ. ①Linux操作系统－教材 Ⅳ. ①TP316.85

中国版本图书馆CIP数据核字(2020)第000103号

内 容 提 要

本书系统地介绍了 Linux 系统管理与服务配置，共分 17 章，包括 Linux 基本操作、用户管理、文件权限、磁盘及文件系统管理、网络管理、软件包和多命令协作，以及常见的应用服务器的部署和维护等内容。本书以项目实战的形式，帮助读者掌握 Linux 运维开发技术，并且配有完整视频，向读者展示实战项目中解决问题的详细过程。

本书可作为高等院校及培训学校计算机专业的教材及教学参考书，也可作为 Linux 运维开发人员的自学用书。

◆ 编　著 千锋教育高教产品研发部
责任编辑 李 召
责任印制 王 郁 陈 犇
◆ 人民邮电出版社出版发行　北京市丰台区成寿寺路 11 号
邮编 100164　电子邮件 315@ptpress.com.cn
网址 http://www.ptpress.com.cn
北京天宇星印刷厂印刷
◆ 开本：787×1092 1/16
印张：15.75　2020 年 2 月第 1 版
字数：421 千字　2024 年 6 月北京第 11 次印刷

定价：49.80 元

读者服务热线：(010)81055256　印装质量热线：(010)81055316
反盗版热线：(010)81055315
广告经营许可证：京东市监广登字 20170147 号

编 委 会

主　　编：杨　生　潘旭华　黄廷辉

副主编：倪志平　闫　强　徐　磊

编　　委：闫　宁　杨　轩

前 言 PREFACE

当今世界是知识爆炸的世界，科学技术与信息技术快速发展，新型技术层出不穷，教科书也要紧随时代的发展，纳入新知识、新内容。目前很多教科书注重算法讲解，但是如果在初学者还不会编写一行代码的情况下，教科书就开始讲解算法，会打击初学者学习的积极性，让其难以入门。

党的二十大报告中提到："全面提高人才自主培养质量，着力造就拔尖创新人才，聚天下英才而用之。" IT 行业需要的不是只有理论知识的人才，而是技术过硬、综合能力强的实用型人才。高校毕业生求职面临的第一道门槛就是技能与经验。学校往往注重学生理论知识的学习，忽略了对学生实践能力的培养，导致学生无法将理论知识应用到实际工作中。

为了杜绝这一现象，本书倡导快乐学习、实战就业，在语言描述上力求准确、通俗易懂，在章节编排上循序渐进，在语法阐述中尽量避免术语和公式，从项目开发的实际需求入手，将理论知识与实际应用相结合，目标就是让初学者能够快速成长为初级程序员，积累一定的项目开发经验，从而在职场中拥有一个高起点。

千锋教育

针对高校教师的服务

千锋教育基于多年的教育培训经验，精心设计了"教材+授课资源+考试系统+测试题+辅助案例"教学资源包。教师使用教学资源包可节约备课时间，缓解教学压力，显著提高教学质量。

本书配有千锋教育优秀讲师录制的教学视频，按知识结构体系已部署到教学辅助平台"扣丁学堂"，可以作为教学资源使用，也可以作为备课参考资料。本书配套教学视频，可登录"扣丁学堂"官方网站下载。

高校教师如需配套教学资源包，也可扫描下方二维码，关注"扣丁学堂"师资服务微信公众号获取。

扣丁学堂

针对高校学生的服务

学 IT 有疑问，就找“千问千知”，这是一个有问必答的 IT 社区，平台上的专业答疑辅导老师承诺在工作时间 3 小时内答复您学习 IT 时遇到的专业问题。读者也可以通过扫描下方的二维码，关注“千问千知”微信公众号，浏览其他学习者在学习中分享的问题和收获。

学习太枯燥，想了解其他学校的伙伴都是怎样学习的？你可以加入“扣丁俱乐部”。“扣丁俱乐部”是千锋教育联合各大校园发起的公益计划，专门面向对 IT 有兴趣的大学生，提供免费的学习资源和问答服务，已有超过 30 万名学习者获益。

千问千知

资源获取方式

本书配套源代码、习题答案的获取方法：读者可添加小千 QQ 号 2133320438 索取，也可登录人邮教育社区 www.ryjiaoyu.com 进行下载。

致谢

本书由千锋教育云计算教学团队整合多年积累的教学实战案例，通过反复修改最终撰写完成。多名院校老师参与了教材的部分编写与指导工作。除此之外，千锋教育的 500 多名学员参与了教材的试读工作，他们站在初学者的角度对教材提出了许多宝贵的修改意见，在此一并表示衷心的感谢。

意见反馈

虽然我们在本书的编写过程中力求完美，但书中难免有不足之处，欢迎读者给予宝贵意见，联系方式：huyaowen@1000phone.com。

千锋教育高教产品研发部
2023 年 5 月于北京

目录 CONTENTS

01

第1章 初识 Linux

本章学习目标

- 了解云计算的概念
- 了解虚拟机的安装
- 熟悉 Linux 操作系统

随着新一代信息技术的迅猛发展，数据的数量、规模不断扩大，随之而来的是数据存储与程序运行的成本问题，于是，云计算应运而生。云计算冲击了传统 IT 业，凭借其低廉的成本和高效的管理，逐渐成为 IT 界的新宠。Linux 和开放源代码在云计算领域扮演着极其重要的角色。因此在学习 Linux 之前，我们先了解下云计算。

1.1 云计算简介

云计算简介

当一件产品必不可少，而价格又特别高时，人们往往会寻找它的替代品。一旦廉价替代品的性能与原产品的性能相当，人们就会放弃对原产品的使用。云计算最初就是为了应对互联网行业高速发展所带来的网络、服务器、存储、应用软件及服务的昂贵价格而出现的“替代品”。随着云计算技术的逐步更新，人们只需投入少量的管理工作，并且不必与服务供应商打太多交道，就能迅速获得云计算资源。云计算已经逐渐成为互联网公司的第一选择。

1.1.1 什么是云计算

云计算是基于互联网的相关服务的增加、使用和交付模式，通常涉及通过互联网来虚拟化资源。“云”通常为互联网的一种比喻说法，而“计算”一词有两层含义，一是进行计算，二是对计算机资源的简称。因此我们可以把云计算理解为将计算机资源通过网络进行虚拟化，或者用虚拟化资源进行计算。

当然，现在对于云计算的定义没有一个标准的说法，一千个人心中有一千种云计算的概念，现阶段比较被人们认可的说法是美国国家标准与技术研究院给出的定义：云计算是一种按使用量付费的模式，它随时随地提供便捷的、可通过网络按需访问的可配置计算资源共享池（资源包括网络、服务器、存储、应用软件、服务），这些资源能够快速调配，极度缩减管理资源的工作量和与服务供应商的交互。简单地说，云计算通过网络连接的方式对计算资源进行统一的管理和调度，构建一个计算资源池向用户按需提供服务。

1.1.2 云计算的服务特征

云计算服务的主要特征如下。

（1）可以随时随地使用任何网络设备进行访问。

（2）可以多人共享资源池。

（3）可以快速重新部署服务，十分灵活。

（4）服务自助化。

（5）服务可监测。

（6）可以减小用户的终端压力。

（7）降低了用户的使用门槛。

（8）基于虚拟化技术快速部署资源与提供服务。

1.1.3 云计算的发展现状

随着云计算的不断发展，云计算服务逐步占领 IT 大舞台，使传统的 IT 行业日益丧失竞争力。为了求存，大量的互联网企业开始转型，使用云计算服务。而新生的互联网公司为了节约成本与增强竞争力，也放弃了传统的互联网模式，采用云计算服务模式。

随着越来越多的企业采用云计算服务，过去的一些可靠的云计算服务已经难以满足企业的要求，加之容器技术的爆发，云计算又将迎来新的挑战。

云计算是新兴的 IT 产业，其发展时间较短，但发展势头迅猛，云计算专业人才供不应求已成为常态。因此，现阶段各大高校先后开设云计算相关专业，为这一产业输送新生力量。

1.1.4 云计算的应用案例

云计算的应用案例多如牛毛，这里举一个最简单也是大家最熟悉的例子：百度云盘。

百度公司是云计算技术早期的受益者之一，百度云盘通过云计算服务为百度带来每年上亿元的收入，并且大大提高了百度用户的黏着度，也为其后的百度云的发展打下了坚实的基础。

百度云盘的思路很简单，就是将我们常见的 U 盘虚拟化，利用网络手段使用户可以随时随地获取自己所需要的资源。这个思路现在看起来很普通，但在当年是前所未有的。

当时的人们还在为 U 盘丢失或者 U 盘没有随身携带而苦恼，因缘际会，云计算思路被提出，百度开始考虑利用云计算的思路将 U 盘虚拟化，然而，信息泄露、信息丢失、传输速率低等难题一直困扰着百度人。当然，最后事实证明，云计算的时代到来了，百度云盘培养了大批用户。

可能大家会感到惊奇，云计算原来就在我们身边。其实就是这样，云计算已经融入了我们的生活，无所不在。

1.1.5 云计算学习流程

学习云计算入门并不难，只要学会使用简单的 Linux 命令，会进行简单的运维与排错，就算迈进了云计算的大门。但是，要想扩宽自己的发展道路，就必须不断地给自己充电。下面介绍云计算学习的各个阶段，以及相关的工作岗位。

1. 学习 Linux 系统

第一阶段是打基础，需要完成 Linux 系统的学习。俗话说，万丈高楼平地起，Linux 就是云计算的地基，楼能盖多高，要看地基打得牢不牢靠。本书将帮助大家完成此阶段的学习。学好 Linux 基础，可以担任初级运维工程师。

2. 学习 Shell 与 Python 语言

Shell 与 Python 是云计算脚本语言，学好这两种脚本语言可以帮助你在日常生产环境之中解决简单的问题，达到自动化运维的目的，减轻工作压力，实现一键部署任务。此阶段的学习是实现云计算能力突破的关键。掌握了 Shell 与 Python 语言的使用方法，就可以自主编写相关脚本，进阶成为运维工程师。

3. 学习 Nginx 架构

学习 Nginx 架构知识，可以帮助你优化公司的架构，减少资源消耗，降低经营成本，开拓发展空间。完成本阶段的学习后，可以胜任云计算开发工程师，如果经验丰富，则可以担任小型企业架构师。

4. 学习容器管理

容器是近年的热门技术，也是新兴技术，无论公司大小，只要是互联网公司，基本都在进行容器化或者准备容器化。如果不懂容器知识，在行业之中很难有话语权，因此，这也是职业竞争的加分项。学好容器管理，能够胜任云计算研发工程师或中型企业架构师。

1.2　Linux 简介

在 Linux 出现之前，市场上已经存在稳定且成熟的操作系统 UNIX。Linux 由 UNIX 演变而来，在 UNIX 的技术和用户界面基础上进行了独创的技术改进。Linux 在服务器市场拥有强劲的竞争力，对安全漏洞有极快的解决速度。

1.2.1　Linux 系统与 Windows 系统

为什么云计算服务会选择 Linux 作为自己的主要操作系统，而不是选择 Windows 系统呢？我想大家会有这个疑问，毕竟，比起 Linux 系统，Windows 系统更为大众所熟知。但系统的选择并不是只看名气，云计算曾经尝试过以 Windows 作为操作系统，但是实践证明，Linux 更适合担任这一角色。下面我们来比较一下 Linux 系统与 Windows 系统。

1. Windows 系统

优势：Windows 系统主打家庭办公，操作方便，多用于日常办公、娱乐。

劣势：Windows 系统为收费系统，不是开源软件，漏洞多，并且不太稳定，长时间开机可能出现明显的卡顿情况。

2. Linux 系统

优势：Linux 系统主打网络服务，专业性强，为免费开源系统，主要用于搭建服务器，性能稳定，长时间开机不出现卡顿情况，漏洞少，更安全。

劣势：Linux 系统是专业系统，对业余人员不是很友好，代码操作难度较高。

1.2.2 Linux 系统简介

1. 一切皆文件

Linux 系统中的一切都归结为文件。对于操作系统内核而言，命令、硬件和软件设备、进程等，都被视为拥有各自特性的文件。

2. 完全兼容 POSIX 1.0 标准

该标准使得在 Linux 下通过相应的模拟器可以运行常见的 DOS、Windows 程序，这为用户从 Windows 转到 Linux 奠定了基础。

3. 多用户、多任务

Linux 中各个用户对其文件设备有特殊的支配权，保证了各用户之间互不影响。多个程序可以同时并独立地运行，从而提高了整个系统的效率。

4. 完全免费

Linux 是免费的操作系统，用户可以通过网络或其他途径获得，并可以任意修改其源代码。正是由于这一点，Linux 吸引了无数爱好者，他们都参与了 Linux 的修改与编写工作。

Linux 发行版本众多，比较著名的版本如表 1.1 所示。

表 1.1　Linux 发行版本

发行版本	说明
Red Hat	企业级商业发行版本，成熟稳定
CentOS	免费发行版本的 Red Hat Enterprise，简约
Debian	免费发行版本，内存占用小
Fedora	免费发行版本，前身为 Red Hat Linux，具有前瞻性
SUSE	德国企业级商业发行版本，强大的服务器平台
openSUSE	SUSE Linux 的开源版本，旨在推进 Linux 的广泛使用
Ubuntu	免费发行版本，以桌面应用为主

1.3 虚拟机系统安装

虚拟机系统安装

工欲善其事，必先利其器。在学习 Linux 之前，首先需要搭建 Linux 系统。本节将讲解 VMware Workstation（威睿工作站）的安装和 CentOS 7 系统的安装。

1.3.1 VMware Workstation 虚拟机软件安装

VMware Workstation 安装步骤如下。

（1）在 VMware 官网下载虚拟机安装包（VMware-workstation-full- 14.1.1.28517.exe），双击该安装包，进入安装向导界面，如图 1.1 所示。

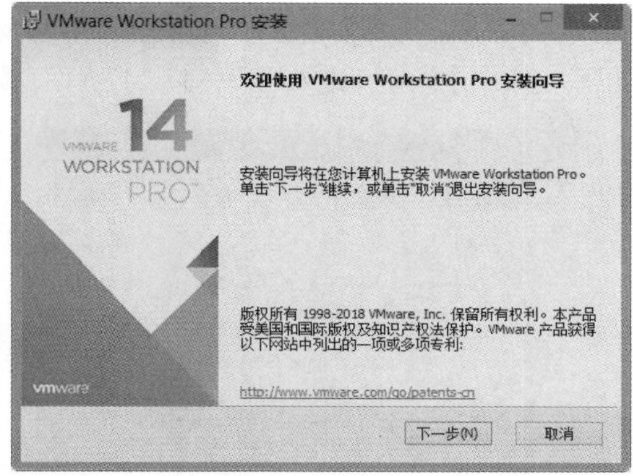

图 1.1　安装向导界面

（2）单击图 1.1 中的【下一步(N)】按钮，进入最终用户许可协议界面，如图 1.2 所示。

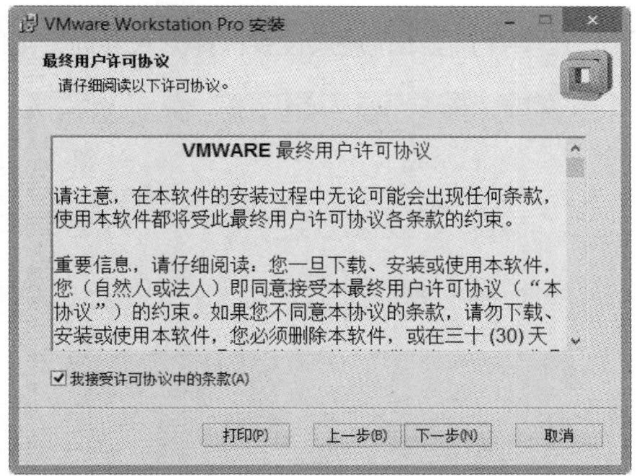

图 1.2　最终用户许可协议界面

（3）在图 1.2 中，选中"我接受许可协议中的条款(A)"复选框，然后单击【下一步(N)】按钮，进入自定义安装界面，如图 1.3 所示。

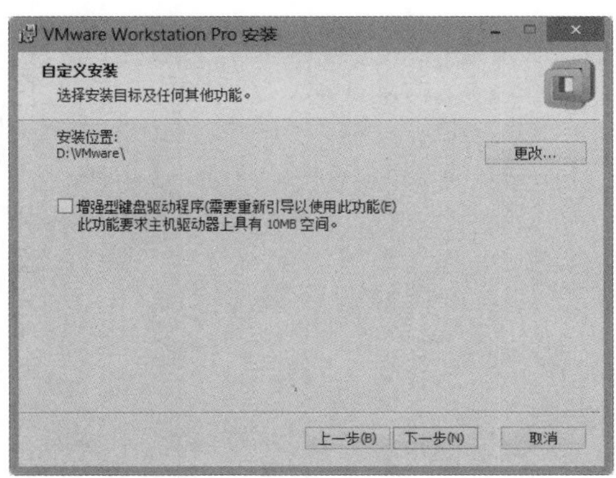

图 1.3　自定义安装界面

（4）单击图 1.3 中的【更改...】按钮，选择安装位置（此处选择 D:\VMware，也可以选择默认位置或其他位置），然后单击【下一步(N)】按钮，进入用户体验设置界面，如图 1.4 所示。

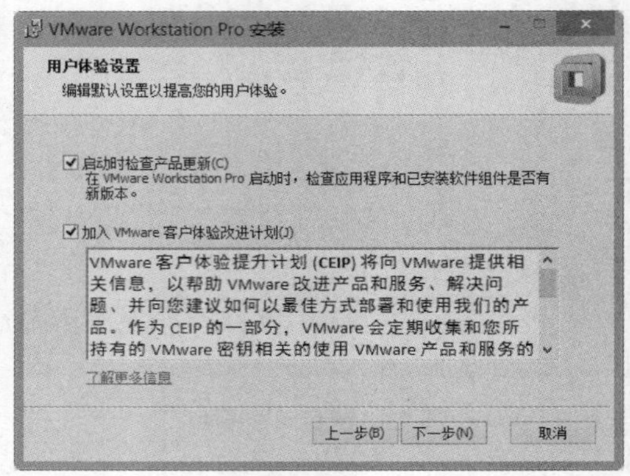

图 1.4　用户体验设置界面

（5）单击图 1.4 中的【下一步(N)】按钮，进入设置快捷方式界面，如图 1.5 所示。

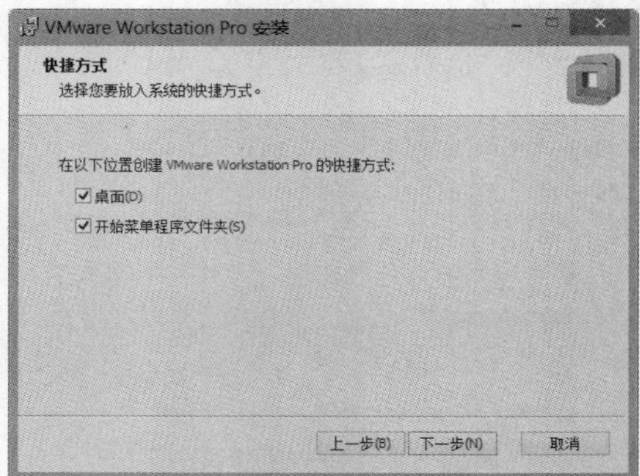

图 1.5　设置快捷方式界面

（6）单击图 1.5 中的【下一步(N)】按钮，进入已准备好安装界面，如图 1.6 所示。

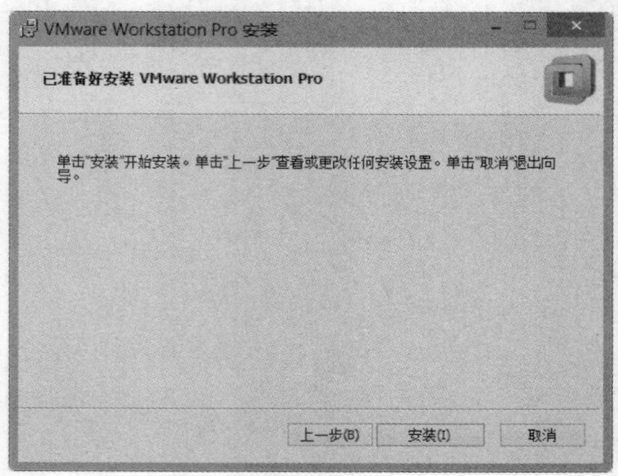

图 1.6　已准备好安装界面

（7）单击图 1.6 中的【安装(I)】按钮，进入正在安装界面，如图 1.7 所示。

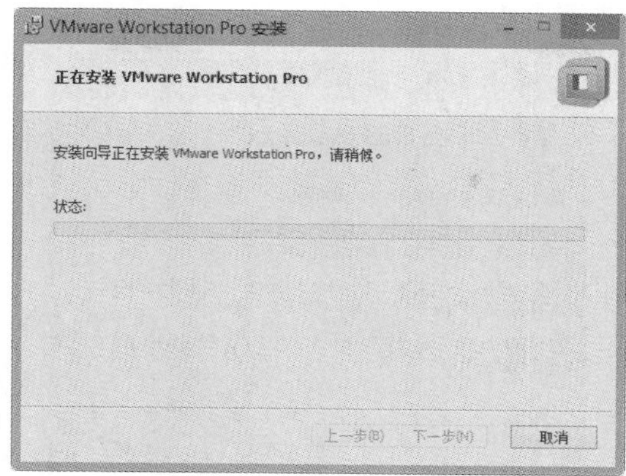

图 1.7　正在安装界面

（8）虚拟机安装完成后，单击【完成(F)】按钮，如图 1.8 所示。

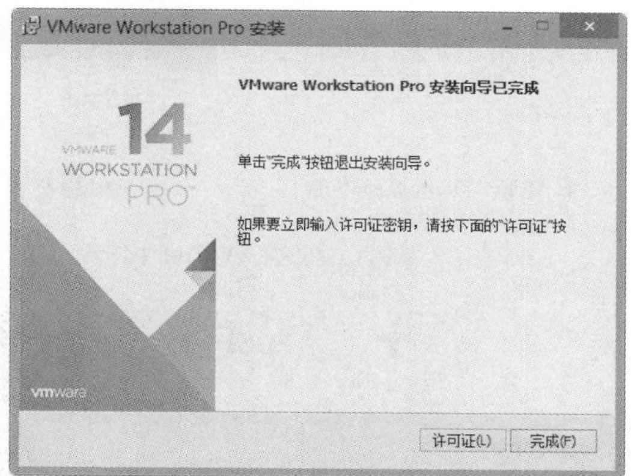

图 1.8　完成安装界面

（9）双击桌面上生成的虚拟机快捷图标，进入许可验证界面，如图 1.9 所示。

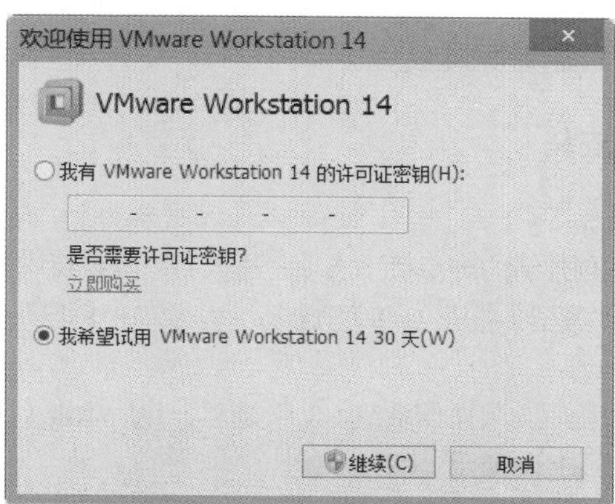

图 1.9　许可验证界面

（10）在图 1.9 中，选择“我希望试用 VMware Workstation 14 30 天(W)”选项，然后单击【继续(C)】按钮，进入感谢界面，如图 1.10 所示。

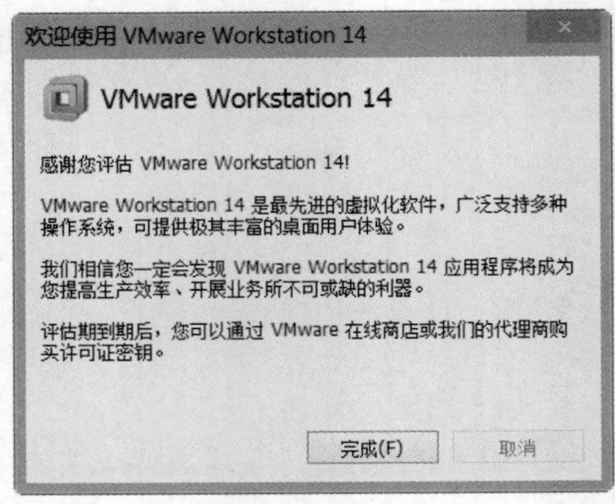

图 1.10　感谢界面

（11）单击图 1.10 中的【完成(F)】按钮，进入虚拟机管理界面，如图 1.11 所示。

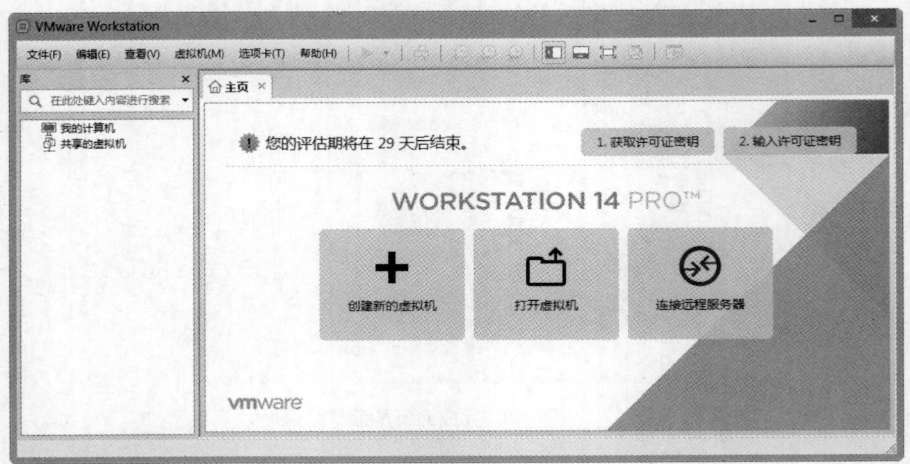

图 1.11　虚拟机管理界面

至此，VMware Workstation 软件安装完成。

1.3.2　CentOS 7 系统安装

CentOS 7 安装步骤如下。

（1）单击图 1.11 中的“创建新的虚拟机”选项，进入新建虚拟机向导界面，如图 1.12 所示。

（2）选择图 1.12 中的“典型（推荐）(T)”选项，然后单击【下一步（N)】按钮，进入选择安装来源界面，如图 1.13 所示。

（3）选择图 1.13 中的“稍后安装操作系统（S）”选项，然后单击【下一步（N)】按钮，进入选择客户机操作系统界面，如图 1.14 所示。

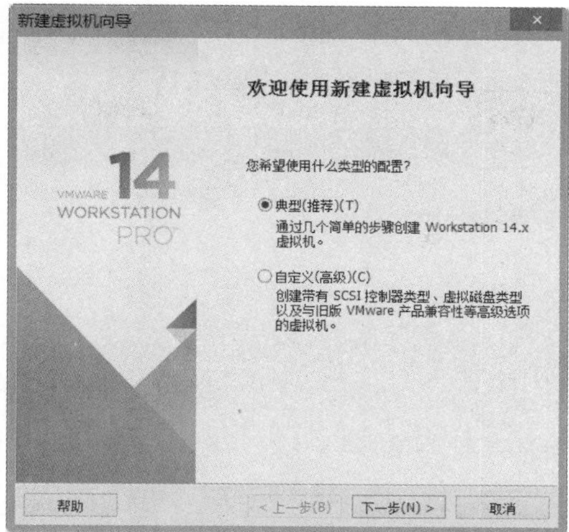

图 1.12　新建虚拟机向导界面

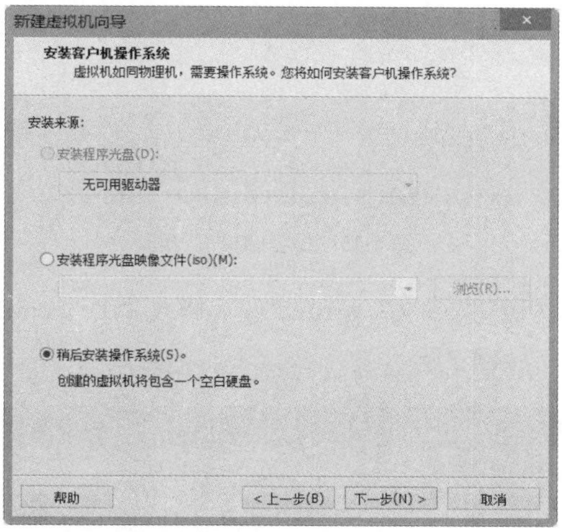

图 1.13　选择安装来源界面

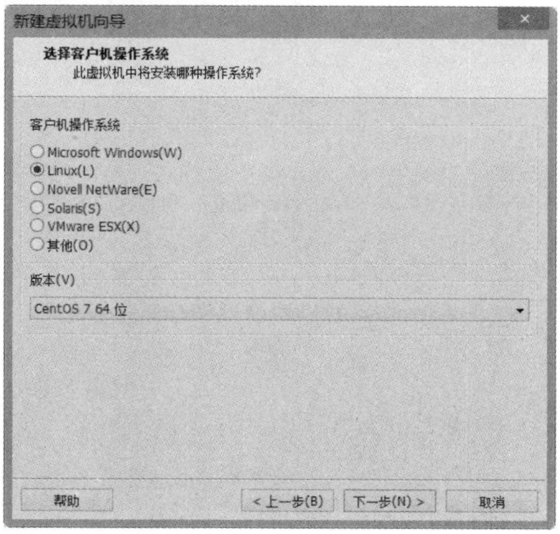

图 1.14　选择客户机操作系统界面

（4）在图 1.14 中，客户机操作系统选择“Linux（L）”选项，版本选择“CentOS 7 64 位”，然后单击【下一步（N）】按钮，进入命名虚拟机界面，如图 1.15 所示。

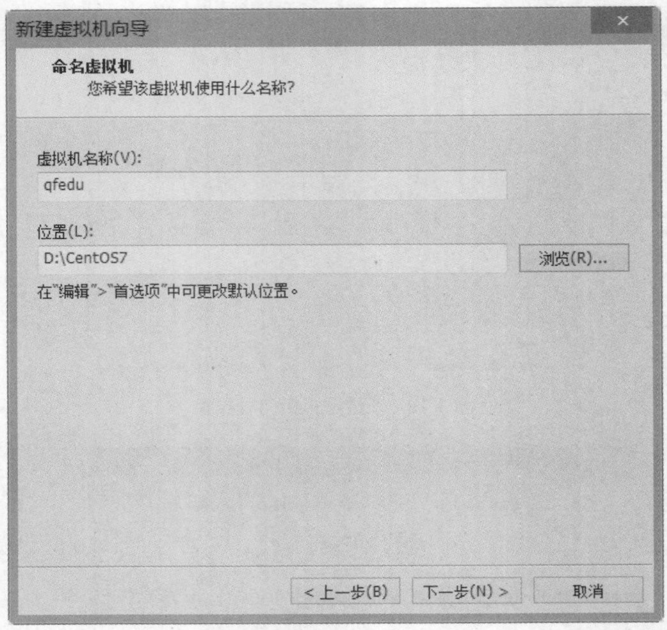

图 1.15　命名虚拟机界面

（5）在图 1.15 中，将虚拟机名称修改为 qfedu，位置修改为 D:\CentOS7，然后单击【下一步（N）】按钮，进入设置磁盘界面，如图 1.16 所示。

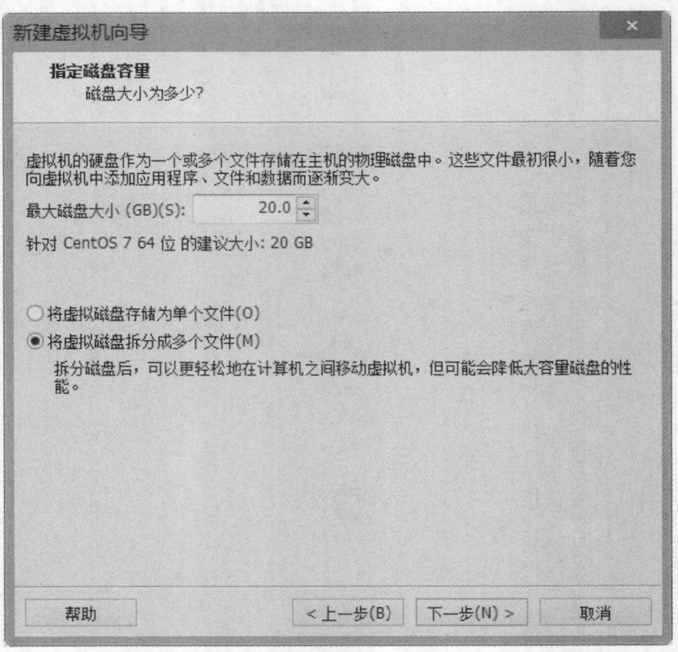

图 1.16　设置磁盘界面

（6）在图 1.16 中，将虚拟机的最大磁盘大小设置为 20GB，然后单击【下一步(N)】按钮，进入已准备好创建虚拟机界面，如图 1.17 所示。

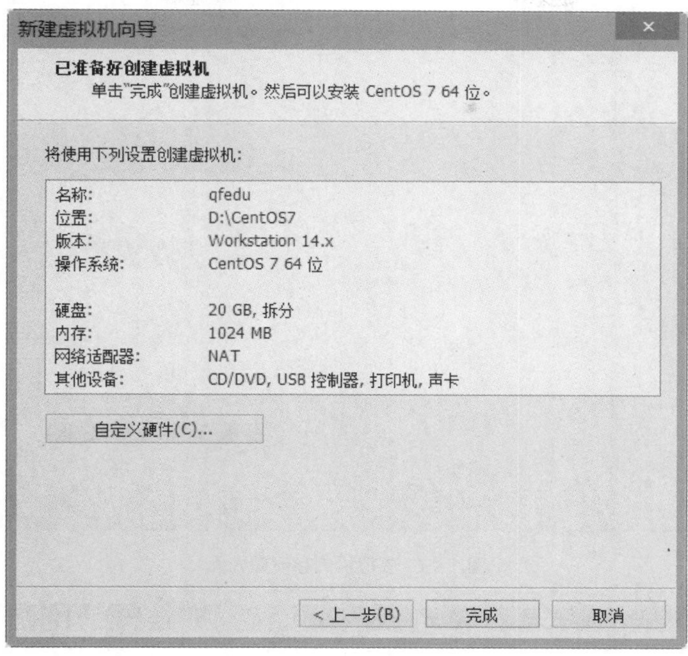

图 1.17　已准备好创建虚拟机界面

（7）单击图 1.17 中的【完成】按钮，进入创建虚拟机完成界面，如图 1.18 所示。

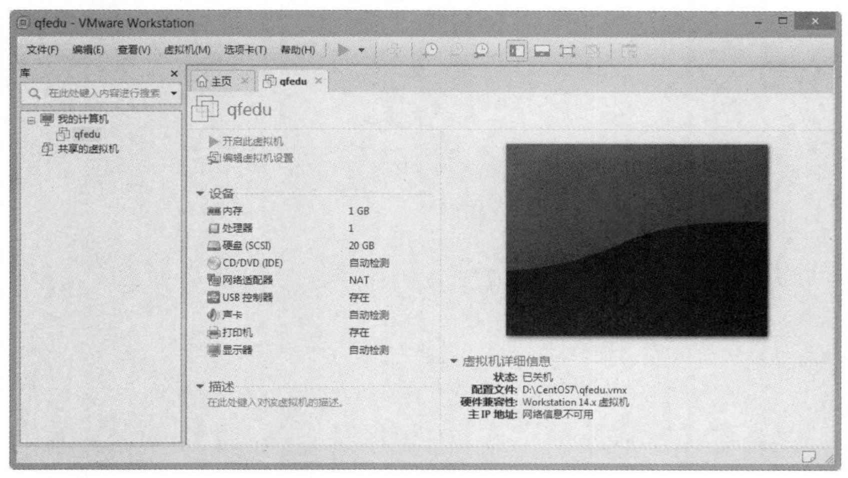

图 1.18　创建虚拟机完成界面

（8）单击图 1.18 中的“编辑虚拟机设置”选项，进入虚拟机内存设置界面，将虚拟机内存设置为 4096 MB，如图 1.19 所示。

（9）在图 1.19 中，单击“处理器”选项，进入虚拟机处理器设置界面，将每个处理器的内核数量设置为 4，将虚拟化引擎的选项全部选中，如图 1.20 所示。

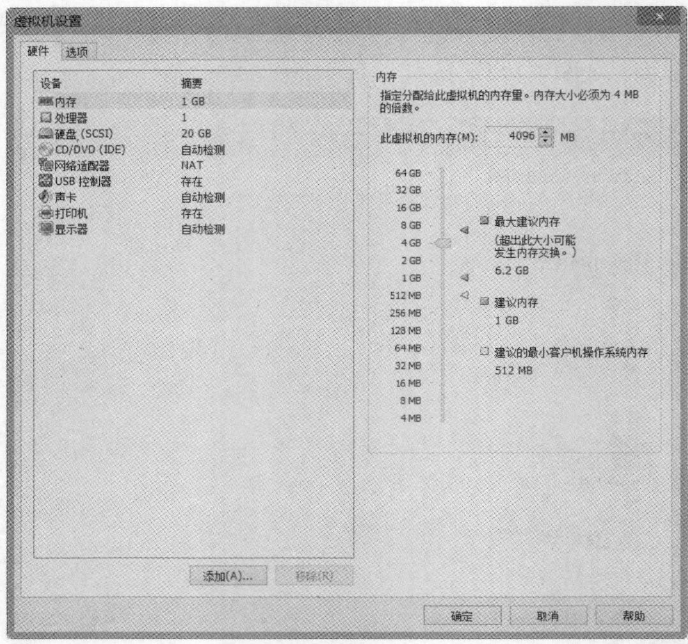

图 1.19　虚拟机内存设置界面

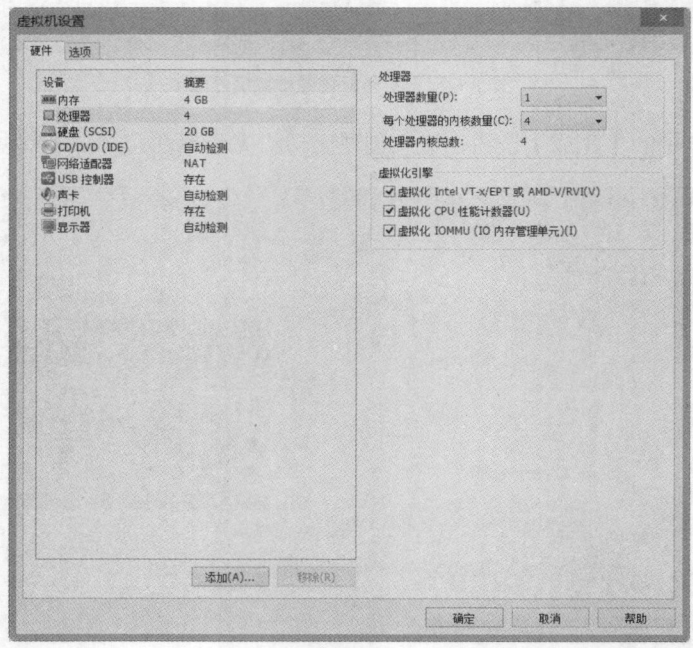

图 1.20　虚拟机处理器设置界面

（10）在图 1.20 中，单击“CD/DVD (IDE)”选项，进入虚拟机光驱设置界面，选择“使用 ISO 映像文件”，并设置镜像文件（通过 CentOS 官网下载的系统镜像文件）位置，如图 1.21 所示。

（11）在图 1.21 中，单击“网络适配器”选项，进入网络适配器设置界面，网络连接选择“桥接模式”，最后单击【确定】按钮，如图 1.22 所示。

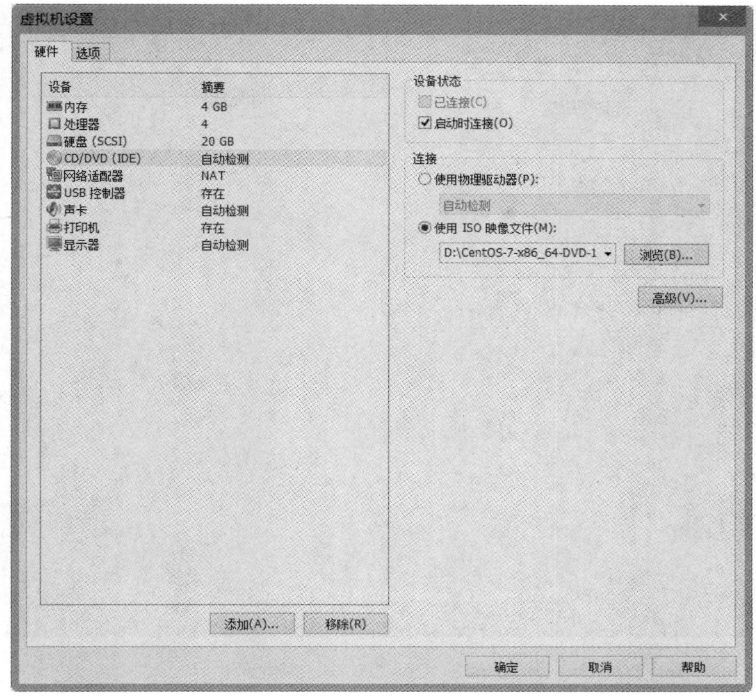

图 1.21　虚拟机光驱设置界面

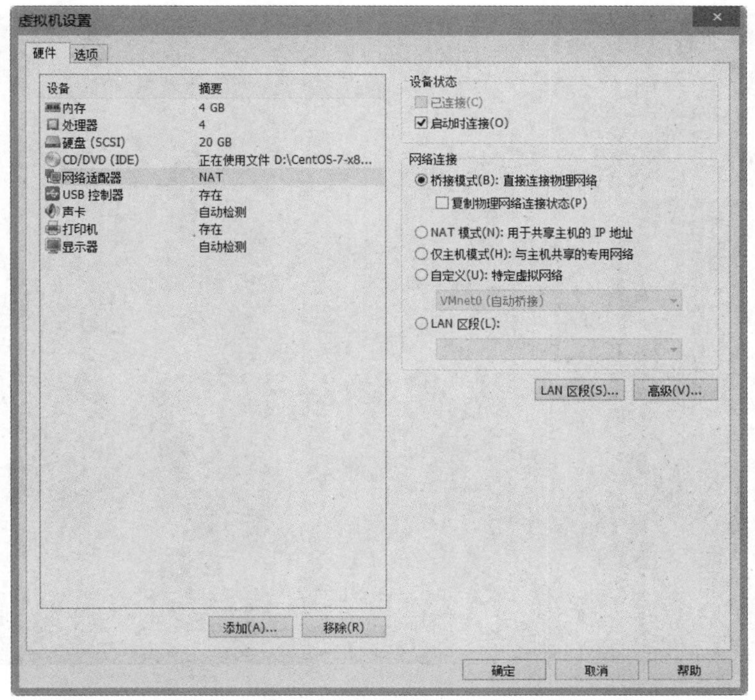

图 1.22　网络适配器设置界面

（12）开启创建的 qfedu 虚拟机，进入 CentOS 7 安装界面，如图 1.23 所示。

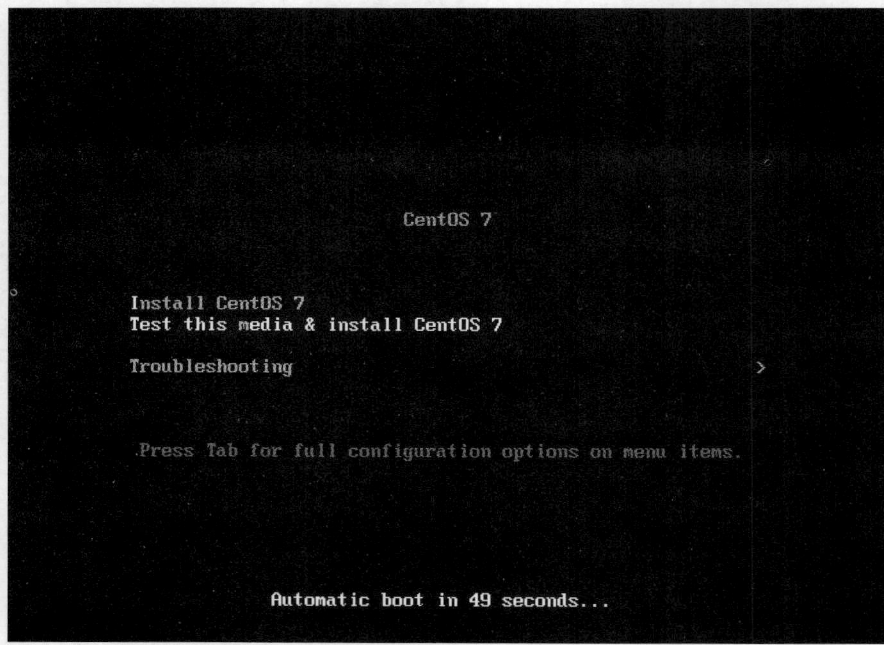

图 1.23　CentOS 7 安装界面

（13）按回车键，进入安装向导初始化界面，如图 1.24 所示。

```
 -  Press the          key to begin the installation process.
[  OK  ] Started Open-iSCSI.
         Starting dracut initqueue hook...
[  OK  ] Started Show Plymouth Boot Screen.
[  OK  ] Reached target Paths.
[  OK  ] Reached target Basic System.
[   35.082824] sd 2:0:0:0: [sda] Assuming drive cache: write through
[   36.525308] dracut-initqueue[580]: mount: /dev/sr0 is write-protected, mounting read-only
[  OK  ] Started Open-iSCSI.
         Starting dracut initqueue hook...
[  OK  ] Started Show Plymouth Boot Screen.
[  OK  ] Reached target Paths.
[  OK  ] Reached target Basic System.
[   36.525308] dracut-initqueue[580]: mount: /dev/sr0 is write-protected, mounting read-only
[  OK  ] Created slice system-checkisomd5.slice.
         Starting Media check on /dev/sr0...
/dev/sr0:   bf13079b8b04c488db62d43f0c3446a0
Fragment sums: 8df27d8348bd51a48df53351faafa2dafd639fc9b5eddc896684e747e3e8
Fragment count: 20
Press [Esc] to abort check.
Checking: 005.3%_
```

图 1.24　安装向导初始化界面

（14）按回车键，进入选择系统语言界面，如图 1.25 所示。

（15）选择语言完成后，单击【Continue】按钮，进入安装系统界面，如图 1.26 所示。

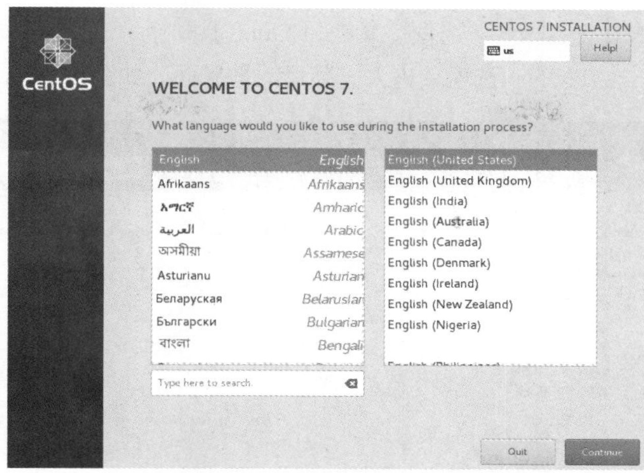

图 1.25　选择系统语言界面

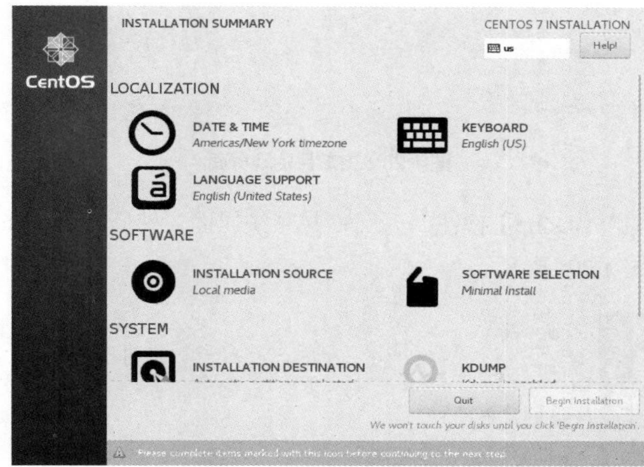

图 1.26　安装系统界面

（16）选择“SOFTWARE SELECTION”选项，进入软件选择界面，如图 1.27 所示。

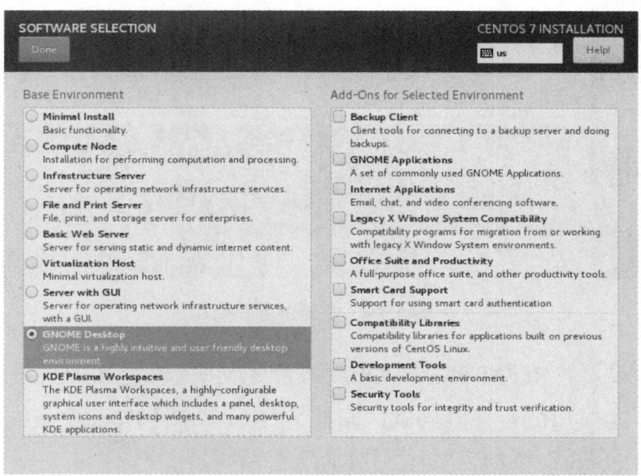

图 1.27　软件选择界面

（17）选择“GNOME Desktop”选项，单击【Done】按钮，返回安装系统界面，然后选择“INSTALLATION DESTINATION”选项，进入安装目的地界面，如图 1.28 所示。

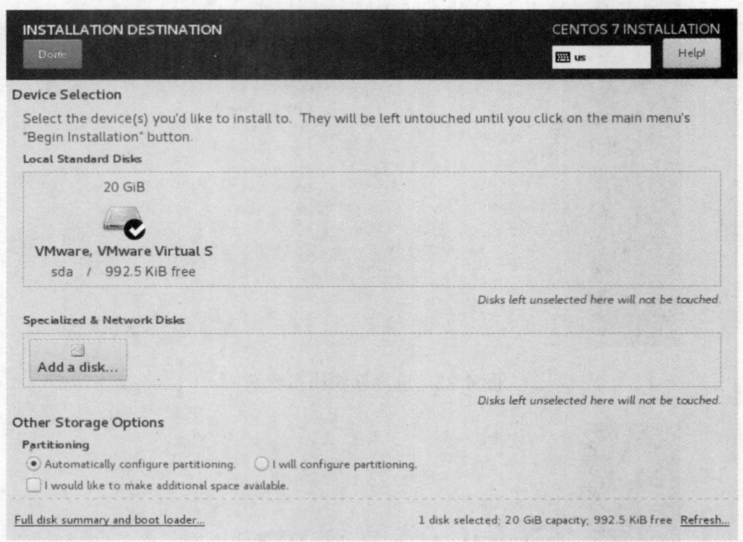

图 1.28　安装目的地界面

（18）单击图 1.28 中的【Done】按钮，返回安装系统界面，然后单击【Begin Installation】按钮，进入安装进度界面，如图 1.29 所示。

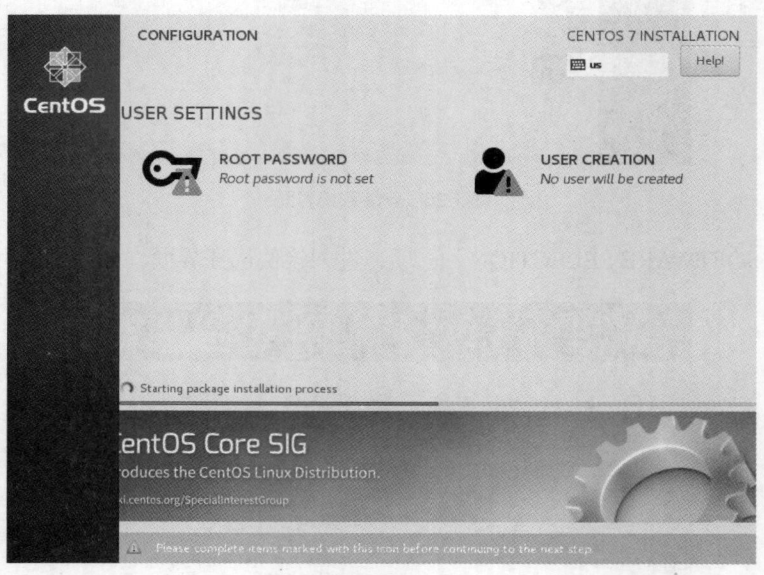

图 1.29　安装进度界面

（19）在图 1.29 中，选择“ROOT PASSWORD”选项，进入设置 Root 密码界面，如图 1.30 所示。

（20）在图 1.30 中，填写 Root 密码与确认密码，然后单击【Done】按钮，返回安装进度界面，直至完成安装，单击【Reboot】按钮，如图 1.31 所示。

ROOT PASSWORD
Done
CENTOS 7 INSTALLATION
us
Help!
The root account is used for administering the system. Enter a password for the root user.
Root Password:
Too short
Confirm:
The password is too short. You will have to press Done twice to confirm it.

图 1.30　设置 Root 密码界面

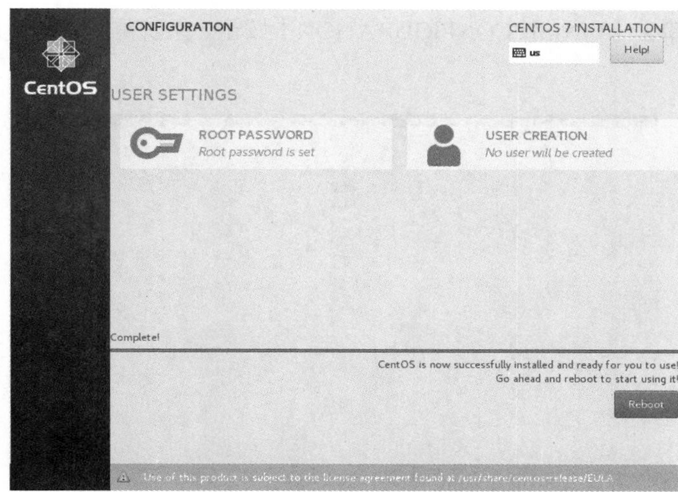

图 1.31　完成安装界面

（21）重启系统之后，进入系统配置界面，如图 1.32 所示。

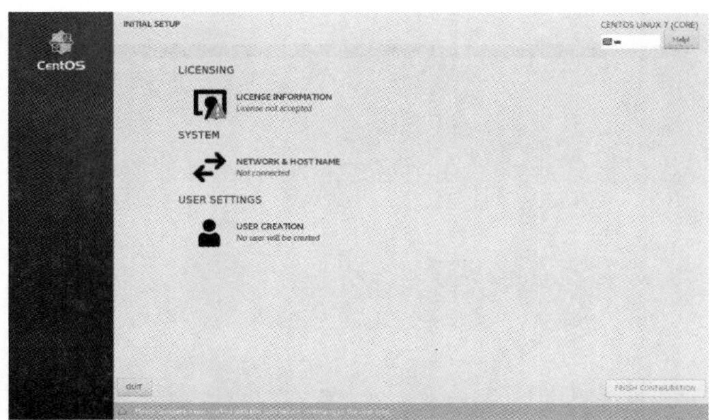

图 1.32　系统配置界面

（22）单击图 1.32 中的“LICENSING”选项，进入许可协议界面，如图 1.33 所示。

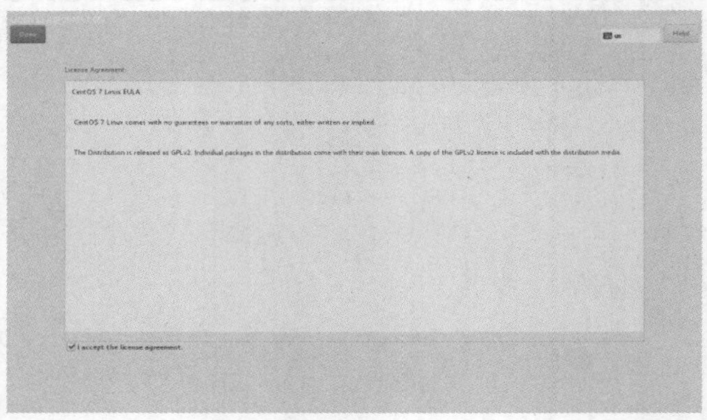

图 1.33　许可协议界面

（23）选中图 1.33 中的“I accept the license agreement.”复选框，然后单击【Done】按钮，返回系统配置界面，最后单击【FINISH CONFIGURATION】按钮。系统重新启动，进入欢迎界面，如图 1.34 所示。

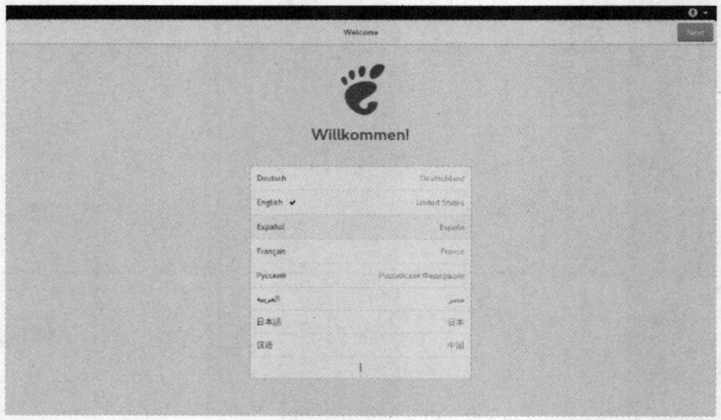

图 1.34　欢迎界面

（24）在图 1.34 中，选择系统语言，然后单击【Next】按钮，进入设置输入源类型界面，如图 1.35 所示。

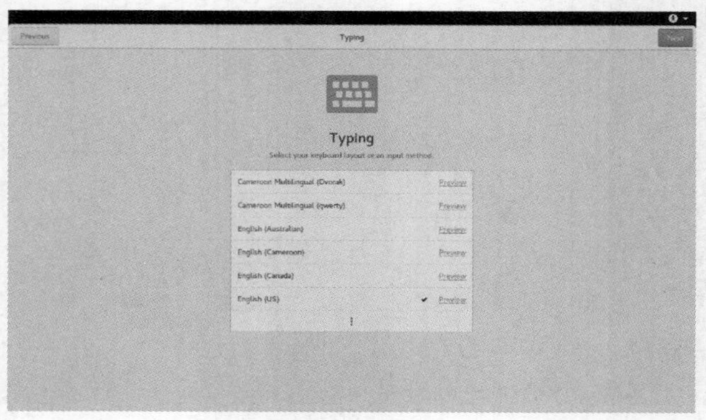

图 1.35　设置输入源类型界面

（25）单击图 1.35 中的【Next】按钮，进入设置隐私界面，如图 1.36 所示。

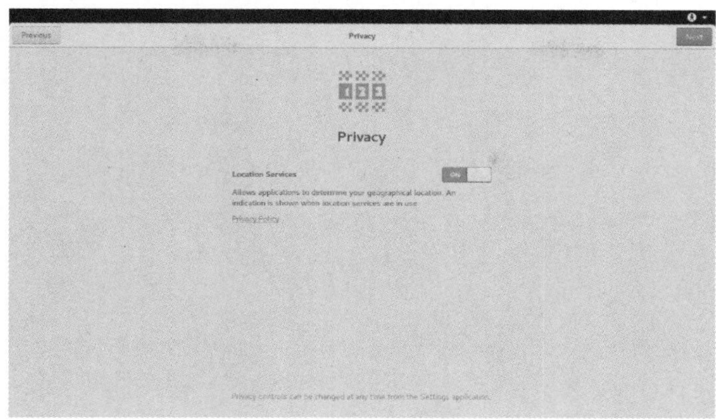

图 1.36 设置隐私界面

（26）单击图 1.36 中的【Next】按钮，进入设置时区界面。

（27）在设置时区界面上单击【Next】按钮，进入设置在线账户界面，如图 1.37 所示。

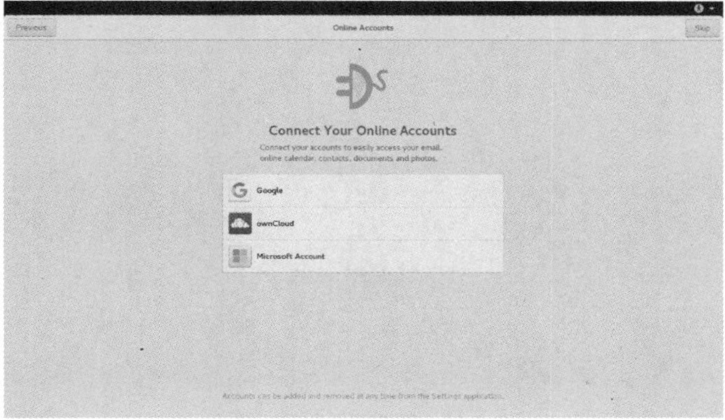

图 1.37 设置在线账户界面

（28）单击图 1.37 中的【Skip】按钮，进入创建本地普通用户界面，如图 1.38 所示。

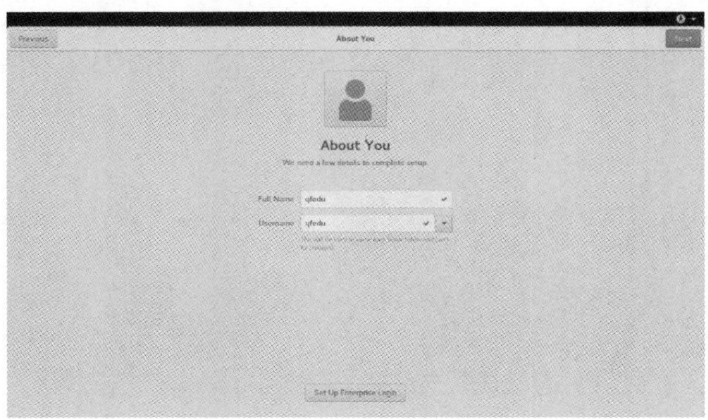

图 1.38 创建本地普通用户界面

（29）填写用户名，单击【Next】按钮，进入设置密码界面，如图 1.39 所示。

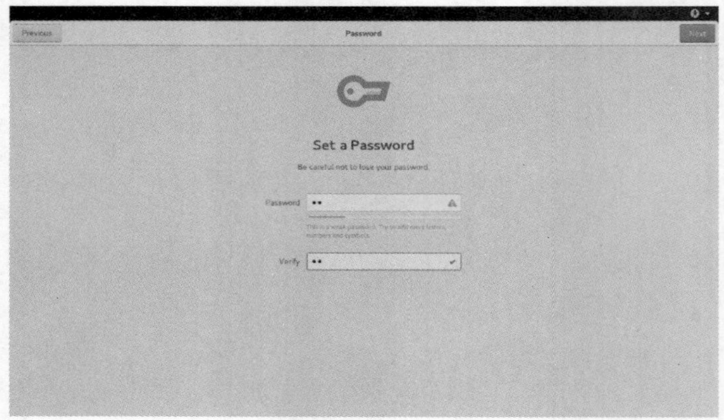

图 1.39　设置密码界面

（30）填写密码，单击【Next】按钮，进入系统初始化完成界面，如图 1.40 所示。

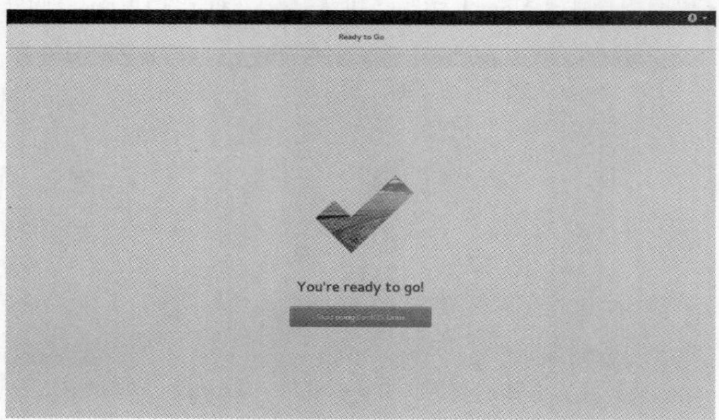

图 1.40　系统初始化完成界面

（31）单击图 1.40 中的【Start using CentOS Linux】按钮，便可以进入系统桌面，如图 1.41 所示。

图 1.41　系统桌面

1.4 快照与克隆

至此，CentOS T 系统安装完成。

1. 快照

快照就是保存现有系统的一个状态，如果正在使用的系统损坏或不能正常运行，就可以直接回到保存的状态。例如，为刚安装完成的 CentOS 系统拍摄一个快照，然后安装某款软件，此时系统损坏或不能正常运行，使用者可以将系统直接恢复到刚才拍摄的快照，而不用重新安装系统。

有关快照的操作方法如下所示。

（1）拍摄快照：右键单击虚拟机名称→快照→拍摄快照→给快照起名并进行描述，如图 1.42 所示。

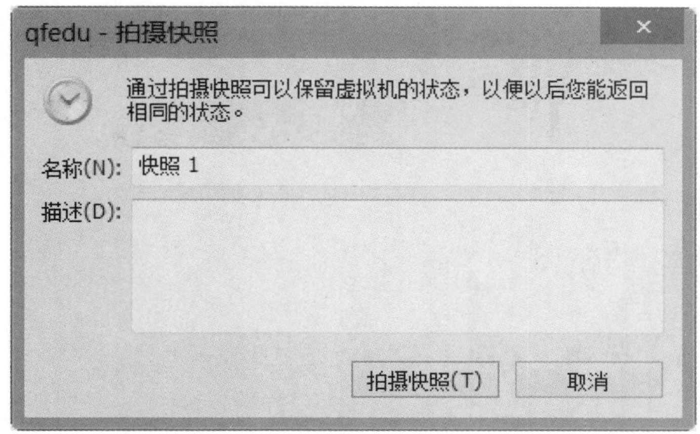

图 1.42 拍摄快照

（2）快照管理：右键单击虚拟机名称→快照→快照管理器，如图 1.43 所示。

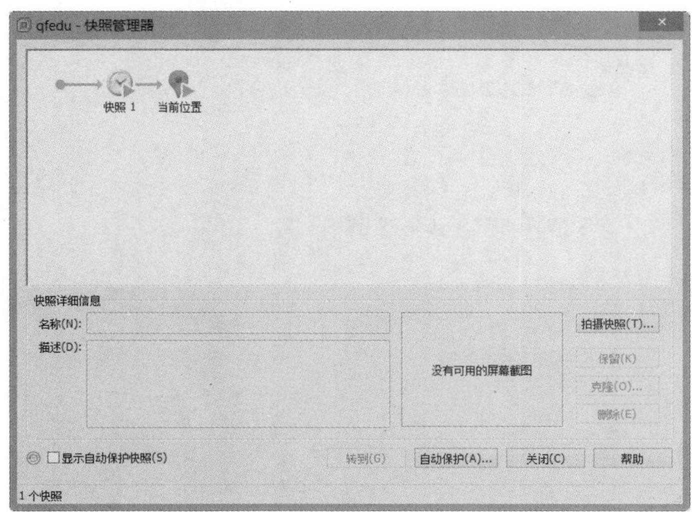

图 1.43 快照管理

在图 1.43 中，用户可以对快照进行管理，如拍摄快照、保留、删除等。

2. 克隆

克隆就是复制原始虚拟机的全部状态，克隆操作一旦完成，克隆的虚拟机就可以脱离原始虚拟机独立存在，而且在克隆的虚拟机中和原始虚拟机中的操作是相对独立的，不相互影响。

克隆虚拟机的步骤如下所示。

（1）关闭虚拟机。克隆虚拟机只能在虚拟机未启动的状态下进行。

（2）右键单击虚拟机名称→管理→克隆，进入克隆虚拟机向导界面，如图 1.44 所示。单击【下一步(N)】按钮。

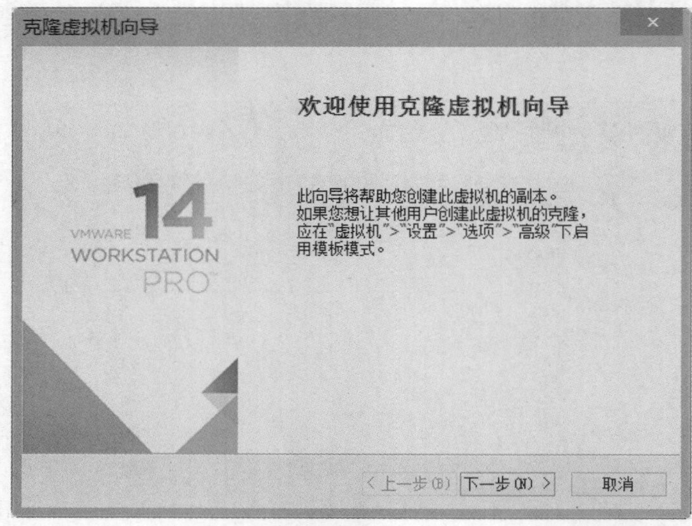

图 1.44　克隆虚拟机向导界面

（3）选择克隆源。选择“虚拟机中的当前状态(C)”，并单击【下一步(N)】按钮，如图 1.45 所示。

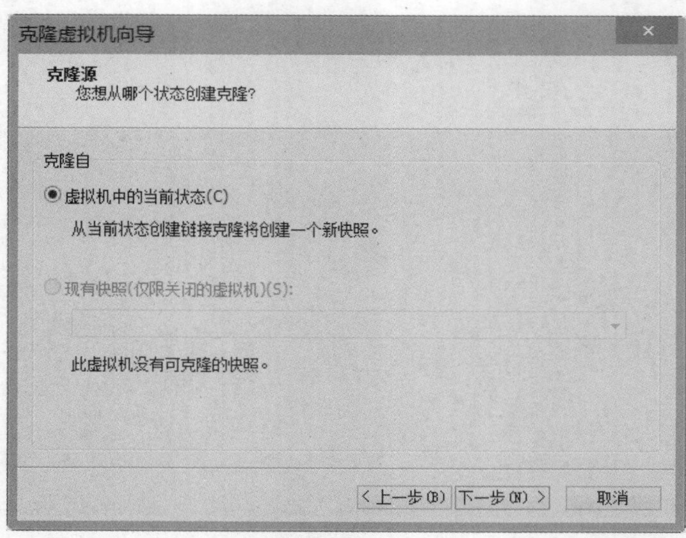

图 1.45　选择克隆源界面

（4）选择克隆方法。选择“创建完整克隆(F)”，并单击【下一步(N)】按钮，如图 1.46 所示。

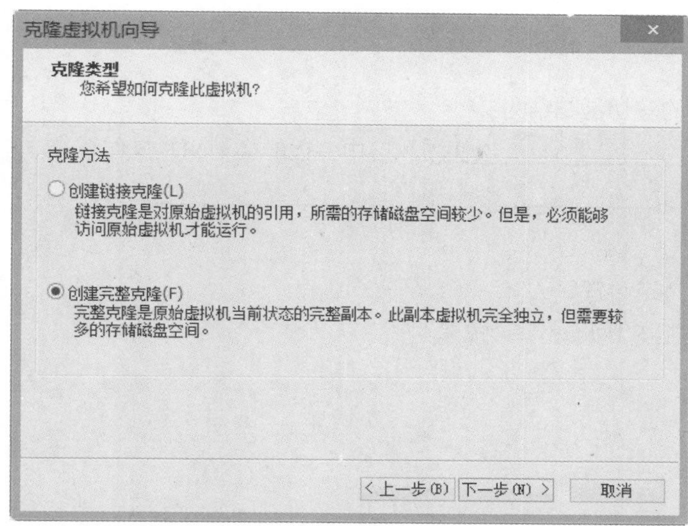

图 1.46　选择克隆方法界面

（5）设置虚拟机名称及位置，并单击【完成】按钮，如图 1.47 所示。

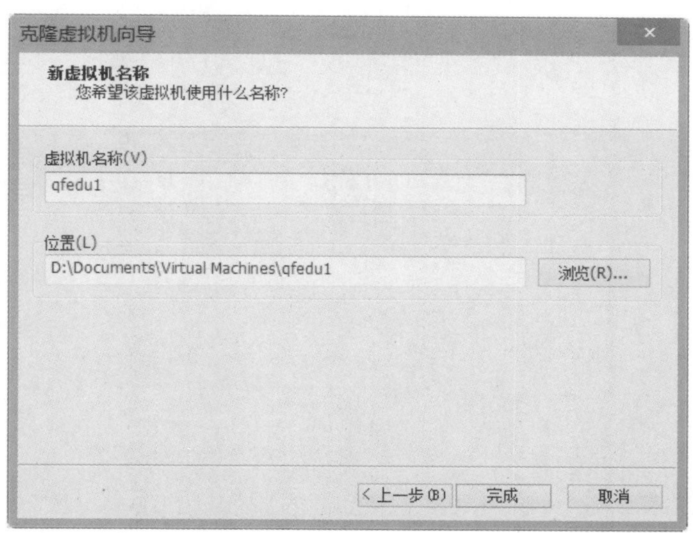

图 1.47　设置虚拟机名称及位置界面

等待几分钟后，克隆完成，库列表中增加了刚才克隆的虚拟机。

1.5　本章小结

本章小结

本章主要介绍了 Linux 相关知识，包括虚拟机系统安装、快照与克隆。本章的知识可能比较枯燥乏味，却是进一步学习的必要基础。

1.6 习题

一、填空题

1. Linux 系统中的一切都归结为________________。
2. Linux 是一套________________使用和自由传播的类 UNIX 操作系统。
3. Linux 系统支持________________用户、________________任务。

二、简答题

1. Linux 主要有哪些特性？
2. 虚拟机中快照和克隆的区别是什么？

02 第 2 章　文件管理

本章学习目标

- 了解目录结构
- 掌握处理文件的基本命令
- 掌握 Vim 编辑器的使用

本章讲解

在 Linux 系统中，一切皆文件，因此学习文件管理是非常有必要的。文件管理包括创建文件、复制文件、删除文件、移动文件、查看文件、编辑文件、压缩文件、查找文件等操作。

目录操作与 Vim 编辑器

2.1　文件目录与路径

2.1.1　文件目录

Windows 系统以多根的方式组织文件（如 C:\ 、D:\ 、E:\ ），而 Linux 系统以单根的方式组织文件，如图 2.1 所示。

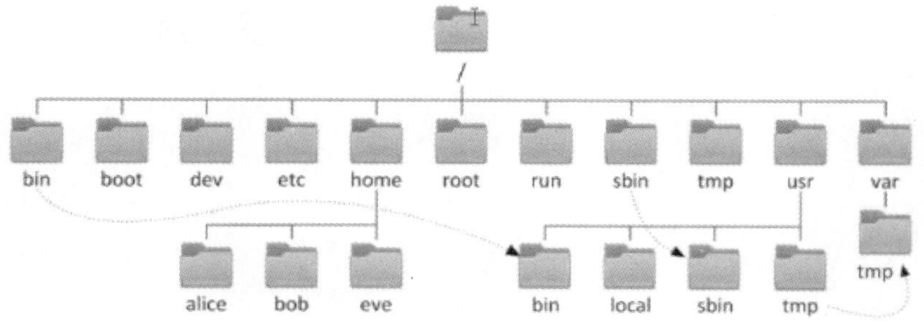

图 2.1　CentOS 7 目录结构

可以看到，所有的文件都在根目录（/）下，其中箭头指向真实存在的文件。例如，/bin 实际存在于/usr/bin，/bin 只是一个链接文件。

用户如需查看根目录下的文件，可以使用 ls 命令，具体如下所示。

```
[root@qfedu ~]# ls /
boot  etc   lib    media  opt   root  sbin  sys  usr
bin   dev   home   lib64  mnt   proc  run   srv  tmp  var
```

值得注意的是，输出结果中不同颜色代表不同的文件类型，蓝色表示目录，绿色表示可执行文件，浅蓝色表示链接文件，红色表示压缩文件，黄色表示设备文件等。这些颜色是 Linux 系统默认的颜色，用户可以根据自己的喜好进行修改。

大多数 Linux 版本都遵循文件系统层次化标准（Filesystem Hierarchy Standard，FHS），用户通过该标准可以了解特定文件的具体目录。例如，/etc 目录主要存放系统配置文件，/dev 目录主要存放设备与接口文件。根目录下常见的目录介绍如表 2.1 所示。

表 2.1　　根目录下常见的目录

目录	说明
/bin	存放二进制可执行文件，常用命令一般都在此处
/etc	存放系统管理和配置文件，如/etc/sysconfig/network（网卡配置）、/etc/hostname（用户名配置）、/etc/ssh/sshd_config（远程连接）
/home	存放所有用户文件的根目录，是用户主目录的基点，比如用户 user 的主目录就是/home/user，可以用~user 表示
/usr	存放用户安装的程序和系统程序
/tmp	存放正在执行的程序的临时文件
/root	超级用户的主目录
/sbin	存放二进制可执行文件，只有 root 才能访问
/var	存放运行时需要改变数据的文件，也是某些大文件的溢出区。如/var/lib/mysql（数据库）、/var/spool/mail（邮件）、/var/spool/cron（计划任务）、/var/log/messages（日志）

2.1.2　文件路径

用户在磁盘中查找文件时，所历经的文件夹线路称为文件路径，如图 2.2 所示。

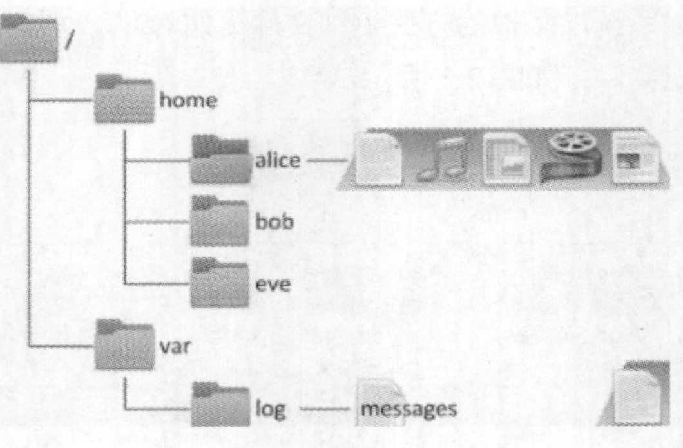

图 2.2　文件路径

在图 2.2 中，用户需要查找 messages 文件，可以从根目录开始，依次通过 var 目录、log 目录，然后找到 messages 文件。在 Linux 系统中，用户可以通过 tree 命令显示路径结构（可使用 yum-y install tree 命令安装 tree 工具），具体如下所示。

```
[root@qfedu ~]# tree
.
├── a
│   └── b
│       └── c
│           └── d
```

```
├── anaconda-ks.cfg
├── b.txt
├── file2
├── initial-setup-ks.cfg
├── linux.txt
├── qfedu.txt
├── qianfeng.txt
├── qiangfeng
├── \345\205\254\345\205\261
├── \346\250\241\346\235\277
├── \350\247\206\351\242\221
├── \345\233\276\347\211\207
├── \346\226\207\346\241\243
├── \344\270\213\350\275\275
├── \351\237\263\344\271\220
└── \346\241\214\351\235\242

12 directories, 8 files
```

文件路径分为绝对路径与相对路径，接下来详细介绍这两种路径。

1. **绝对路径**

绝对路径是指从根目录（/）开始的路径，如/usr、/etc/X11 表示绝对路径。用户通过 cd 命令以绝对路径进入某个文件夹，具体如下所示。

```
[root@qfedu ~]# cd /usr/share/doc/
```

此时，用户通过 pwd 命令可以查看当前工作目录的绝对路径，具体如下所示。

```
[root@qfedu doc]# pwd
/usr/share/doc
```

以上输出结果表示用户当前处于/usr/share/doc 路径下。

2. **相对路径**

相对路径是指相对于当前工作目录的路径，例如，用户从/usr/share/doc 路径切换到/usr/share/man 路径，可以用如下方式。

```
[root@qfedu ~]# cd /usr/share/doc/
[root@qfedu doc]# cd ../man
[root@qfedu man]# pwd
/usr/share/man
```

注："..”表示当前目录的上层目录，"."表示当前目录。

2.2 目录与文件操作

2.2.1 目录操作

目录操作包括创建目录、查看目录、切换目录、删除目录，接下来详细介绍每种操作。

1. 创建目录

用户可以通过 mkdir 命令创建一个空白目录，具体如下所示。

```
[root@qfedu qf]# mkdir abc
[root@qfedu qf]# ls
abc
```

此外，mkdir 命令还可以通过添加“-p”参数来创建一个多层目录，具体如下所示。

```
[root@qfedu qf]# mkdir -p aba/abb/abc
[root@qfedu qf]# cd aba/abb/abc/
[root@qfedu abc]# pwd
/root/qf/aba/abb/abc
```

2. 查看目录

用户可以通过 pwd 命令显示当前所在的目录，添加“-P”参数可以显示实际工作目录，而非链接文件本身的目录名，具体如下所示。

```
[root@qfedu lib]# pwd
/lib
[root@qfedu lib]# pwd -P
/usr/lib
```

用户通过“ls -a”命令可以查看隐藏的目录与文件，具体如下所示。

```
[root@qfedu qf]# mkdir .add
[root@qfedu qf]# ls
aba  abb  abc
[root@qfedu qf]# ls -a
.  ..  aba  abb  abc  .add
```

用户通过“ls -l”命令可以查看目录与文件的属性，具体如下所示。

```
[root@qfedu qf]# ls -l
总用量 0
drwxr-xr-x. 3 root root 17 4 月  4 16:00 aba
drwxr-xr-x. 2 root root  6 4 月  4 16:17 abb
drwxr-xr-x. 2 root root  6 4 月  4 16:17 abc
```

注：“ls -l”命令可以简写为“ll”。

3. 切换目录

用户通过 cd 命令可以切换目录，具体如下所示。

```
[root@qfedu ~]# cd qf/aba/abb/abc
[root@qfedu abc]# cd
[root@qfedu ~]#
```

其中，cd 不加任何路径表示直接返回到 root 目录。此外，“cd -”表示返回上次目录，具体如下所示。

```
[root@qfedu ~]# cd -
/root/qf/aba/abb/abc
[root@qfedu abc]#
```

4. 删除目录

用户通过 rmdir 命令只能删除空目录，具体如下所示。

```
root@qfedu qf]# mkdir abc
[root@qfedu qf]# ls
abc
[root@qfedu qf]# rmdir abc
[root@qfedu qf]# ls
[root@qfedu qf]#
```

如果需要连同上层空目录一起删除，添加“-p”参数即可，具体如下所示。

```
[root@qfedu abd]# pwd
/root/qf/abc/abd
[root@qfedu qf]# rmdir -p abc/abd
[root@qfedu qf]# ls
[root@qfedu qf]#
```

2.2.2　文件操作

文件操作包括创建文件、查看文件、复制文件、移动文件、删除文件，接下来详细介绍每种操作。

1. 创建文件

用户通过 touch 命令可以创建一个空白文件，也可以设置文件、属性，具体如下所示。

```
[root@qfedu qf]# touch qf.txt
[root@qfedu qf]# ll qf.txt
-rw-r--r--. 1 root root 0 3月  30 16:41 qf.txt
[root@qfedu qf]# echo "www.qfedu.com" >> qf.txt
[root@qfedu qf]# ll qf.txt
-rw-r--r--. 1 root root 14 3月  30 16:42 qf.txt
[root@qfedu qf]# touch -d "2018-03-30 16:41" qf.txt
[root@qfedu qf# ls -l qf.txt
-rw-r--r--. 1 root root 14 3月  30 16:41 qf.txt
```

查看 qf.txt 文件的属性，文件时间为 16：41。用 echo 命令写入新的内容到 qf.txt 文件中，再次查看，文件时间已经变为 16：42。添加“-d”参数可以修改文件时间。

2. 查看文件

（1）cat 命令

用户使用 cat 命令可以查看内容较少的文件，添加“-n”参数可以显示行号，添加“-A”参数显示不可显示控制字符（换行符/制表符）。使用 cat 命令查看 hosts 文件，具体如下所示。

```
[root@qfedu ~]# cat /etc/hosts
127.0.0.1   localhost localhost.localdomain localhost4
localhost4.localdomain4
::1         localhost localhost.localdomain localhost6
localhost6.localdomain6
```

使用 cat 命令查看内容较多的文件时，整个文件的内容从上到下滚动显示，用户来不及阅读内容，就到达了文件末尾。为了避免该问题，用户可以使用 more 命令查看较长的文件。

（2）more 命令

more 命令以逐页的方式显示文件内容，用户可以通过空格键向下翻一页，b 键向上翻一页，具体如下所示。

```
[root@qfedu ~]# more /etc/profile
# /etc/profile
# System wide environment and startup programs, for login setup
# Functions and aliases go in /etc/bashrc

# It's NOT a good idea to change this file unless you know what you
# are doing. It's much better to create a custom.sh shell script in
# /etc/profile.d/ to make custom changes to your environment, as this
# will prevent the need for merging in future updates.

pathmunge () {
    case ":${PATH}:" in
        *:"$1":*)
            ;;
        *)
            if [ "$2" = "after" ] ; then
                PATH=$PATH:$1
            else
                PATH=$1:$PATH
            fi
    esac
}


if [ -x /usr/bin/id ]; then
    if [ -z "$EUID" ]; then
        # ksh workaround
        EUID=`/usr/bin/id -u`
        UID=`/usr/bin/id -ru`
    fi
    USER="`/usr/bin/id -un`"
    LOGNAME=$USER
--More--(45%)
```

（3）less 命令

less 命令也是对文件或其他输出进行分页显示，可用 pageup、pagedown 与键盘方向键来上下翻看文件，查找文件内容比 more 更容易，最后按 q 键退出。

（4）head 命令

有些配置文件内容很多，但真正需要查看的内容只有前几行，head 命令可以查看文件前几行的内容，添加“-n”参数显示文件的前 n 行，具体如下所示。

```
[root@qfedu ~]# head /etc/passwd
root:x:0:0:root:/root:/bin/bash
bin:x:1:1:bin:/bin:/sbin/nologin
daemon:x:2:2:daemon:/sbin:/sbin/nologin
adm:x:3:4:adm:/var/adm:/sbin/nologin
lp:x:4:7:lp:/var/spool/lpd:/sbin/nologin
sync:x:5:0:sync:/sbin:/bin/sync
shutdown:x:6:0:shutdown:/sbin:/sbin/shutdown
```

```
halt:x:7:0:halt:/sbin:/sbin/halt
mail:x:8:12:mail:/var/spool/mail:/sbin/nologin
operator:x:11:0:operator:/root:/sbin/nologin
[root@qfedu ~]# head -2 /etc/passwd
root:x:0:0:root:/root:/bin/bash
bin:x:1:1:bin:/bin:/sbin/nologin
```

（5）tail 命令

用户使用 tail 命令可以查看文件后几行的内容，例如，用户对日志文件更关心最新的内容，需要从后往前查看。tail 命令添加“-n”参数显示文件的后 n 行，添加“-f”参数可以查看动态文件，具体如下所示。

```
[root@qfedu ~]# tail -1 /etc/passwd
setroubleshoot:x:991:988::/var/lib/setroubleshoot:/sbin/nologin
pulse:x:171:171:PulseAudio System Daemon:/var/run/pulse:/sbin/nologin
gdm:x:42:42::/var/lib/gdm:/sbin/nologin
gnome-initial-setup:x:990:985::/run/gnome-initial-setup/:/sbin/nologin
sshd:x:74:74:Privilege-separated SSH:/var/empty/sshd:/sbin/nologin
avahi:x:70:70:Avahi mDNS/DNS-SD Stack:/var/run/avahi-daemon:/sbin/nologin
postfix:x:89:89::/var/spool/postfix:/sbin/nologin
ntp:x:38:38::/etc/ntp:/sbin/nologin
tcpdump:x:72:72::/:/sbin/nologin
qfedu:x:1000:1000:qfedu:/home/qfedu:/bin/bash.
[root@qfedu ~]# tail -5 /var/log/messages
Mar 30 17:46:21 qfedu dbus-daemon: dbus[661]: [system] Successfully activated service
'org.freedesktop.hostname1'
Mar 30 17:46:21 qfedu systemd: Started Hostname Service.
Mar 30 17:46:46 qfedu fprintd: ** Message: No devices in use, exit
Mar 30 17:50:01 qfedu systemd: Started Session 26 of user root.
Mar 30 17:50:01 qfedu systemd: Starting Session 26 of user root.
```

（6）grep 命令

用户使用 grep 命令可以对文件内容进行过滤、搜索关键词，从而快速找到所需内容，具体如下所示。

```
[root@qfedu ~]# grep 'root' /etc/passwd
root:x:0:0:root:/root:/bin/bash
operator:x:11:0:operator:/root:/sbin/nologin
```

上述命令表示显示含有 root 的行。

```
[root@qfedu ~]# grep '^root' /etc/passwd
root:x:0:0:root:/root:/bin/bash
```

上述命令表示显示以 root 开头的行。

```
[root@qfedu ~]# grep 'bash$' /etc/passwd
root:x:0:0:root:/root:/bin/bash
qfedu:x:1000:1000:qfedu:/home/qfedu:/bin/bash
```

上述命令表示显示以 bash 结尾的行。

3. 复制文件

用户使用 cp 命令可以复制文件，其语法格式如下。

```
cp file1（源文件） file2（目标文件）
```

cp 命令除了复制单个文件之外，还可以复制整个目录，创建链接文件，对比新旧文件而予以更新，具体如下所示。

```
[root@qfedu ~]# touch abc.txt
[root@qfedu ~]# echo "aaa" > abc.txt
[root@qfedu ~]# cat abc.txt
aaa
[root@qfedu ~]# touch abd.txt
[root@qfedu ~]# echo "abb" >abd.txt
[root@qfedu ~]# cat abd.txt
abb
[root@qfedu ~]# cp abc.txt abd.txt
cp：是否覆盖"abd.txt"?  y
[root@qfedu ~]# cat abc.txt
aaa
[root@qfedu ~]# cat abd.txt
Aaa
```

文件目录较长时，可以用花括号括起不同的部分，具体如下所示。

```
[root@qfedu ddd]# cp -rf /aaa/bbb/ccc/ddd/a /aaa/bbb/ccc/ddd/a.bak
[root@qfedu ddd]# cp -rf /aaa/bbb/ccc/ddd/{a,a.bak}
```

4. 移动文件

mv 命令可以移动或者重命名文件或目录，具体如下所示。

```
mv file1（源文件） file2（目标文件）
```

如果将一个文件移动到一个已经存在的目标文件中，则目标文件的内容将被覆盖。mv 与 cp 的结果不同，cp 对文件进行复制，文件个数增加，mv 类似于文件“搬家”，文件个数并不增加，具体如下所示。

```
[root@qfedu ~]# ls
linux.txt
[root@qfedu ~]# mv linux.txt qiangfeng.txt
[root@qfedu ~]# ls
qiangfeng.txt
```

5. 删除文件

rm 命令可以删除文件，其语法格式如下。

```
rm file2（目标文件或目录）
```

若删除目录，就需要添加“-r”参数，“-f”参数可以跳过验证直接执行删除操作，具体如下所示。

```
[root@qfedu qf]# ls
linux.txt
[root@qfedu qf]# rm linux.txt
rm: remove regular empty file 'linux.txt'? y //按 y 键回车
```

使用“rm -rf”需要格外小心，root 用户不会收到提示，一旦执行命令，目录和文件肯定被删掉。脚本删除要使用绝对路径，可降低误删的概率。

如果用户使用此命令删除了根目录，整个系统就会瘫痪。一旦在工作中手误执行了此命令，后果将会非常严重。不过 CentOS 7 有相应的提示，避免发生重大事故，具体如下所示。

```
[root@qfedu qianfeng]# rm -rf /
```

rm: 在"/" 进行递归操作十分危险

rm: 使用 --no-preserve-root 选项跳过安全模式

2.2.3 工作中的常见问题

生产环境中偶尔会遇到这样的情况，一个脚本文件在 Windows 系统打开过之后，在 Linux 系统下就不能使用，这是因为 Windows 系统与 Linux 系统使用的文本换行符有所不同，Windows 系统下输入的换行符在 Linux 下不会显示为“$”，这是 Linux 系统下规定的换行符，占一个字节，而它在 Windows 下显示为“^”和“M”组合的符号。建议用户不要在 Windows 系统中修改脚本文件，以避免不必要的麻烦。

例如，a.txt 文件占 8 个字节，具体如下所示。

```
[root@qfedu ~]# ll a.txt
-rw-r--r--. 1 root root 8 3月  30 18:16 a.txt
```

Linux 系统换行符占一个字节，用 cat -A 查看。具体如下所示。

```
[root@qfedu ~]# cat -A b.txt
www.qfedu.com$
```

出现上述问题应该先安装 dos2unix，然后把文件转换为 Linux 格式。例如，b.txt 文件已经在 Windows 系统中通过记事本修改，转换过程如下所示。

```
[root@qfedu ~]# cat -A b.txt
www.qfedu.com^M$
[root@qfedu ~]# yum -y install dos2unix
[root@qfedu ~]# dos2unix b.txt
dos2unix: converting file b.txt to Unix format ...
[root@qfedu ~]# cat -A b.txt
www.qfedu.com$
```

2.3 Vim 编辑器

Linux 系统中的编辑器是对一些服务配置和文件进行编辑的工具，类似于 Windows 系统中的记事本。Vi 编辑器是 Linux 上最基本的文本编辑器，工作在字符模式下，效率非常高。尽管 Linux 上也有很多图形界面的编辑器可用，如 gedit 编辑器，但在系统和服务器管理中，Vi 编辑器的功能是那些图形界面的编辑器所无法比拟的。Vim 是 Vi 的增强版，如果计算机上没有安装 Vim，可以使用下面的命令下载安装。

```
[root@qfedu ~]# which vim
/usr/bin/vim
[root@qfedu ~]# yum -y install vim-enhanced
```

Vim 编辑器主要有三种模式：命令模式、编辑模式和末行模式（扩展命令模式）。

命令模式：控制光标，对文件进行复制、粘贴、删除、查询等操作。

编辑模式：进行文本录入与更改。

末行模式：文档保存与退出，设置编辑环境。

每个模式下都有不同的命令快捷键，和图形界面相比有些抽象，但当用户熟悉这些操作之后，工作效率会比用图形界面高很多。

打开 Vim 编辑器后，默认进入命令模式，进入其他模式的指令都是以命令模式发起的，例如，按 i 键进入编辑模式。此时如果要进入末行模式，用户需要先按 Esc 键返回命令模式，然后输入“:”即可，如图 2.3 所示。

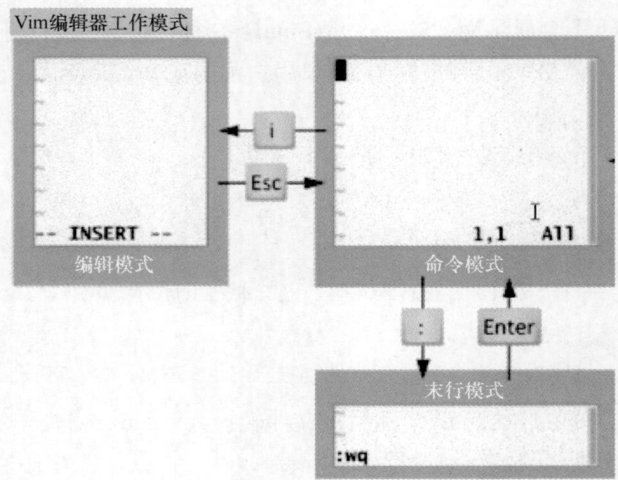

图 2.3　模式转换图

2.3.1　常用命令

光标定位常用的命令如表 2.2 所示。

表 2.2　光标定位常用命令

命令	说明
h、j、k、l	光标上下左右移动。也可用键盘自带方向键
0 和$	光标移动到行首、行尾
gg 和 G	光标移动到第一行首个字符的位置和光标移动到最后一行首个字符的位置
/字符串	快速定位到字符串所在的行
/^d	定位首字母为 d 的行
/txt$	定位结尾为 txt 的行

文本编辑常用的命令如表 2.3 所示。

命令和命令可以组合，作用也是叠加的，例如，3yy、ygg、yG、dgg、dG 等，读者需平时多加练习。

从命令模式进入其他模式常用的命令如表 2.4 所示。

表 2.3　文本编辑常用命令

命令	说明
yy	复制当前行
dd	删除当前行
p	粘贴
x	删除光标所在的字符
D	从光标处删除到行尾
u	撤销
^r	重做
r	可以用来修改一个字符

表 2.4　从命令模式进入其他模式常用命令

命令	说明
o	进入编辑模式，光标下面另起一行
a	进入编辑模式，光标后一位
i	进入编辑模式，光标当前位置
:	进入末行模式
V	进入可视行模式
v	进入可视模式
^v	进入可视块模式
R	进入替换模式

末行模式常用的命令如表 2.5 所示。

表 2.5　末行模式常用命令

命令	说明
:w	保存
:q	退出
:wq	保存并退出
:w!	强制保存
:q!	不保存强制退出
:wq!	强制保存退出
:set nu	显示行号
:set nonu	不显示行号
:整数	跳到该行
:s/abc/abd	该行第一个 abc 替换成 abd
:s/abc/abd/g	该行所有 abc 替换成 abd

2.3.2 编辑简单的文档

用 Vim 编辑器编辑文档首先要给文档命名，此处命名为 qfedu.txt。如果文档已经创建，则打开；如果文档不存在，此命令将创建一个文档，如图 2.4 所示。

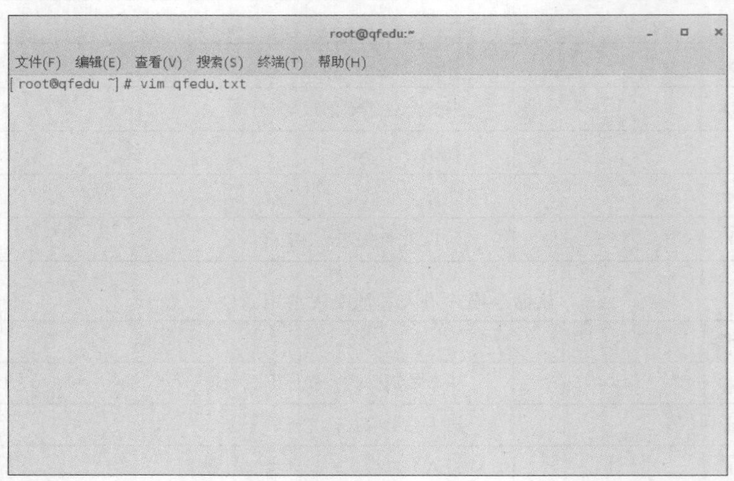

图 2.4　打开文档

打开文档后，默认进入命令模式，不能编辑文本，需要切换到编辑模式。按 i 键进入编辑模式，如图 2.5 所示。

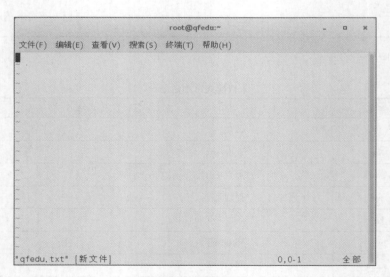

图 2.5　进入编辑模式

进入编辑模式后，左下角出现“--插入--”，可随意输入文本内容，Vim 编辑器不会把文本内容当作命令执行，如图 2.6 所示。

在编写完之后，保存退出。首先按 Esc 键切换到命令模式，然后再输入“:”，进入末行模式，最后输入“wq”，完成保存退出，如图 2.7 所示。

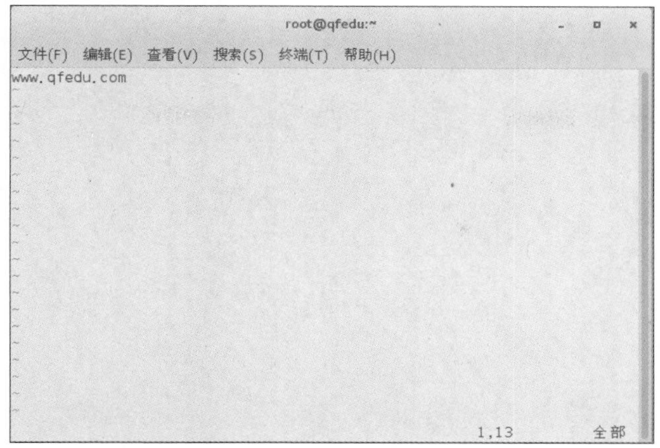

图 2.6　输入文本

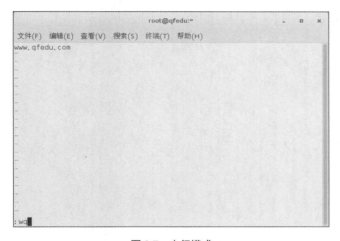

图 2.7　末行模式

保存退出后，使用 cat 命令就可以查看刚才输入的文本，如图 2.8 所示。

再次进入文档，可以继续编辑文件。按键盘方向键【 ↑ 】快速翻出这条命令，如图 2.9 所示。

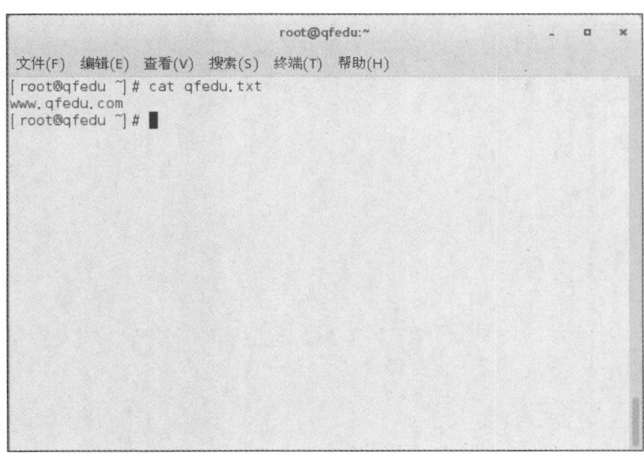

图 2.8　查看文档

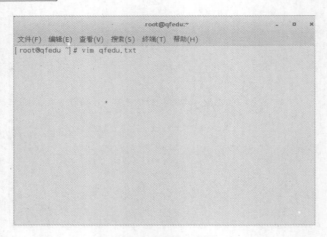

图 2.9 再次打开文档

按 o 键进入编辑模式，另起一行并添加内容，如图 2.10 所示。

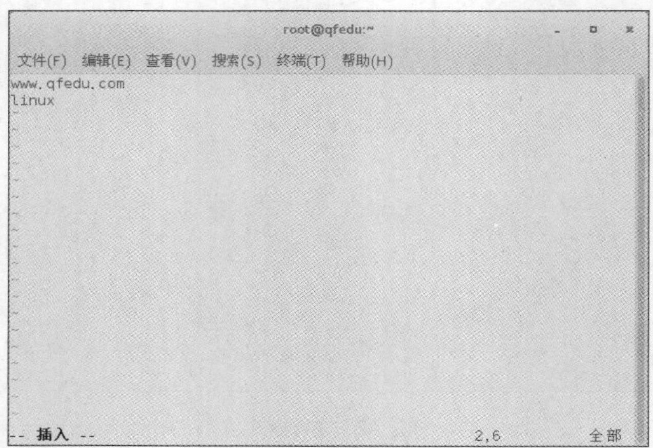

图 2.10 添加内容

如果此时不保存文件，直接退出，编辑器会拒绝此操作，如图 2.11、图 2.12 所示。

图 2.11 不保存退出

图 2.12　拒绝退出

在末行模式下输入“q!”强制退出，如图 2.13 所示。

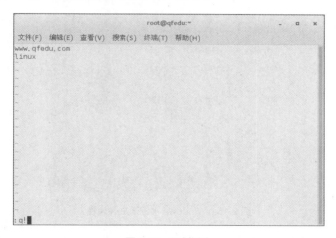

图 2.13　强制退出

最后再次查看文本，发现并未保存第二次添加内容，只显示原来的内容，如图 2.14 所示。

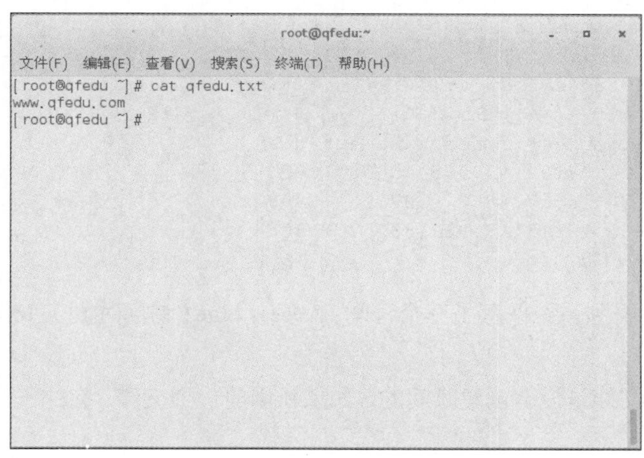

图 2.14　再次查看文档

2.4 文件时间

回到熟悉的 Windows 系统，在 Windows 下新建一个文件，保存文件的同时也会保存文件的创建时间、修改时间、访问时间等，如图 2.15 所示。

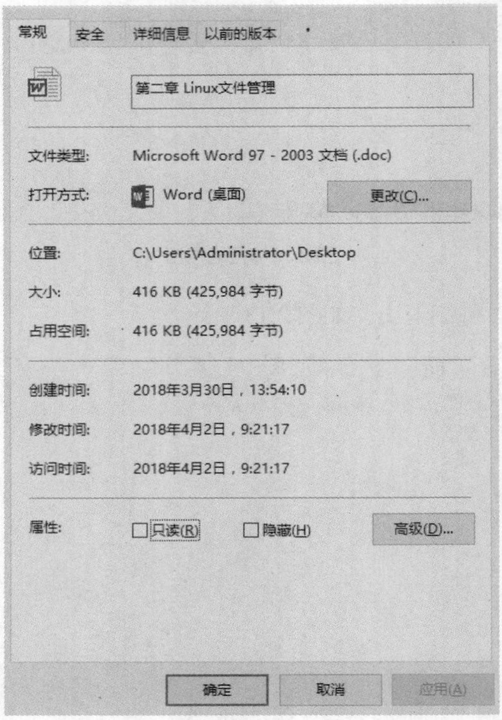

图 2.15 Windows 系统下文件属性

在 Linux 系统下，一个文件也有三种时间：访问时间、修改时间、状态时间。stat 命令可以查看文件的详细信息，具体如下所示。

```
[root@qfedu ~]# stat /etc/hostname
  File: '/etc/hostname'
  Size: 6          Blocks: 8          IO Block: 4096   regular file
Device: fd00h/64768d Inode: 16931194    Links: 1
Access: (0644/-rw-r--r--)  Uid: (    0/    root)   Gid: (    0/    root)
Context: system_u:object_r:hostname_etc_t:s0
Access: 2018-04-02 09:29:54.065475006 +0800
Modify: 2018-03-30 14:17:48.875787110 +0800
Change: 2018-03-30 14:17:48.912788257 +0800
Birth: -
```

从输出结果中可以看到系统保存了三个时间：Access time（访问时间）、Modify time（状态时间）、Change time（修改时间）。

在 Linux 系统中，文件是没有创建时间的，如果新创建一个文件，它的三个时间都与创建的时间相同，具体如下所示。

```
[root@qfedu ~]# stat abc.txt
```

```
  File: 'abc.txt'
  Size: 4          Blocks: 8          IO Block: 4096   regular file
Device: fd00h/64768d Inode: 35505558    Links: 1
Access: (0644/-rw-r--r--)  Uid: (    0/    root)   Gid: (    0/    root)
Context: unconfined_u:object_r:admin_home_t:s0
Access: 2018-04-08 18:39:49.771126373 +0800
Modify: 2018-04-08 18:39:49.771126373 +0800
Change: 2018-04-08 18:39:49.771126373 +0800
 Birth: -
```

修改时间：文件的内容被最后一次修改的时间。“ls -l”命令显示的文件时间就是这个时间，当使用 Vim 对文件进行编辑之后保存，它的 ctime 就会相应地改变。

访问时间：对文件进行一次读操作，它的访问时间就会改变。例如，cat、less 等操作。但是 state 与 ls 命令对 atime 不会有影响。

状态时间：当文件的状态被改变时，状态时间就会改变。使用 chmod、chown 等命令改变文件属性，会改变文件的 mtime。

以前的 RHEL（Red Hat Enterprise Linux）版本，只要读取文件，就会刷新时间，这种时间的变化专业术语叫“磁盘的 IO 操作”，就是写磁盘，访问一次写一次。举例来说，千锋教育网站有上万个网页，如果有上万个人访问，访问一次时间就刷新一次，最后会导致大量 IO 操作，这样做的积极意义并不大，由此带来的消极意义却是明显的，大大增加了磁盘 IO 的工作量。

从 RHEL6 开始，atime 延迟修改，刷新时间必须满足下列两个条件之一：自上次 atime 修改后已过去 86400 秒；发生写操作。这个改变作用是很大的，例如，find 命令查看根目录下 5 天以内被改过的文件（选取部分查询内容显示），具体如下所示。

```
[root@qfedu ~]# find / -mtime -5
/home/linux/.local/share/zeitgeist/activity.sqlite-shm
/home/linux/.local/share/zeitgeist/activity.sqlite-wal
…
/var/log/syslog
/var/log/auth.log
/var/log/kern.log
```

2.5　文件类型

前面提到过文件的颜色类别，但通过颜色判断文件的类型不一定正确。Linux 系统中文件没有扩展名，修改无实际意义的扩展名无法修改文件的本质，具体如下所示。

```
[root@qfedu ~]# ls
anaconda-ks.cfg  initial-setup-ks.cfg
a.txt  b.txt
[root@qfedu ~]# file a.txt
a.txt: ASCII text //是 txt 文件
[root@qfedu ~]# file anaconda-ks.cfg
anaconda-ks.cfg: ASCII text //也是 txt 文件
[root@qfedu ~]# mv a.txt a.jpg //更改文件的扩展名为 jpg 格式
[root@qfedu ~]# ls
anaconda-ks.cfg  initial-setup-ks.cfg
a.jpg  b.txt
```

```
[root@qfedu ~]# file a.jpg
a.jpg: ASCII text //依然是 txt 文件
```

使用“ls -l”命令查看文件名，看第一个字符，开头为“-”的是普通文件（如文本文件、二进制文件、压缩文件、图片等），开头为“d”的是目录文件（蓝色），具体如下所示。

```
[root@qfedu ~]# ls -l /etc/
total 1348
-rw-r--r--. 1 root root    5090 Nov  5  2016 DIR_COLORS
-rw-r--r--. 1 root root    5725 Nov  5  2016 DIR_COLORS.256color
-rw-r--r--. 1 root root    4669 Nov  5  2016 DIR_COLORS.lightbgcolor
-rw-r--r--. 1 root root      94 Apr 29  2015 GREP_COLORS
-rw-r--r--. 1 root root     842 Nov  6  2016 GeoIP.conf
-rw-r--r--. 1 root root     858 Nov  6  2016 GeoIP.conf.default
drwxr-xr-x. 8 root root     145 Mar 30 12:46 NetworkManager
drwxr-xr-x. 2 root root      92 Mar 30 12:52 PackageKit
drwxr-xr-x. 2 root root      25 Mar 30 12:46 UPower
drwxr-xr-x. 6 root root     103 Mar 30 12:45 X11
drwxr-xr-x. 3 root root     101 Mar 30 12:45 abrt
..........省略部分文件..............
```

开头为“b”的是设备文件（块设备），存储设备硬盘、U 盘、/dev/sda、/dev/sda1；“c”表示设备文件（字符设备），打印机、终端、/dev/tty1、/dev/zero；“s”表示套接字文件；“p”表示管道文件；“l”表示链接文件（浅蓝色）。

```
[root@qfedu ~]# ll /dev/sda c
brw-rw----. 1 root disk 8, 0 Apr  2 09:29 /dev/sda
[root@qfedu ~]# ll /dev/zero
crw-rw-rw-. 1 root root 1, 5 Apr  2 09:29 /dev/zero
[root@qfedu ~]# ll /dev/log
srw-rw-rw-. 1 root root 0 Apr  2 09:29 /dev/log
[root@qfedu ~]# ll /run/dmeventd-client
prw-------. 1 root root 0 Apr  2 09:29 /run/dmeventd-client
[root@qfedu ~]# ll /etc/grub2.cfg
lrwxrwxrwx. 1 root root 22 Mar 30 12:52 /etc/grub2.cfg
-> ../boot/grub2/grub.cfg
```

使用 file 命令查看文件类型，如文本文件、二进制文件、管道文件、设备文件、链接文件等，具体如下所示。

```
[root@qfedu ~]# file /etc/hostname
/etc/hostname: ASCII text
[root@qfedu ~]# file /dev/sda
/dev/sda: block special
[root@qfedu ~]# file /dev/zero
/dev/zero: character special
```

使用 stat 命令查看文件的详细属性，例如，文件的名称、大小、权限、atime、ctime、mtime 等，具体如下所示。

```
[root@qfedu ~]# stat /etc/hostname
File: '/etc/hostname' //文件名字
Size: 6 //大小         Blocks: 8 //占块数    IO Block: 4096   regular file
Device: fd00h/64768d Inode: 16931194    Links: 1
```

```
Access: (0644/-rw-r--r--) //权限 Uid: ( 0/ root) //所有者 Gid: ( 0/ root)
Context: system_u:object_r:hostname_etc_t:s0
Access: 2018-04-02 09:29:54.065475006 +0800
Modify: 2018-03-30 14:17:48.875787110 +0800
Change: 2018-03-30 14:17:48.912788257 +0800
 Birth: -
```

2.6 本章小结

本章小结

本章主要介绍了文件的目录与路径之间的关联，以及如何对目录和文件进行整理和编辑，最后使用 Vim 编辑器编辑简单的文本。本章的知识都属于基本知识，在后面的学习中需经常使用，因此，读者应多加练习，为接下来的深入学习打下坚实基础。

2.7 习题

一、选择题

1. 删除文件的命令为（　　）。

A. mkdir　　B. rmdir　　C. mv　　D. rm

2. （　　）目录存放着 Linux 的源代码。

A. /etc　　B. /usr/src　　C. /usr　　D. /var

3. 在 Vim 编辑器的命令模式下，键入（　　）可在光标当前所在行下添加一新行。

A. a　　B. o　　C. I　　D. A

4. 用命令 ls -al 显示出文件 ff 的信息如下所示，由此可知文件 ff 的类型为（　　）。

-rwxr-xr-- 1 root root 599 Cec 10 17:12 ff

A. 普通文件　　B. 硬链接　　C. 目录　　D. 符号链接

5. 在下列命令中，不能显示文本文件内容的命令是（　　）。

A. more　　B. less　　C. tail　　D. join

二、填空题

1. ________命令可以移动文件和目录，还可以为文件和目录重新命名。

2. 在 vim 编辑器的命令模式下，删除当前光标处的字符使用________命令。

3. 查看最新的 20 行日志的命令是________。

4. 套接字文件的属性位是________。

三、简答题

1. 如何从编辑模式切换到末行模式？

2. 为什么在 Windows 系统中编辑过的文件，在 Linux 系统里不能执行了？

03

第 3 章　用户管理

本章学习目标

- 了解用户和组的意义
- 掌握创建、修改与删除用户/组的方法
- 熟悉用户相关配置文件
- 熟悉用户身份切换与提权

用户分为普通用户和超级用户，超级用户在 Windows 系统中为 Administrator，在 Linux 系统中为 root。登录 Linux 系统需要提供用户名与密码，登录后通过一定的方法管理该系统。

3.1　用户/组概览

Linux 系统是多用户、多任务的分时操作系统，系统上每一个进程都有一个特定的文件，每个文件都被一个特定的用户所拥有。如果需要使用系统资源，首先必须向系统超级用户申请成为普通用户，然后以普通用户的身份进入系统。超级用户可以对普通用户进行跟踪，并设置他们的访问权限，这样可以保证系统的安全。

每个用户都属于一个用户组或者多个组，系统可以对一个用户组中的所有用户进行集中管理。组与组的控制权限是不同的，系统根据不同的需求，把用户分别放在不同的组中，如图 3.1 所示。

图 3.1　用户组示意图

3.1.1　用户标识：UID 与 GID

因为 Linux 系统并不能识别用户名信息，所以每个用户都有唯一的系统可识别的 UID，它类似于居民身份证编号。id 命令可以查看当前用户登录信息，UID（User Identification）为用户的 ID，GID（Group Identification）为用户所属组的 ID，groups 为用户属于的所有组的 ID，具体如下所示。

```
[root@qfedu ~]# id
uid=0(root) gid=0(root) groups=0(root)
[root@qfedu ~]# id qfedu
uid=1000(qfedu) gid=1000(qfedu) groups=1000(qfedu)
```

每个文件都有一个所有者（owner），使用 ll 命令可以查看文件的所有者，具体如下所示。

```
[root@qfedu ~]# ll /home
total 4
drwx------. 14 qfedu qfedu 4096 Mar 30 13:05 qfedu
drwxr-xr-x.  2 root  root    46 Apr  2 14:35 qianfeng
[root@qfedu ~]# ll /root
total 24
drwxr-xr-x. 2 root root    6 Apr  8 09:58 abc
-rw-r--r--. 1 root root    4 Apr  8 18:39 abc.txt
drwxr-xr-x. 2 root root    6 Apr  8 09:19 abd
-rw-r--r--. 1 root root    4 Apr  8 09:22 abd.txt
-rw-------. 1 root root 1542 Mar 30 13:00 anaconda-ks.cfg
-rw-r--r--. 1 root root   14 Mar 30 18:18 b.txt
-rw-r--r--. 1 root root    0 Apr  2 14:35 file2
-rw-r--r--. 1 root root 1590 Mar 30 13:02 initial-setup-ks.cfg
-rw-r--r--. 1 root root    0 Apr  2 13:55 linux.txt
```

第三列为文件的所有者信息，如目录 qfedu 的所有者为 qfedu，文件 abc.txt 的所有者为 root。

每个进程是以某个用户的身份运行的，下面使用“ps aux | less”命令查看进程，第一列 USER 表示用户身份，具体如下所示。

```
USER       PID %CPU %MEM    VSZ   RSS TTY      STAT START   TIME COMMAND
root         1  0.1  0.3 128104  6704 ?        Ss   10:59   0:02
/usr/lib/systemd/systemd --switched-root --system --deserialize 21
root         2  0.0  0.0      0     0 ?        S    10:59   0:00 [kthreadd]
root         3  0.0  0.0      0     0 ?        S    10:59   0:00 [ksoftirqd/0]
root         7  0.0  0.0      0     0 ?        S    10:59   0:00 [migration/0]
root         8  0.0  0.0      0     0 ?        S    10:59   0:00 [rcu_bh]
root         9  0.0  0.0      0     0 ?        R    10:59   0:00 [rcu_sched]
root        10  0.0  0.0      0     0 ?        S    10:59   0:00 [watchdog/0]
root        12  0.0  0.0      0     0 ?        S<   10:59   0:00 [khelper]
root        13  0.0  0.0      0     0 ?        S    10:59   0:00 [kdevtmpfs]
```

例如，安装 Apache 服务器，重启服务后，使用“ps aux”命令可以查看运行 httpd 进程的用户名，具体如下所示。

```
[root@qfedu ~]# yum -y install httpd    //安装软件包
[root@qfedu ~]# systemctl start httpd   //重启服务
[root@qfedu ~]# ps aux |grep httpd
root      4314  0.2  0.2 226240  5164 ?        Ss   11:49   0:00 /usr/sbin/http
d -DFOREGROUND
apache    4315  0.0  0.1 228324  3152 ?        S    11:49   0:00 /usr/sbin/http
```

```
d -DFOREGROUND
apache     4316  0.0  0.1 228324  3152 ?        S    11:49   0:00 /usr/sbin/http
d -DFOREGROUND
apache     4317  0.0  0.1 228324  3152 ?        S    11:49   0:00 /usr/sbin/http
d -DFOREGROUND
apache     4318  0.0  0.1 228324  3152 ?        S    11:49   0:00 /usr/sbin/http
d -DFOREGROUND
apache     4319  0.0  0.1 228324  3152 ?        S    11:49   0:00 /usr/sbin/http
d -DFOREGROUND
root       4325  0.0  0.0   9044   664 pts/0    R+   11:49   0:00 grep --color=a
uto httpd
```

3.1.2 用户/组相关文件

在 Linux 系统中，所有用户的用户名和密码都存放在/etc/passwd 和/etc/shadow 这两个文件中。

在/etc/passwd 文件中，一行记录对应一个用户，每行记录又被冒号（:）分隔为 7 个字段，依次为用户名称、密码占位符、用户 UID、主组 GID、注释性描述、用户主目录、用户的 Shell，具体如下所示。

```
[root@qfedu ~]# vim /etc/passwd
root:x:0:0:root:/root:/bin/bash
bin:x:1:1:bin:/bin:/sbin/nologin
daemon:x:2:2:daemon:/sbin:/sbin/nologin
adm:x:3:4:adm:/var/adm:/sbin/nologin
lp:x:4:7:lp:/var/spool/lpd:/sbin/nologin
....................部分省略....................
```

在/etc/shadow 文件中，每行记录也由冒号分隔为 9 个字段，依次为用户名称、加密后的密码、最近改动密码时间、密码不可变更时间（99999 为没有限制）、密码重新变更时间、密码过期时间、密码过期宽恕时间、用户失效时间、保留，具体如下所示。

```
[root@qfedu ~]# vim /etc/shadow
root:$6$iXOPTKmyXMvd/uDJ$8gVGtUP9MAj8R5RH3LfFEJE0DYky8LGanpeKR2Mn/AbxErHQyIXschK
irPdyxMrEGskPMlzSoNGKl1HxOWaHe1:17110:0:99999:7:::
bin:*:17110:0:99999:7:::
daemon:*:17110:0:99999:7:::
adm:*:17110:0:99999:7:::
lp:*:17110:0:99999:7:::
..............部分省略..............
```

第 2 个字段又分为三部分：$6 表示加密算法的$id，$id 包括$1（MD5）、$5（SHA-256）、$6（SHA-512），$id 号越大加密程度越高；$iXOPTKmyXMvd/uDJ 表示 salt 值（这个值是由系统随机生成的，若两个用户使用同一个密码，由于系统为它们生成的 salt 值不同，哈希值也是不同的）；最后一个$后的内容是系统产生的哈希值。$id+salt 值+哈希值就是最终的加密密码。

例如，创建密码一样的两个用户，查看哈希值，具体如下所示。

```
qf1:$6$8FtewMfM$RPD0aIuDGmpE.rAMt7GKCWP8jNs2TtG3nmxbRFqdwm/r3T91R7A4jfTimRj/qbEH
PbXQ6ncIcZtryXV2E5MPK.:
qf2:$6$FRsRAaAa$WJuDA0I8w7aM5t.L8484mVRd/defTv44xi.PNjxv1G7XpKJQGCvH8R492ZDs6Bdo
PIMjoMTpn18fl5c5Ipwtt0:
```

注意，从 CentOS 6 开始，UID 为 0 是特权用户，UID 为 1~499 是系统用户，UID 为 500 以上是普通用户。

3.1.3　超级用户

root 用户可以拥有所有系统权限，而且 root 用户有权力覆盖文件系统上的所有普通权限。系统中大多数设备只能由 root 控制，如安装或删除软件、管理系统文件和目录等。普通用户要进行相关操作需要 root 用户的许可。下一节将详细介绍 root 在用户管理中所起的作用。

3.2　管理用户/组

管理用户与用户组主要是创建、更改、删除等操作。

3.2.1　创建用户/组

首先使用 useradd 命令创建用户 qf01，不指定任何选项，然后使用 grep 命令过滤出该用户信息，具体如下所示。

```
[root@qfedu ~]# useradd qf01
[root@qfedu ~]# grep "qf01" /etc/passwd /etc/shadow /etc/group
/etc/passwd:qf01:x:1004:1004::/home/qf01:/bin/bash
/etc/shadow:qf01:!!:17630:0:99999:7:::
/etc/group:qf01:x:1004:
[root@qfedu ~]# ls /home/
qf01
[root@qfedu ~]# ls /var/spool/mail/
qf01
```

其中，/etc/shadow 的行中显示“!!”，由此可以看出密码未设置。在/home 目录下可查看新创建的用户，系统还会为用户创建一个邮箱。

在 Linux 下创建一个用户时，若未指定任何组（主组或附加组），系统会默认给该用户创建一个和用户名相同的组作为用户的主组。如果将多个用户划入一个组，只需要对组设定权限即可，由此也能减少很多后台管理上的麻烦。

创建用户 user02 与 user03，并使用“-G”参数指定已存在的附加组。GID=2001 为 user02 的主组，GID=1005 为 user02 的附加组；GID=2003 为 user03 的主组，GID=1005 与 GID=1009 为 user03 的附加组。具体如下所示。

```
[root@qfedu ~]# groupadd hr
[root@qfedu ~]# groupadd fd
[root@qfedu ~]# useradd user02 -G hr
[root@qfedu ~]# useradd user03 -G hr,fd
[root@qfedu ~]# id user02
uid=1005(user02) gid=2001(user02) groups =2001(user02),1005(hr)
[root@qfedu ~]# id user03
uid=1007(user03) gid=2003(user03) groups =2003(user03),1005(hr),1009(fd)
[root@qfedu ~]# useradd user05 -G hr
[root@qfedu ~]# gpasswd -d user05 hr
Removing user user05 from group hr
[root@qfedu ~]# id user05
```

```
uid=1008(user05) gid=2004(user05) groups=2004(user05)
```

如果在使用 useradd 命令时加入了错误的设置数据，或者要对一些信息进行详细的修改，除了直接在/etc/passwd 与/etc/shadow 文件中修改，也可以使用 usermod 与 gpasswd 命令，具体如下所示。

```
[root@qfedu ~]# id user05
uid=1008(user05) gid=2004(user05) groups=2004(user05)
[root@qfedu ~]# gpasswd -a user05 hr
[root@qfedu ~]# id user05
uid=1008(user05) gid=2004(user05) groups =2004(user05),1005(hr)
```

一个用户可以属于很多组，现在创建一些用户组给予演示，创建组的命令为 groupadd，具体如下所示。

```
[root@qfedu ~]# groupadd sale
[root@qfedu ~]# groupadd it
[root@qfedu ~]# groupadd market
```

用户组的信息保存在/etc/group 文件中，上面创建的组在该文件的尾部，使用 tail 命令查看，所有新创建组并没有成员，具体如下所示。

```
[root@qfedu ~]# tail /etc/group
apache:x:48:
qf1:x:1002:
qf2:x:1003:
qf01:x:1004:
hr:x:1005:
sale:x:1006:
saleit:x:1007:
it:x:1008:
fd:x:1009:
market:x:1010:
```

可以看出 GID 是从低到高排序的，一般情况下并不需要专门指定组的 GID，系统会自动依次增加数值。如果需要指定 GID，添加“-g”参数或者“-gid”即可。例如，创建一个 GID 为 2000 的组，具体如下所示。

```
[root@qfedu ~]# groupadd net01 -g 2000
[root@qfedu ~]# grep "net01" /etc/group
net01:x:2000:
```

此外，useradd 命令还可以添加其他参数，如表 3.1 所示。

表 3.1　　useradd 命令中的参数

参数	说明
-d	指定用户的主目录
-u	指定用户特定的 UID（整数）
-g	指定用户主组的名称或 ID
-G	指定用户的附加组列表
-s	指定用户的登录 Shell

3.2.2 删除用户/组

如果一个用户需要被删除，可以使用 userdel 命令，但若想同时在/home 目录与 mail spool 中删除该用户，则需要添加“-r”参数。若用户已不存在，可以使用“rm –rf”手动删除，具体如下所示。

```
[root@qfedu ~]# id user03
uid=1007(user03) gid=2003(user03) groups =2003(user03),1005(hr),1009(fd)
[root@qfedu ~]# userdel user03
[root@qfedu ~]# id user03
id: user03: no such user
[root@qfedu ~]# ls /home/
user02  user03
[root@qfedu ~]# ls /var/spool/mail/
user02  user03
[root@qfedu ~]# userdel -r user02
[root@qfedu ~]# ls /home/
user03
[root@qfedu ~]# ls /var/spool/mail/
user03
```

删除一个用户组可以使用 groupdel 命令，如果某个初始用户正在使用该用户组，则无法删除，此时需要修改该用户的 GID 或者直接删除该用户，具体如下所示。

```
[root@qfedu ~]#grep "^market" /etc/group
market:x:1010:
[root@qfedu ~]# groupdel market
[root@qfedu ~]# grep "^market" /etc/group
[root@qfedu ~]#
```

3.2.3 修改用户密码

任何用户都可以通过 passwd 命令修改自己的密码。只有 root 用户可以修改其他用户的密码。普通用户修改密码需要提供原密码，对新密码要求也比较苛刻，root 用户修改普通用户的密码则不需要提供原密码。当新密码不足 8 位时，系统会给予警告，具体如下所示。

```
[root@qfedu ~]# passwd qfedu
Changing password for user qfedu.
New password:
BAD PASSWORD: The password is shorter than 8 characters
Retype new password:
passwd: all authentication tokens updated successfully.
[root@qfedu ~]# su-qfedu  //切换到普通用户
[qfedu@qfedu root]$ passwd
Changing password for user qfedu.
Changing password for qfedu.
(current) UNIX password:
New password:
BAD PASSWORD: The password is too similar to the old one
```

3.2.4 安全用户

在创建用户时，通过“-s”参数指定用户的登录 Shell 为/sbin/nologin，可以将其设置为安全用户。

新创建一个普通用户 user01，不做任何指定；再创建一个普通用户 user02，指定登录 Shell 为/sbin/nologin。创建好后查看这两个用户的 Shell，具体如下所示。

```
[root@qfedu ~]# useradd user01
[root@qfedu ~]# useradd user02 -s /sbin/nologin
[root@qfedu ~]# tail -2 /etc/passwd
user01:x:1001:1001::/home/user01:/bin/bash
user02:x:1002:1002::/home/user02:/sbin/nologin
```

创建用户完成后，通过 passwd 命令设置用户的登录密码。接下来验证这两种 Shell 的区别，首先注销用户，然后重新登录系统，如图 3.2 所示。

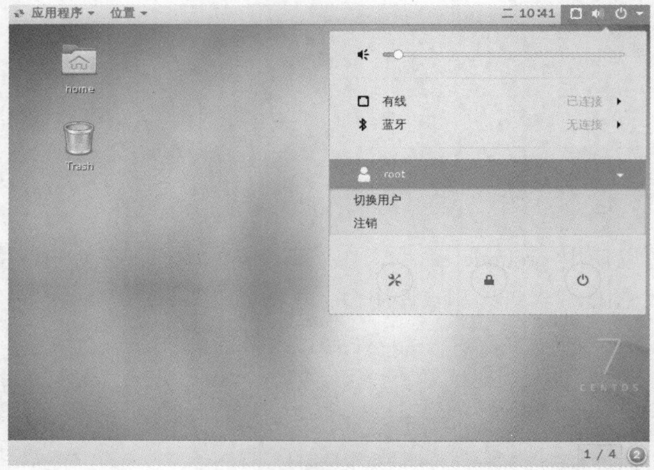

图 3.2　注销用户

在登录界面使用 user01 用户登录，如图 3.3 所示。

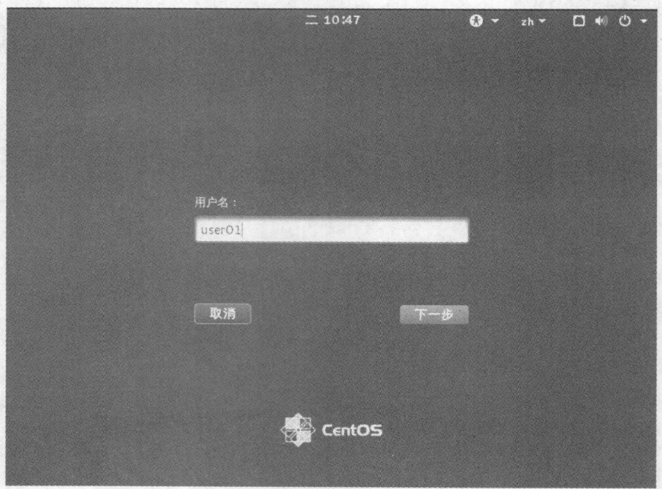

图 3.3　用户登录

进入系统后，使用 echo $ SHELL 命令查看该用户 Shell 为/bin/bash，并且可以进行简单的系统操作，如图 3.4 所示。

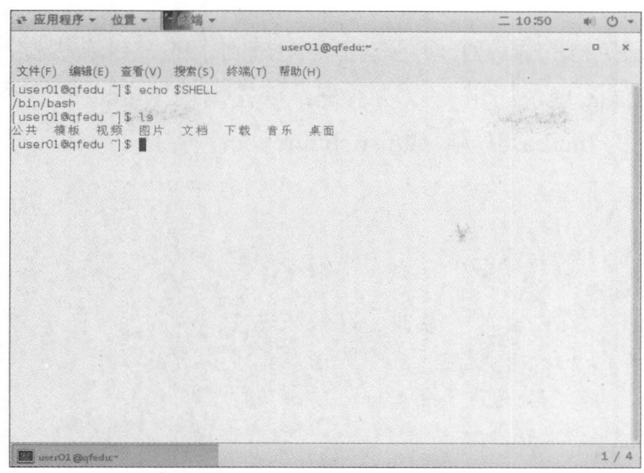

图 3.4　用户终端

再次注销用户，使用 user02 用户登录，输入密码后并不能进入系统，而是自动跳回到登录界面。此处在文本界面演示，读者可以按组合键 Ctrl+Alt+F2 进入文本界面，如图 3.5 所示。

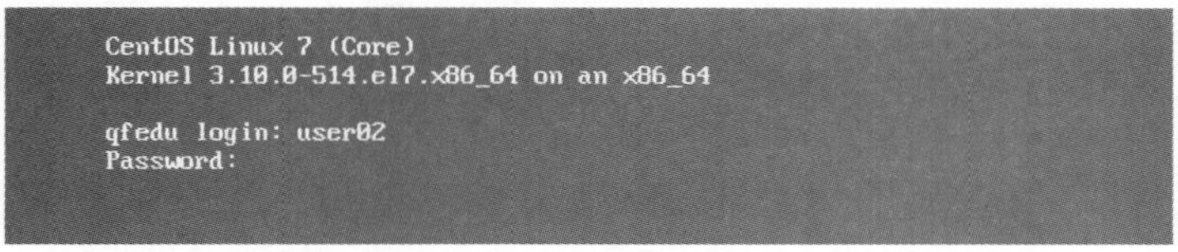

```
CentOS Linux 7 (Core)
Kernel 3.10.0-514.el7.x86_64 on an x86_64

qfedu login: user02
Password:
```

图 3.5　文本界面

user02 用户登录失败，如图 3.6 所示。

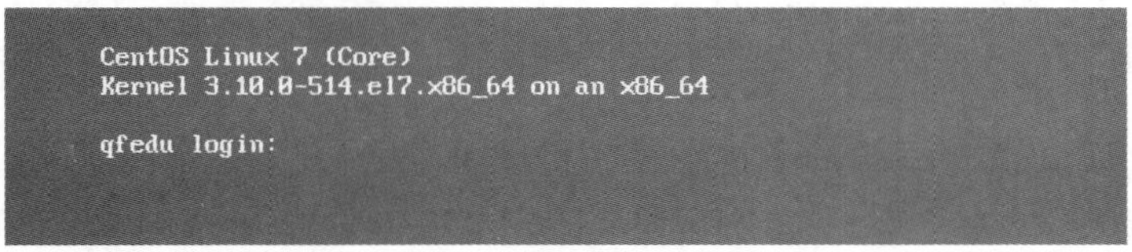

```
CentOS Linux 7 (Core)
Kernel 3.10.0-514.el7.x86_64 on an x86_64

qfedu login:
```

图 3.6　登录失败

由上述实例可知，当指定某个用户的登录 Shell 为/sbin/nologin 时，此用户无论通过本地还是远程登录的方式都将不能登录系统，也无法实现系统管理。但该用户仍可以使用 FTP 和邮件服务这种不需要登录系统的服务。因此，这样的用户一般称为安全用户。

在 CentOS 5 与 CentOS 6 中，黑客可以通过多种方式将普通用户提权为超级用户。所以，在创建用户时，如果该用户没有必要登录系统，应该将此用户的登录 Shell 修改为/sbin/nologin，以消除安全隐患。

查看可登录当前系统的用户，具体如下所示。

```
[root@qfedu ~]# grep "bash$" /etc/passwd
root:x:0:0:root:/root:/bin/bash
qfedu:x:1000:1000:qfedu:/home/qfedu:/bin/bash
qianfeng:x:1001:1001::/home/qianfeng:/bin/bash
user05:x:1008:2004::/home/user05:/bin/bash
user06:x:1009:2005::/home/user06:/bin/bash
user07:x:1010:1010::/home/user07:/bin/bash
```

Shell 是用户登录系统执行的第一个程序，它并不是固定的，可以根据需求在/etc/passwd 文件中随意更改。例如，用户在试图登录后重新启动系统，首先使用 which 命令查看 reboot 的命令的绝对路径，然后将 root 用户下的/bin/bash/替换成/usr/sbin/reboot，完成后保存，具体如下所示。

```
[root@qfedu ~]# which reboot
/usr/sbin/reboot
[root@qfedu ~]# vim /etc/passwd
root:x:0:0:root:/root:/bin/bash
[root@qfedu ~]# setenforce 0 //临时关闭 Selinux
[root@qfedu ~]# getenforce //查看 Selinux 状态
Permissive
```

3.2.5 配置文件

/etc/login.defs 与/etc/default/useradd 是命令 useradd 的配置文件，决定 useradd 创建用户默认的参数，文件中的配置对 root 用户无效。

打开/etc/login.defs 文件，第 15 行为邮件目录，具体如下所示。

```
14 #QMAIL_DIR      Maildir
15 MAIL_DIR        /var/spool/mail
16 #MAIL_FILE      .mail
17
18 # Password aging controls:
```

第 25～28 行为密码相关配置，具体如下所示。

```
25 PASS_MAX_DAYS   99999
26 PASS_MIN_DAYS   0
27 PASS_MIN_LEN    5
28 PASS_WARN_AGE   7
```

第 71 行为密码加密算法配置，具体如下所示。

```
70 # Use SHA512 to encrypt password.
71 ENCRYPT_METHOD SHA512
```

/etc/default/useradd 文件，具体如下所示。

```
# useradd defaults file
GROUP=100
HOME=/home ：用户的主目录位置
INACTIVE=-1 //过期宽限时间，-1 表示不启用
EXPIRE= //终止日期，不设置表示不启用
SHELL=/bin/bash //默认 Shell
SKEL=/etc/skel //默认添加用户的目录，默认文件存放位置
CREATE_MAIL_SPOOL=yes
~
```

例如，将默认 Shell 修改为 SHELL=/sbin/nologin，使用 useradd 命令创建的用户的 Shell 也会默认为/sbin/nologin，具体如下所示。

```
[root@qfedu ~]# grep 'user09' /etc/passwd
user09:x:1013:1013::/home/user09:/sbin/nologin
```

3.2.6 su/sudo 命令

本书中大多数操作都是以 root 用户的身份进行的，在实际环境中，用普通用户的身份相对比较安全，可避免因失误执行一些危险的命令，因此仅在需要设置系统环境时才会切换到 root 用户。

su 命令可以进行身份切换，下面以普通用户登录系统，使用该命令进行切换。普通用户切换至 root 用户需要密码，root 用户切换至普通用户则不需要密码，具体如下所示。

```
[qfedu@qfedu root]$ whoami
qfedu
[qfedu@qfedu root]$ su -
Password:
Last login: Tue Apr 10 16:52:12 CST 2018 on pts/1
[root@qfedu ~]#
[root@qfedu ~]# su qfedu
[qfedu@qfedu root]$
```

加入 wheel 组的普通用户可以使用 sudo 命令来执行系统相关操作，用户使用 sudo 时，必须先输入密码，之后有 5 分钟的有效时间，超过时限则必须重新输入密码。例如，创建普通用户 user13，将其加入 wheel 组，具体如下所示。

```
[root@qfedu ~]# useradd user13 -G wheel
[root@qfedu ~]# id user13
uid=1017(user13) gid=1017(user13) groups=1017(user13),10(wheel)
[qf@qfedu ~]$ useradd user10
bash: /sbin/useradd: Permission denied
[qf@qfedu ~]$ sudo useradd user10
[sudo] password for qf:
[qf@qfedu ~]$ sudo id user10
uid=1018(user10) gid=1018(user10) groups=1018(user10)
```

3.3 本章小结

节目录与组操作

本章小结

本章首先介绍用户与用户组标识符的意义、用户的 Shell 作用以及如何对用户与用户组进行增、删、改、查等操作；其次，讲解了如何设置/etc/passwd 与/etc/shadow 这两个重要文件以及 useradd 的文件配置；最后，演示了用户如何使用 su 命令进行身份切换，普通用户如何使用 sudo 命令提权。

3.4 习题

一、选择题

1. 默认情况下，root 用户创建了一个新用户，会在（　　）目录下创建一个用户主目录。

A. /usr　　B. /home　　C. /root　　D. /etc

2.（　　）文件保存用户的 UID 信息。

A. /etc/users　　B. /etc /shadow　　C. /etc/passwd　　D. /etc/inittab

3. 使用 useradd 命令指定用户的主目录需要（　　）参数。

A. –g　　B. –d　　C. –u　　D. –s

4. 临时禁止 user02 用户登录系统，可以采用（　　）方法。

A. 修改 user02 用户的登录 Shell 环境

B. 删除 user02 用户的主目录

C. 修改 user02 用户的账号到期日期

D. 文件/etc/passwd 中用户名 user02 的一行前加#

5. 下面关于 passwd 命令的说法中，不正确的选项是（　　）。

A. 普通用户可以利用 passwd 命令修改自己的密码

B. 超级用户可以利用 passwd 命令修改自己和其他用户的密码

C. 普通用户不可以利用 passwd 命令修改其他用户的密码

D. 普通用户可以利用 passwd 命令修改自己和其他用户的密码

二、填空题

1. 超级用户提示符是________，普通用户提示符是________。

2. 普通用户加入________组可以使用 sudo 命令执行系统相关操作。

3. 普通用户使用________命令可以切换到 root 用户。

4. 删除一个用户组可以使用________命令。

5. 添加________参数指定用户的附加组列表。

三、简答题

1. 建立一个新用户并把它加入 wheel 组，设置用户的密码为 123。

2. 新建一个组，将 root 用户添加到该组，并查看是否添加成功。

3. 简述指定用户 Shell 使用/sbin/nologin 的意义。

04

第 4 章　文件权限

本章学习目标

- 掌握基本权限用法
- 掌握高级权限用法

权限的意义在于允许某一个用户或某个用户组以规定的方式去访问某个文件。例如，Apache 服务进程默认由 Apache 用户访问，除了 root 用户以外，其他用户均不能访问相关进程，这样就能通过在文件上设置用户或用户组的访问方式达到限制目的，如图 4.1 所示。

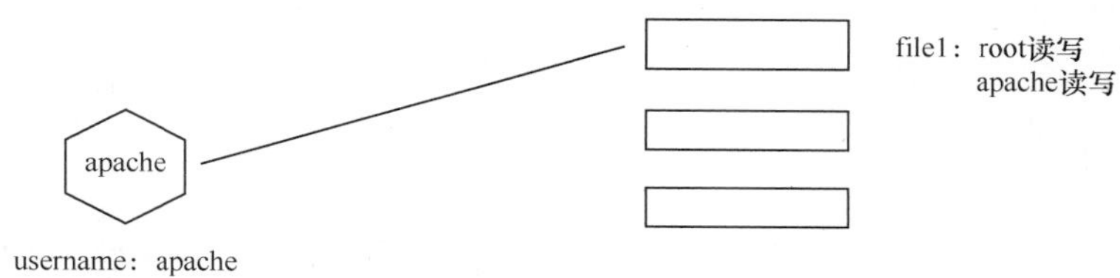

图 4.1　Apache 进程示意图

4.1　基本权限 UGO

首先介绍 U、G、O 这三个字母所代表的含义。

U：owner，属主。

G：group，属组。

O：other，其他用户。

Linux 系统通过 U、G、O 将用户分为三类，并对这三类用户分别设置三种基本权限，这种设置权限的方式称作 UGO 方式，如图 4.2 所示。

图 4.2　用户 9 位权限

使用 ll 命令查看文件属性，第 1 行的第 2～10 个字符每 3 个字符为一组，左边 3 个字符表示属主的权限，中间 3 个字符表示属组的权限，右边 3 个字符是其他用户的权限。每组的 3 个字符的具体含义如下所示。

r：read（读取），数字设定为 4。

w：write（写入），数字设定为 2。

x：execute（执行），数字设定为 1。

例如，创建一个文件 file1，使用 ll 查看文件属性信息。

```
[root@qfedu ~]# touch file1
[root@qfedu ~]# ll file1
-rw-r--r--. 1 root root 0 Apr 11 15:59 file1
```

其中，owner 的权限为“rw-”（读取与写入），数字可表示为 4+2=6；group 的权限为“r--”（读取），数字可表示为 4；other 的权限也为“r--”（读取），数字可表示为 4。

4.1.1 设置文件属性与权限

为了数据的安全，系统需要给予不同身份的用户、用户组对应的文件权限。下面讲解三个常用的修改权限命令，具体如下所示。

chown：修改文件属主、属组。

chgrp：修改文件属组。

chmod：修改文件权限。

例如，创建文件 file2，查看文件当前的属主，使用 chown 命令修改文件的属主，将文件属主 root 改为 qfedu，具体如下所示。

```
[root@qfedu ~]# touch file2
[root@qfedu ~]# ll file2
-rw-r--r--. 1 root root 0 4月  13 00:04 file2
[root@qfedu ~]# chown qfedu file2
[root@qfedu ~]# ll file2
-rw-r--r--. 1 qfedu root 0 4月  13 00:04 file2
```

修改属主的同时也可以修改属组，只需在属主与属组之间加入“.”或“。”即可。一般建议使用“。”，以免因属主名称含有“.”造成系统误判。具体如下所示。

```
[root@qfedu ~]# groupadd linux
[root@qfedu ~]# useradd qfedu02
[root@qfedu ~]# chown qfedu02.linux file2
[root@qfedu ~]# ll file2
-rw-r--r--. 1 qfedu02 linux 0 4月  13 00:04 file2
```

若只需要更改文件的属组而不需要更改属主，使用 chgrp 命令即可，具体如下所示。

```
[root@qfedu ~]# groupadd linux02
[root@qfedu ~]# chgrp linux02 file2
[root@qfedu ~]# ll file2
-rw-r--r--. 1 qfedu02 linux02 0 4月  13 00:04 file2
```

若要将某目录下的所有子目录或文件同时修改属主或属组，只需在 chown 与 chgrp 命令后添加

“-R”参数即可，具体如下所示。

```
[root@qfedu ~]# mkdir dir01
[root@qfedu ~]# touch dir01/file{1..10}
[root@qfedu ~]# ll -d dir01/
drwxr-xr-x. 2 root root 277 4月  13 02:42 dir01/
[root@qfedu ~]# chown -R qfedu:linux dir01/
[root@qfedu ~]# ll -d dir01/
drwxr-xr-x. 2 qfedu linux 277 4月  13 02:42 dir01/
[root@qfedu ~]# ll dir01/
总用量 0
-rw-r--r--. 1 qfedu linux 0 4月  13 02:42 file1
-rw-r--r--. 1 qfedu linux 0 4月  13 02:42 file2
-rw-r--r--. 1 qfedu linux 0 4月  13 02:42 file3
-rw-r--r--. 1 qfedu linux 0 4月  13 02:42 file4
-rw-r--r--. 1 qfedu linux 0 4月  13 02:42 file5
-rw-r--r--. 1 qfedu linux 0 4月  13 02:42 file6
-rw-r--r--. 1 qfedu linux 0 4月  13 02:42 file7
-rw-r--r--. 1 qfedu linux 0 4月  13 02:42 file8
-rw-r--r--. 1 qfedu linux 0 4月  13 02:42 file9
-rw-r--r--. 1 qfedu linux 0 4月  13 02:42 file10
```

修改文件权限使用 chmod 命令，设置权限的方式有两种，一种为符号，一种为数字。

符号修改权限是使用 u、o、g 这 3 个符号代表属主、属组、其他用户这 3 种身份，a 代表全部身份，r、w、x 符号代表读、写、执行，通过赋值符增加、删除、覆盖文件权限，如表 4.1 所示。

表 4.1　chmod 功能

命令	对象	赋值符	权限类型	目标文件
chmod	u g o a	+ - =	r w x	file

例如，创建文件 file，给该文件的属主增加执行权限，当查看属主权限字符位出现“x”符号时，说明增加执行权成功，具体如下所示。

```
[root@qfedu ~]# touch file
[root@qfedu ~]# ll file
-rw-r--r--. 1 root root 0 4月  13 01:34 file
[root@qfedu ~]# chmod u+x file
[root@qfedu ~]# ll file
-rwxr--r--. 1 root root 0 4月  13 01:34 file
```

给 file 文件的属组增加写入权限，当查看属组权限字符位出现“w”符号时，说明增加写入权限成功，具体如下所示。

```
[root@qfedu ~]# ll file
-rwxr--r--. 1 root root 0 4月  13 01:34 file
[root@qfedu ~]# chmod g+w file
[root@qfedu ~]# ll file
```

```
-rwxrw-r--. 1 root root 0 4月  13 01:34 file
```

同时给所有对象增加读、写、执行权限，在 chmod 命令后加“a”符号，然后覆盖掉当前全部权限，具体如下所示。

```
[root@qfedu ~]# ll file
-rwxrw-r--. 1 root root 0 4月  13 01:34 file
[root@qfedu ~]# chmod a=rwx file
[root@qfedu ~]# ll file
-rwxrwxrwx. 1 root root 0 4月  13 01:34 file
```

同时给所有对象删除某一个权限，具体如下所示。

```
[root@qfedu ~]# ll file
-rwxrwxrwx. 1 root root 0 4月  13 01:34 file
[root@qfedu ~]# chmod a-x file
[root@qfedu ~]# ll file
-rw-rw-rw-. 1 root root 0 4月  13 01:34 file
```

同时删除所有对象的全部权限，具体如下所示。

```
[root@qfedu ~]# ll file
-rwxrwxrwx. 1 root root 0 4月  13 01:34 file
 [root@qfedu ~]# chmod a=- file
[root@qfedu ~]# ll file
----------. 1 root root 0 4月  13 01:34 file
```

一次分别给不同对象增加或删除不同的权限，具体如下所示。

```
[root@qfedu ~]# ll file
----------. 1 root root 0 4月  13 01:34 file
[root@qfedu ~]# chmod u=r,g=rx,o+w file
[root@qfedu ~]# ll file
-r--r-xw--. 1 root root 0 4月  13 01:34 file
```

使用递归参数“-R”，具体如下所示。

```
[root@qfedu ~]# chmod -R a=rwx dir01/
[root@qfedu ~]# ll -d dir01/
drwxrwxrwx. 2 qfedu linux01 277 4月  13 02:42 dir01/
[root@qfedu ~]# ll dir01/
总用量 0
-rwxrwxrwx. 1 qfedu linux01 0 4月  13 02:42 file1
-rwxrwxrwx. 1 qfedu linux01 0 4月  13 02:42 file2
-rwxrwxrwx. 1 qfedu linux01 0 4月  13 02:42 file3
-rwxrwxrwx. 1 qfedu linux01 0 4月  13 02:42 file4
-rwxrwxrwx. 1 qfedu linux01 0 4月  13 02:42 file5
-rwxrwxrwx. 1 qfedu linux01 0 4月  13 02:42 file6
-rwxrwxrwx. 1 qfedu linux01 0 4月  13 02:42 file7
-rwxrwxrwx. 1 qfedu linux01 0 4月  13 02:42 file8
-rwxrwxrwx. 1 qfedu linux01 0 4月  13 02:42 file9
-rwxrwxrwx. 1 qfedu linux01 0 4月  13 02:42 file10
```

Linux 系统有 9 个基本权限，可以使用数字来代表各个权限，每种身份各自的 3 个权限数值累加，计算所得出的和就是该身份的权限值。例如，user= rwx = 4+2+1 = 7，group = rw- = 4+2 = 6，other = --- = 0+0+0 = 0，此用户权限为“760”。

创建文件 file02，使用数字设置权限，具体如下所示。

```
[root@qfedu ~]# touch file02
[root@qfedu ~]# ll file02
-rw-r--r--. 1 root root 0 4月  13 04:03 file02
[root@qfedu ~]# chmod 777 file02
[root@qfedu ~]# ll file02
-rwxrwxrwx. 1 root root 0 4月  13 04:03 file02
[root@qfedu ~]# chmod 000 file02
[root@qfedu ~]# ll file02
----------. 1 root root 0 4月  13 04:03 file02
```

最后用一幅漫画展示 chown 与 chmod 的区别，如图 4.3 所示。

图 4.3　chown 与 chmod 的区别

chown：Linux 系统中用来改变某个文件属性的命令。如漫画中所示，chown 将某个资源（门）的访问权限给予别人。

chmod：Linux 系统中用来改变某个文件的访问模式的命令。如漫画中所示，chmod 777 将“门”敞开，所有人都可以进出。

4.1.2　UGO 权限设置案例

通过上节的学习，我们对文件的基本权限设置方式有了大致的了解。r、w、x 权限对文件和目录的意义如表 4.2 所示。

表 4.2　　　　基本权限意义

权限	对文件的影响	对目录的影响
r（读取）	可读取文件内容	可列出目录的内容（文件名）
w（写入）	可修改文件内容	可创建或删除目录中的任一文件
x（执行）	可将文件作为命令执行	可访问目录的内容（取决于目录中文件的权限）

下面以一些具体实例加以说明。我们针对 hr 部门的访问目录/home/hr 设置权限，要求如下。

（1）root 用户和 hr 组的员工可以读、写、执行。

（2）其他用户没有任何权限。

具体如下所示。

```
[root@qfedu ~]# groupadd hr
[root@qfedu ~]# useradd hr01 -G hr
[root@qfedu ~]# useradd hr02 -G hr
[root@qfedu ~]# mkdir /home/hr
[root@qfedu ~]# chgrp hr /home/hr
[root@qfedu ~]# chmod 770 /home/hr
[root@qfedu ~]# ll -d /home/hr
drwxrwx---. 2 root hr 6 4月  13 19:02 /home/hr
```

【例 4-1】 r、w、x 对文件的影响。

要在 file01.txt 文件中写入“date”，查看文件权限为 644，普通用户 alice 只有读取权限。在 root 用户下，使用 chmod 命令给 other 身份增加执行权限“x”与写入权限“w”，具体如下所示。

```
[root@qfedu ~]# vim /home/file01.txt
date
[root@qfedu ~]# ll file01
-rw-r--r--. 1 root root 0 4月  13 01:31 file01
[root@qfedu ~]# su - alice
[alice@qfedu ~]$ cat /home/file01.txt
date
[alice@qfedu ~]$ /home/file01.txt
-bash: /home/file01.txt: 权限不够
[root@qfedu ~]# chmod o+x /home/file01.txt
[alice@qfedu ~]$ ll /home/file01.txt
-rw-r--r-x. 1 root root 5 4月  13 19:43 /home/file01.txt
[alice@qfedu ~]$ /home/file01.txt
2018年 04月 13日 星期五 19:49:59 CST
[root@qfedu ~]# chmod o+w /home/file01.txt
[alice@qfedu ~]$ ll /home/file01.txt
-rw-r--rwx. 1 root root 5 4月  13 19:43 /home/file01.txt
[alice@qfedu ~]$ vim /home/file01.txt
date
ls
```

【例 4-2】 r、w、x 对目录的影响。

创建 dir10 目录，在该目录下创建 file01 文件，使用 chmod 命令给 dir10/file01 增加 777 权限，查看目录/dir10 权限为 755，/dir10/file01 权限为 777。切换到普通用户 alice，使用“rm –rf”命令不能删除该文件，因为 alice 用户对目录没有写入权限。具体如下所示。

```
[root@qfedu ~]# mkdir /dir10
[root@qfedu ~]# touch /dir10/file01
[root@qfedu ~]# chmod 777 /dir10/file01
[root@qfedu ~]# ll -d /dir10/
drwxr-xr-x. 2 root root 20 4月  13 22:02 /dir10/
[root@qfedu ~]# ll -d /dir10/file01
-rwxrwxrwx. 1 root root 0 4月 13 22:02 /dir10/file01
[alice@qfedu ~]$ rm -rf /dir10/file01
rm: 无法删除"/dir10/file01": 权限不够
```

【例 4-3】 文件与目录的权限区别。

在 root 用户下，修改目录/dir10 权限为 777，修改文件/dir10/file01 权限为 000。切换到普通用户 alice，alice 对目录有写入权限，可以在目录中创建新文件，可以删除目录中的文件，对文件没有任何权限，具体如下所示。

```
[root@qfedu ~]# chmod 777 /dir10/
[root@qfedu ~]# chmod 000 /dir10/file01
[root@qfedu ~]# ll /dir10/file01
----------. 1 root root 0 4月  13 22:02 /dir10/file01
[alice@qfedu ~]$ cat /dir10/file01
cat: /dir10/file01: 权限不够
[alice@qfedu ~]$ /dir10/file01
-bash: /dir10/file01: 权限不够
[alice@qfedu ~]$ rm -rf /dir10/file01
[alice@qfedu ~]$ touch /dir10/file02
```

注意事项：

文件：x 权限小心给予。

目录：w 权限小心给予。

再次认识一下文件与目录，如图 4.4 所示。

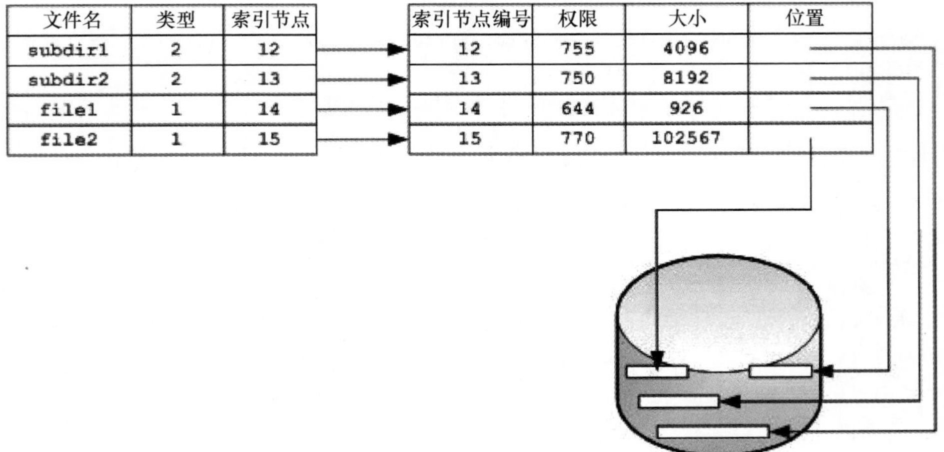

图 4.4　存储原理

存储在磁盘上的文件就像是一个链表，表头是文件的起始地址，整个文件并不一定是连续的，可能是多个节点连接而成的。要访问某个文件时，只要找到表头即可。删除文件时，其实只是把表头删除了，后面的数据并没有删除，直到下一次进行写磁盘操作需要占用节点所在位置时，才会把相应的数据覆盖掉。

4.2 基本权限 ACL

UGO 权限只针对一个用户、一个组与其他用户，使用上有局限性，ACL（Access Control List）主要提供传统的 UGO 的 r、w、x 权限之外的具体权限设置，可以对单一用户、单一文件或目录进行权限设置。

4.2.1 ACL 基本用法

创建一个文件，使用 getfacl 命令查看 ACL 权限，此时显示的内容与先前使用 ll 命令查看到的内容相差无几，具体如下所示。

```
[root@qfedu ~]# touch /home/test.txt
[root@qfedu ~]# getfacl /home/test.txt
getfacl: Removing leading '/' from absolute path names
# file: home/test.txt
# owner: root
# group: root
user::rw-
group::r--
other::r--
[root@qfedu ~]# ll /home/test.txt
-rw-r--r--. 1 root root 0 4月  14 01:09 /home/test.txt
```

setfacl 命令可以设置 ACL 权限，对每一个文件或目录进行更精确的权限设置，添加“-m”参数可以修改当前文件 ACL 权限。修改用户 alice 下的 text.txt 文件的读、写权限，当用 ll 查看文件时，权限字符位最后出现“+”，说明该文件含有 ACL 权限，具体如下所示。

```
[root@qfedu ~]# setfacl -m u:alice:rw /home/test.txt
[root@qfedu ~]# ll /home/test.txt
-rw-rw-r--+ 1 root root 0 4月  14 01:09 /home/test.txt
```

这时使用 getfacl 命令查看，用户 alice 的权限已修改为“rw-”，具体如下所示。

```
[root@qfedu ~]# getfacl /home/test.txt
getfacl: Removing leading '/' from absolute path names
# file: home/test.txt
# owner: root
# group: root
user::rw-
user:alice:rw-
group::r--
mask::rw-
other::r–
```

新创建用户 tom，为其增加“rwx”权限，使用 getfacl 命令查看，具体如下所示。

```
[root@qfedu ~]# useradd tom
[root@qfedu ~]# setfacl -m u:tom:rwx /home/test.txt
[root@qfedu ~]# getfacl /home/test.txt
getfacl: Removing leading '/' from absolute path names
# file: home/test.txt
# owner: root
# group: root
user::rw-
user:alice:rw-
user:tom:rwx
group::r--
mask::rwx
other::r—
```

为组 hr 增加“rw”权限，具体如下所示。

```
[root@qfedu ~]# setfacl -m g:hr:rw /home/test.txt
[root@qfedu ~]# getfacl /home/test.txt
getfacl: Removing leading '/' from absolute path names
# file: home/test.txt
# owner: root
# group: root
user::rw-
user:alice:rw-
user:tom:rwx
group::r--
group:hr:rw-
mask::rwx
other::r—
```

当给用户 alice 增加“-”权限，如果使用 ll 查看，会错误地认为 alice 为其他用户，有读取权限，但使用 getfacl 命令查看发现 alice 并不属于其他用户，权限变成“对文件没有任何权限”，具体如下所示。

```
[root@qfedu ~]# setfacl -m u:alice:- /home/test.txt
[root@qfedu ~]# ll /home/test.txt
-rw-rwxr--+ 1 root root 0 4月  14 01:09 /home/test.txt
[root@qfedu ~]# getfacl /home/test.txt
getfacl: Removing leading '/' from absolute path names
# file: home/test.txt
# owner: root
# group: root
user::rw-
user:alice:---
user:tom:rwx
group::r--
group:hr:rw-
mask::rwx
other::r—
```

添加“-x”参数可以删除用户对文件的所有权限，例如，对 alice 用户执行该操作后，alice 将属于其他用户，因此便具有了读取权限，具体如下所示。

```
[root@qfedu ~]# setfacl -x u:alice /home/test.txt
[root@qfedu ~]# getfacl /home/test.txt
```

```
getfacl: Removing leading '/' from absolute path names
# file: home/test.txt
# owner: root
# group: root
user::rw-
user:tom:rwx
group::r--
group:hr:rw-
mask::rwx
other::r--
[alice@qfedu ~]$ cat /home/test.txt
Linux
```

添加“-b”参数可以删除所有扩展 ACL 权限，回到 UGO 的基本权限，具体如下所示。

```
[root@qfedu ~]# setfacl -b /home/test.txt
[root@qfedu ~]# getfacl /home/test.txt
getfacl: Removing leading '/' from absolute path names
# file: home/test.txt
# owner: root
# group: root
user::rw-
group::r--
other::r--
[root@qfedu ~]# ll /home/test.txt
-rw-r--r--. 1 root root 6 4月  15 18:29 /home/test.txt
```

4.2.2 ACL 高级特性

上节讲解了 ACL 权限的查看与设定，这节继续学习 ACL 的 mask 权限和 default 权限。

1. 最大有效权限 mask

在目录/home 下创建文件 file1，分别给用户 tom、alice 与用户组 hr 增加不同的权限，使用 getfacl 命令查看该文件，其中 mask 项就是 ACL 的最大有效权限，具体如下所示。

```
[root@qfedu ~]# touch /home/file1
[root@qfedu ~]# setfacl -m u:alice:r,u:tom:rw,g:hr:rwx /home/file1
[root@qfedu ~]# getfacl /home/file1
getfacl: Removing leading '/' from absolute path names
# file: home/file1
# owner: root
# group: root
user::rw-
user:alice:r--
user:tom:rw-
group::r--
group:hr:rwx
mask::rwx
other::r–
```

mask 用来指定最大有效权限。系统给用户赋予的 ACL 权限需要和 mask 的权限逻辑“相与”，“相与”之后的权限才是用户的真正权限。

例如，将 mask 权限设置为“r”，用户权限与其“相与”之后,有效的权限为“r--”，用户真正的权限也就是“r--”，具体如下所示。

```
[root@qfedu ~]# setfacl -m mask::r /home/file1
[root@qfedu ~]# getfacl /home/file1
getfacl: Removing leading '/' from absolute path names
# file: home/file1
# owner: root
# group: root
user::rw-
user:alice:r--
user:tom:rw-          #effective:r--
group::r--
group:hr:rwx          #effective:r--
mask::r--
other::r–
[alice@qfedu ~]$ /home/file1
bash: /home/file1: 权限不够
```

例如，将 mask 的权限设置为“rw”，而 alice 用户的权限是“rx”,那么“相与”后的最终权限为“r--”，具体如下所示。

```
[root@qfedu ~]# setfacl -m mask::rw /home/file1
[root@qfedu ~]# setfacl -m u:alice:rx /home/file1
[root@qfedu ~]# getfacl /home/file1
getfacl: Removing leading '/' from absolute path names
# file: home/file1
# owner: root
# group: root
user::rw-
user:alice:r-x            #effective:r--
user:tom:rw-
group::r--
group:hr:rwx          #effective:rw-
mask::rw-
other::r–
```

由上述实例可知，mask 并不能影响所有用户，例如，owner 与 other 的权限并没有因 mask 变化而变化。

为了方便管理文件权限，通常将 other 的权限置为空，具体如下所示。

```
[root@qfedu ~]# setfacl -m o::- /home/file1
[root@qfedu ~]# getfacl /home/file1
getfacl: Removing leading '/' from absolute path names
# file: home/file1
# owner: root
# group: root
user::rw-
user:alice:r-x
user:tom:rw-
group::r--
group:hr:rwx
mask::rwx
other::---
```

2. mask 的作用与特性

当高速公路因为下雪需要临时关闭时，工作人员只需关闭入口即可，等到积雪清理完毕后再打开入口，mask 的作用与此类似。mask 能临时降低用户或组（除 owner 和 other）的权限，而不是如“setfacl –b”命令删除所有权限。

只要有任何 ACL 权限设置，mask 会自动还原，具体如下所示。

```
[root@qfedu ~]# setfacl -m mask:- /home/file1
[root@qfedu ~]# getfacl /home/file1
getfacl: Removing leading '/' from absolute path names
# file: home/file1
# owner: root
# group: root
user::rw-
user:alice:r-x            #effective:---
user:tom:rw-              #effective:---
group::r--                #effective:---
group:hr:rwx              #effective:---
mask::---
other::---
[root@qfedu ~]# setfacl -m g:hr:r /home/file1
[root@qfedu ~]# getfacl /home/file1
getfacl: Removing leading '/' from absolute path names
# file: home/file1
# owner: root
# group: root
user::rw-
user:alice:r-x
user:tom:rw-
group::r--
group:hr:r--
mask::rwx
other::---
```

3. default: 继承

要让 alice 对目录/home 以及其下新建的文件有读、写、执行权限，可以添加“d”参数。

创建目录 dir01，使用 setfacl 命令给用户 alice 增加“rwx”权限，然后在 dir01 目录下创建 dir02 目录，切换到用户 alice 发现没有权限创建新文件，具体如下所示。

```
[root@qfedu ~]# mkdir /dir01
[root@qfedu ~]# setfacl -m u:alice:rwx /dir01
[alice@qfedu dir01]$ touch alice.txt
[alice@qfedu dir01]$ ls
alice.txt
[root@qfedu ~]# mkdir /dir01/dir02
[alice@qfedu dir01]$ cd /dir01/dir02/
[alice@qfedu dir02]$ touch alice.txt
touch: 无法创建"alice.txt": 权限不够
```

此时使用 default 命令可以继承上一个目录的权限，先用 getfacl 命令查看 dir01 的 ACL 权限，具体如下所示。

```
[root@qfedu ~]# setfacl -m d:u:alice:rwx /dir01
[root@qfedu ~]# getfacl /dir01/
getfacl: Removing leading '/' from absolute path names
# file: dir01/
```

```
# owner: root
# group: root
user::rwx
user:alice:rwx
group::r-x
mask::rwx
other::r-x
default:user::rwx
default:user:alice:rwx
default:group::r-x
default:mask::rwx
default:other::r-x
[root@qfedu ~]# mkdir /dir01/dir03
[alice@qfedu dir03]$ touch alice.txt
[alice@qfedu dir03]$ ls
alice.txt
```

4.3 高级权限

在学习这一节之前，先思考一个问题：在/root 下创建文件 file01.txt，在 alice 用户下为什么不能查看？具体如下所示。

```
[root@qfedu ~]# vim /root/file01.txt
[root@qfedu ~]# ll file01.txt
-rw-r--r--. 1 root root 6 4月  15 23:04 file01.txt
[alice@qfedu ~]$ cat /root/file01.txt
cat: /root/file01.txt: 权限不够
```

分析：以 alice 用户身份访问/usr/bin/cat 进程产生的属主是 alice，alice 用户没有访问/root 目录的权限，所以也没有读取 root/file01.txt 的权限，具体如下所示。

```
[alice@qfedu ~]$ which cat
/usr/bin/cat
[alice@qfedu ~]$ ll -d /root
dr-xr-x---. 17 root root 4096 4月  15 23:09 /root
```

普通用户可以修改密码，alice 用户运行的是/usr/bin/passwd 文件，最终修改的是/etc/shadow 文件，然而/etc/shadow 文件只有 root 用户可以修改，具体如下所示。

```
[alice@qfedu ~]$ passwd
更改用户 alice 的密码 。
为 alice 更改 STRESS 密码。
（当前）UNIX 密码：
新的 密码：
重新输入新的 密码：
passwd：所有的身份验证令牌已经成功更新。
[alice@qfedu ~]$ which passwd
/usr/bin/passwd
[alice@qfedu ~]$ ll /etc/shadow
----------. 1 root root 1462 4月  16 00:22 /etc/shadow
```

当 alice 用户执行 passwd 命令时，使用“ps aux”命令查看当前进程发现，真正运行 passwd 的却是 root 用户，具体如下所示。

```
[alice@qfedu ~]$ passwd
更改用户 alice 的密码 。
为 alice 更改 STRESS 密码。
（当前）UNIX 密码:
[root@qfedu ~]# ps aux | grep passwd
root       8038  0.0  0.1 193968  2556 pts/1    S+   00:27   0:00 passwd
```

4.3.1 SUID 权限

使用 ll 命令查看/usr/bin/passwd 文件，第 1 行的第 4 个字符为“s”。“s”表示特殊权限 SUID，具体如下所示。

```
[root@qfedu ~]# ll /usr/bin/passwd
-rwsr-xr-x. 1 root root 27832 6 月  10 2014 /usr/bin/passwd
```

任何用户在执行该文件时，其身份是该文件的属主，在进程文件（二进制，可执行）上增加 SUID 权限，让本来没有相应权限的用户也可以访问没有权限访问的资源。

普通用户可通过 SUID 提权，使用 chmod 命令给 user 增加 SUID 权限，切换到 alice 用户下，即可查看/root/file01.txt，具体如下所示。

```
[root@qfedu ~]# chmod u+s /usr/bin/cat
[root@qfedu ~]# ll /usr/bin/cat
-rwsr-xr-x. 1 root root 54080 11 月  6 2016 /usr/bin/cat
[alice@qfedu ~]$ cat /root/file01.txt
linux
```

4.3.2 SGID 权限

在一个程序上添加 SGID，用户在执行过程中会获得该程序用户组的权限（相当于临时加入了程序的用户组）。

在目录/home 下创建一个目录 hr，将 hr 组添加到该目录下，查看目录属组已修改为 hr。在/home/hr 目录下创建一个文件 file02，该文件属组为 root，并没有继承上级目录的 hr 组，具体如下所示。

```
[root@qfedu ~]# mkdir /home/hr
[root@qfedu ~]# groupadd hr
[root@qfedu ~]# chgrp hr /home/hr
[root@qfedu ~]# ll -d /home/hr
drwxr-xr-x. 2 root hr 6 4 月  16 01:43 /home/hr
[root@qfedu ~]# touch /home/hr/file02
[root@qfedu ~]# ll /home/hr/file02
-rw-r--r--. 1 root root 0 4 月  16 01:49 /home/hr/file02
```

在一个目录上添加 SGID，该目录下新创建的文件会继承其属组，具体如下所示。

```
[root@qfedu ~]# chmod g+s /home/hr
[root@qfedu ~]# ll -d /home/hr
drwxr-sr-x. 2 root hr 20 4 月  16 01:49 /home/hr
[root@qfedu ~]# touch /home/hr/file03
[root@qfedu ~]# ll /home/hr
```

```
总用量 0
-rw-r--r--. 1 root root 0 4月  16 01:49 file02
-rw-r--r--. 1 root hr   0 4月  16 01:51 file03
```

4.3.3　Sticky 权限

添加 Sticky 后，当用户对目录具有 w、x 权限，在该目录下建立的文件或目录，仅有自己与 root 才有权删除。

在目录/home 下创建目录 dir01，并赋予其 777 权限，具体如下所示。

```
[root@qfedu ~]# mkdir /home/dir01
[root@qfedu ~]# chmod 777 /home/dir01/
```

使用 alice 用户在该目录下创建文件 file，再使用 tom 用户尝试删除 file 文件，具体如下所示。

```
[alice@qfedu ~]$ touch /home/dir01/file
[alice@qfedu dir01]$ ls
file
[tom@qfedu ~]$ rm -rf /home/dir01/file
[tom@qfedu dir01]$ ls
[tom@qfedu dir01]$
```

添加"t"参数后，用户只能删除自己的文件，具体如下所示。

```
[root@qfedu ~]# chmod o+t /home/dir01/
[root@qfedu ~]# ll -d /home/dir01/
drwxrwxrwt. 2 root root 6 4月  16 02:35 /home/dir01/
[alice@qfedu ~]$ touch /home/dir01/file01
[tom@qfedu dir01]$ ls
file  file01
[tom@qfedu dir01]$ rm -rf file01
rm: 无法删除"file01": 不允许的操作
```

系统中还存在一些目录（如 tmp 目录），为了保证该目录下文件的安全，系统自动为其增加了"t"权限，因此目录下的文件只有属主才可以删除。/tmp 目录为全局可写，其权限只能为 1777，否则会导致程序不能正常运行，具体如下所示。

```
[root@qfedu ~]# ll -d /tmp/
drwxrwxrwt. 35 root root 4096 4月  16 10:24 /tmp/
```

权限的字符位只有 9 位，增加的特殊权限会占用"x"权限的位置。为了区分目录或文件是否含有"x"权限，系统会以特殊权限的大小写方式给予提示。当符号为大写时，表示不含有"x"权限；当符号为小写时，表示含有"x"权限。

例如，给目录/home/dir01/去除"x"权限后，其中"t"权限变为大写；当给目录/home/dir01 增加 7777 权限后删除"x"权限，特殊权限符号均变为大写。具体如下所示。

```
[root@qfedu ~]# ll -d /home/dir01/
drwxrwxrwt. 2 root root 32 4月  16 02:53 /home/dir01/
[root@qfedu ~]# chmod o-x /home/dir01/
[root@qfedu ~]# ll -d /home/dir01/
drwxrwxrwT. 2 root root 32 4月  16 02:53 /home/dir01/
[root@qfedu ~]# chmod 7777 /home/dir01/
```

```
[root@qfedu ~]# ll -d /home/dir01/
drwsrwsrwt. 2 root root 32 4月  16 02:53 /home/dir01/
[root@qfedu ~]# chmod -x /home/dir01/
[root@qfedu ~]# ll -d /home/dir01/
drwSrwSrwT. 2 root root 32 4月  16 02:53 /home/dir01/
```

高级权限的用法总结如表 4.3 所示。

表 4.3　高级权限

高级权限	数字符号	文件	目录
SUID	4	以属主身份执行	
SGID	2	以属组身份执行	继承属组
Sticky	1		用户只能删除自己的文件

4.4　文件属性 chattr

为了保护系统文件，Linux 系统会使用 chattr 命令改变文件的隐藏属性。chattr 命令仅对 EXT2/EXT3/EXT4 文件系统完整有效，其他文件系统可能仅支持部分隐藏属性或者根本不支持隐藏属性。

创建 3 个文件（file01、file02、file03），使用 lsattr 命令查看这 3 个文件的隐藏属性，全部为空，具体如下所示。

```
[root@qfedu ~]# touch file01 file02 file03
[root@qfedu ~]# lsattr file01 file02 file03
---------------- file01
---------------- file02
---------------- file03
```

使用 man 工具查看 chattr 命令的使用方法，具体如下所示。

```
[root@qfedu ~]# man chattr
```

下面列举常用的两个隐藏属性加以说明。

使用 chattr 命令给 file01 文件增加“a”属性，具体如下所示。

```
[root@qfedu ~]# chattr +a file01
[root@qfedu ~]# lsattr file01
-----a---------- file01
```

当给 file02 文件增加“a”属性之后，便不能再使用 Vim 编辑器写入文本，需要使用 echo 命令以追加的方式写入。此属性一般用于日志文件，因为日志文件内容是在后面追加，前面的内容不能被覆盖，整个文件也不能被删除。当需要截取某段日志时，去除该属性即可。具体如下所示。

```
[root@qfedu ~]# vim file02
[root@qfedu ~]# cat file02
linux
[root@qfedu ~]# chattr +a file02
[root@qfedu ~]# echo "www.qfedu.com" > file02
bash: file02: 不允许的操作
[root@qfedu ~]# rm -rf file02
```

```
rm: 无法删除"file02": 不允许的操作
[root@qfedu ~]# echo "www.qfedu.com" >> file02
[root@qfedu ~]# cat file02
linux
www.qfedu.com
[root@qfedu ~]# chattr -a file02
```

给 file03 文件增加“i”属性之后，该文件不接受任何形式的修改，只能读取。例如，生产环境中在没有需求的情况下并不希望有人创建用户，为了防止黑客进入随意创建，一般会给/etc/passwd 文件增加“i”属性保证安全，具体如下所示。

```
[root@qfedu ~]# chattr +i file03
[root@qfedu ~]# echo "www.qfedu.com" >> file03
bash: file03: 权限不够
[root@qfedu ~]# rm -rf file03
rm: 无法删除"file03": 不允许的操作
```

4.5　进程掩码 umask

当用户创建新目录或文件时，系统会赋予目录或文件一个默认的权限，umask 的作用就是指定权限默认值。为系统设置一个合理的 umask 值，确保创建的文件或目录具有所希望的缺省权限，有利于保证数据安全。

umask 值表示要减掉的权限，也可以简单地理解为权限的“反码”，进程和新建文件、目录的默认权限都会受到 umask 的影响。例如，创建目录 dir001，创建文件 file001，然后查看 umask 默认权限及文件与目录的权限，具体如下所示。

```
[root@qfedu ~]# mkdir dir001
[root@qfedu ~]# touch file001
[root@qfedu ~]# umask
0022
[root@qfedu ~]# ll -d dir001
drwxr-xr-x. 2 root root 6 4月  16 15:00 dir001
[root@qfedu ~]# ll file001
-rw-r--r--. 1 root root 0 4月  16 15:01 file001
```

新建的目录如果全局可写，基本权限应该是 777，但实际上基本权限是 755，新创建的文件基本权限为 644，因为 umask 要强制去掉 group 与 other 的写权限，而文件系统默认不赋予执行权限。

当把 umask 默认权限设置为 0777，新创建的目录与文件的基本权限为 000，具体如下所示。

```
[root@qfedu ~]# umask 0777
[root@qfedu ~]# mkdir dir002
[root@qfedu ~]# touch file002
[root@qfedu ~]# ll -d dir002 file002
d---------. 2 root root 6 4月  16 15:40 dir002
----------. 1 root root 0 4月  16 15:40 file002
```

不同的进程都可以设置自己的 umask，上述示例在 Shell 当中影响的是 touch 命令。新创建的用户/home 目录的权限默认为 700，可以通过改变/etc/login.defs 文件中第 64 行 UMASK 的权限值，将

700 修改为 000，具体如下所示。

```
[root@qfedu ~]# useradd user001
[root@qfedu ~]# ll /home/
总用量 8
drwx------. 3 user001 user001  78 4月  16 16:01 user001
[root@qfedu ~]# vim /etc/login.defs
63 # the permission mask will be initialized to 022.
64 UMASK           000
[root@qfedu ~]# useradd user002
[root@qfedu ~]# ll /home/
drwxrwxrwx. 3 user002 user002  78 4月  16 16:18 user002
```

4.6 本章小结

权限及属性操作

本章小结

本章主要讲解了基本权限 UGO 与 ACL 的用法、ACL 高级特性 mask 与 default 的作用、高级权限 SUID、SGID、Sticky 的意义。另外，针对所有用户设置文件属性，进程和新建文件、目录的默认权限会受到 umask 的影响。

4.7 习题

一、选择题

1. 目录的 x 权限表示（　　）。

A. 可以 cd 进入该目录　　B. 可以执行该目录下的文件

C. 可以读取该目录　　D. 可以在该目录下删除或创建文件

2. 权限“rw-r-----”用八进制表示为（　　）。

A. 640　　B. 740　　C. 310　　D. 000

3. 文件的隐藏权限可以使用（　　）命令进行设置。

A. chmod　　B. lsattr　　C. chattr　　D. –s

4. 对文件 abc 实现所有用户都有读取和执行权限的命令是（　　）。

A. chmod a+rx abc　　B. chmod a+x abc

C. chmod a+wr abc　　D. chmod u+rx abc

5. 某文件的权限为“-rwxr--r--”，正确的选项是（　　）。

A. 其他用户对文件有执行权限

B. 文件的所有者对文件只有读权限

C. 同组用户对文件只有写权限

D. 文件的权限值是 744

二、填空题

1. 某文件的组外成员的权限为只读，所有者有全部权限，组内的权限为读与写，则该文件的权限为________。

2. 使用________命令可以查看文件的隐藏属性。
3. 使用________命令可以设置文件或目录的权限。
4. 使用________命令可以查看 ACL 权限。
5. 使用________命令可以设置文件或目录的所有者和所属组。

三、简答题

1. 简述命令 chown 与 chmod 的区别。
2. 简述 mask 的作用。

05

第 5 章　进程管理

本章学习目标

- 了解进程的基本概念
- 掌握查看进程的基本方法
- 熟悉信号控制进程
- 了解进程优先级原理
- 了解作业控制

本章讲解

进程的含义为正在运行的程序，包括这个运行的程序所占用的系统资源。进程是具有一定独立功能的程序关于某个数据集合的一次运行活动，是系统进行资源分配和调度的一个独立单位。同一个程序，同一时刻被两次运行了，它们就是两个独立的进程。

5.1　初识进程

前面提到过 passwd 命令，在使用该命令时，系统将执行/usr/bin/passwd 这个程序文件，同时会产生一个进程。/usr/bin/passwd 程序文件会占用少量的硬盘存储空间，并且不会占用系统的四大核心资源 Disk IO、Memory、CPU、Network。如果用户 alice 执行了该程序文件，系统将会产生一个 passwd 进程。

进程是已启动的可执行程序的运行实例。进程有以下组成部分。

- 已分配内存的地址空间。
- 安全属性，包括所有权凭据和特权。
- 程序代码的一个或多个执行线程。
- 进程状态。

每个进程都有唯一的进程标识 PID，一个 PID 只能标识一个进程，PPID 为父进程 ID，需要给该进程分配系统资源。

进程状态是指程序执行过程中的变化。进程状态随着程序的执行和外界条件的变化而转换，一般分为 3 类：就绪态、运行态、阻塞态，如图 5.1 所示。

就绪态：进程已经具备运行条件，但是 CPU 还没有分配过来。

运行态：进程占用 CPU，并在 CPU 上运行。

阻塞态：进程因等待某件事发生而暂时不能运行。

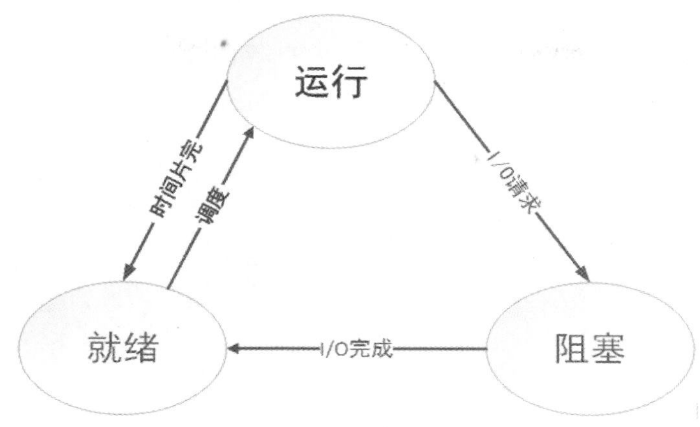

图 5.1　进程转化

不同的进程对系统资源的需求是不一样的，有些进程属于 IO 密集型，有些进程属于 CPU 密集型，等等。

5.2　查看进程

上节讲解了进程的基本概念，介绍了进程的状态、生命周期，还有进程需要占用的系统资源。接下来讲解如何查看进程 ID、进程状态、内存与 CPU 的分配情况等。

5.2.1　静态查看进程

ps 命令可以查看静态进程，仅仅是捕捉某一个瞬间某一个进程的状态，类似于给进程制作快照。使用"ps aux"命令查看当前目录的进程，具体如下所示。

```
[root@qfedu ~]# ps aux
USER        PID %CPU %MEM    VSZ   RSS TTY      STAT START   TIME COMMAND
root          1  0.0  0.3 128164  6824 ?        Ss   17:20   0:04 /usr/lib/sy
root          2  0.0  0.0      0     0 ?        S    17:20   0:00 [kthreadd]
root          3  0.0  0.0      0     0 ?        S    17:20   0:00 [ksoftirqd/
root          5  0.0  0.0      0     0 ?        S<   17:20   0:00 [kworker/0:
.....................部分省略.....................
```

每列显示的数据代表的意义如表 5.1 所示。

表 5.1　基本权限意义

列名	说明	列名	说明
USER	运行进程的用户	RSS	占用实际内存
PID	进程 ID	TTY	进程运行的终端
%CPU	CPU 占用率	STAT	进程状态
%MEM	内存占用率	TIME	进程累计占用 CPU 时间
VSZ	占用虚拟内存	COMMAND	进程发起者

其中，VSZ 与 RSS 可以简单理解为房子的建筑面积与使用面积；当 TTY 为“？”时，表示不依赖任何终端运行。

使用 man 工具查看 STAT，其中，R 表示运行，S 表示可中断休眠，D 表示不可中断休眠，T 表示停止的进程，Z 表示僵死的进程，X 表示死掉的进程，如图 5.2 所示。

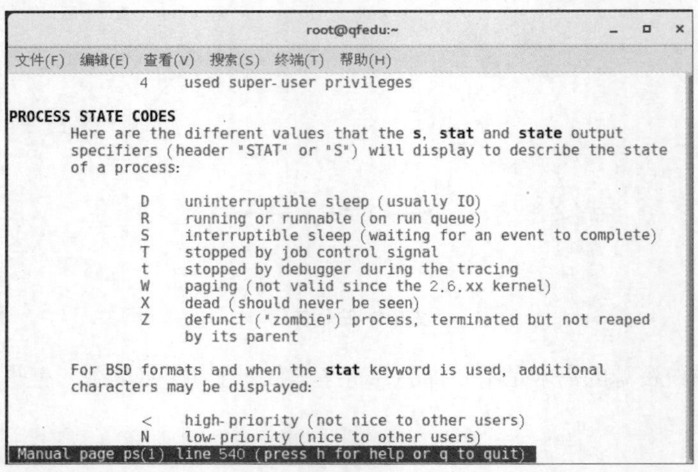

图 5.2　man ps

用户在查看 CUP 占用率时，一般会希望进程按照 CPU 占用百分比的降序排列，此时可以使用“ps aux --sort -%cpu”命令，具体如下所示。

```
[root@qfedu ~]# ps aux --sort -%cpu
USER        PID %CPU %MEM     VSZ    RSS TTY      STAT START   TIME COMMAND
root       1909  0.2  9.6 1909988 181016 ?        Sl   17:22   0:42 /usr/bin/gn
root        677  0.1  0.3 305296   6300 ?        Ssl  17:20   0:32 /usr/bin/vm
root       2085  0.1  1.0 385736  19400 ?        S    17:23   0:30 /usr/bin/vm
root          1  0.0  0.3 128164   6824 ?        Ss   17:20   0:04 /usr/lib/sy
root          2  0.0  0.0      0      0 ?        S    17:20   0:00 [kthreadd]
root          3  0.0  0.0      0      0 ?        S    17:20   0:00 [ksoftirqd/
……………………部分省略……………………
```

“ps -ef”命令可以查看 UID、PID、PPID 等信息，具体如下所示。

```
[root@qfedu ~]# ps -ef
UID         PID   PPID  C STIME TTY          TIME CMD
root          1      0  0 17:20 ?        00:00:04 /usr/lib/systemd/systemd --
root          2      0  0 17:20 ?        00:00:00 [kthreadd]
root          3      2  0 17:20 ?        00:00:00 [ksoftirqd/0]
root          5      2  0 17:20 ?        00:00:00 [kworker/0:0H]
root          7      2  0 17:20 ?        00:00:00 [migration/0]
root          8      2  0 17:20 ?        00:00:00 [rcu_bh]
root          9      2  0 17:20 ?        00:00:02 [rcu_sched]
root         10      2  0 17:20 ?        00:00:00 [watchdog/0]
……………………部分省略……………………
```

一般情况下，并不是所有显示的内容都有意义，为了快速查找，需要显示的内容简洁并有针对性，用户可以使用“ps axo”命令自定义显示的字段，具体如下所示。

```
[root@qfedu ~]# ps axo pid,ppid,user,%cpu,command
  PID   PPID USER     %CPU COMMAND
    1      0 root      0.0 /usr/lib/systemd/systemd --switched-root --system
    2      0 root      0.0 [kthreadd]
    3      2 root      0.0 [ksoftirqd/0]
    5      2 root      0.0 [kworker/0:0H]
    7      2 root      0.0 [migration/0]
    8      2 root      0.0 [rcu_bh]
    9      2 root      0.0 [rcu_sched]
   10      2 root      0.0 [watchdog/0]
......................部分省略.....................
```

最后，介绍几种常用的查看指定进程 PID 的方法，具体如下所示。

（1）使用 cat 命令。

```
[root@qfedu ~]# cat /run/sshd.pid
1033
```

（2）使用 pidof 命令。

```
[root@qfedu ~]# pidof sshd
1033
```

（3）使用 pgrep 命令。

```
[root@qfedu ~]# pgrep sshd
1033
```

5.2.2　动态查看进程

top 命令可以实时动态地显示进程，类似于 Windows 系统中的任务管理器。使用 top 命令动态查看进程时，进程信息分为上下两部分，上面为整体信息，下面为每一个进程的信息。系统默认更新时间为 3 秒，也可以按回车键立即更新，具体如下所示。

```
[root@qfedu ~]# top

top - 00:23:23 up  7:02,  2 users,  load average: 0.14, 0.05, 0.06
Tasks: 172 total,   1 running, 171 sleeping,   0 stopped,   0 zombie
%Cpu(s): 16.8 us,  3.4 sy,  0.0 ni, 79.7 id,  0.0 wa,  0.0 hi,  0.0 si,  0.0
KiB Mem :  1867024 total,   604692 free,   689484 used,   572848 buff/cache
KiB Swap:  2097148 total,  2097148 free,        0 used.   950792 avail Mem

  PID USER      PR  NI    VIRT    RES    SHR S %CPU %MEM     TIME+ COMMAND
 1909 root      20   0 1900408 174740  52188 S 14.0  9.4   1:09.07 gnome-s+
 1100 root      20   0  282284  26732  10316 S  5.0  1.4   0:15.99 X
 2544 root      20   0  739468  26816  16700 S  2.0  1.4   0:06.35 gnome-t+
    1 root      20   0  128164   6824   4060 S  0.0  0.4   0:05.83 systemd
    2 root      20   0       0      0      0 S  0.0  0.0   0:00.01 kthreadd
    3 root      20   0       0      0      0 S  0.0  0.0   0:00.52 ksoftir+
    5 root       0 -20       0      0      0 S  0.0  0.0   0:00.00 kworker+
    7 root      rt   0       0      0      0 S  0.0  0.0   0:00.00 migrati+
    8 root      20   0       0      0      0 S  0.0  0.0   0:00.00 rcu_bh
    9 root      20   0       0      0      0 S  0.0  0.0   0:02.50 rcu_sch+
   10 root      rt   0       0      0      0 S  0.0  0.0   0:00.32 watchdo+
```

上半部分是系统整体统计信息，具体解释如下。

top - 00:23:23 ：当前时间。

up 7:02：启动后运行时间。

2 users：当前在线用户数。

load average: 0.14, 0.05, 0.06：CPU 最近 1 分钟、5 分钟、15 分钟平均负载值。Red Hat 官方手册解释说，假如系统有 4 个 CPU，把每个时间段的平均负载值除以 4，所得到的数值为每个 CPU 的负载，如果该值大于 1，表明 CPU 过载，如图 5.3 所示。

```
# From /proc/cpuinfo, system has four logical CPUs, so divide by 4:
#                          load average: 2.92, 4.48, 5.20
#           divide by number of logical CPUs:    4     4     4
#                                             ----  ----  ----
#                      per-CPU load average: 0.73  1.12  1.30
#
# This system's load average appears to be decreasing.
# With a load average of 2.92 on four CPUs, all CPUs were in use ~73% of the time.
# During the last 5 minutes, the system was overloaded by ~12%.
# During the last 15 minutes, the system was overloaded by ~30%.
```

图 5.3　负载运算方法

Tasks: 172 total：进程个数。

1 running：正在使用 CPU 的进程个数。

171 sleeping：进程休眠个数。

0 stopped：进程停止个数。

0 zombie：进程僵死个数。

%Cpu(s): 16.8 us, 3.4 sy, 0.0 ni, 79.7 id, 0.0 wa, 0.0 hi, 0.0 si, 0.0：CUP 使用情况。

KiB Mem : 1867024 total, 604692 free, 689484 used, 572848 buff/cache：内存使用情况。

KiB Swap: 2097148 total, 2097148 free, 0 used：交换分区使用情况。

下半部分，按 M 键以内存占用率排序，具体如下所示。

```
  PID USER      PR  NI    VIRT    RES    SHR S  %CPU %MEM     TIME+ COMMAND
 1909 root      20   0 1905652 179040  52192 R   5.1  9.6   1:35.12 gnome-s+
 1100 root      20   0  282284  26732  10316 R   2.1  1.4   0:29.50 X
 2544 root      20   0  739468  26816  16700 R   1.3  1.4   0:16.45 gnome-t+
 2085 root      20   0  385884  19660  15360 S   0.2  1.1   0:43.44 vmtoolsd
    1 root      20   0  128164   6824   4060 S   0.0  0.4   0:06.58 systemd
    2 root      20   0       0      0      0 S   0.0  0.0   0:00.01 kthreadd
```

按 P 键以 CPU 占用率排序，具体如下所示。

```
  PID USER      PR  NI    VIRT    RES    SHR  S  %CPU %MEM     TIME+ COMMAND
 1909 root      20   0 1905652 179044  52192  S   0.7  9.6   1:35.91 gnome-s+
  401 root      20   0       0      0      0  S   0.3  0.0   0:03.95 xfsaild+
  677 root      20   0  305296   6300   4924  S   0.3  0.3   0:46.09 vmtoolsd
 1100 root      20   0  282284  26732  10316  R   0.3  1.4   0:29.82 X
 2544 root      20   0  739468  26816  16700  R   0.3  1.4   0:16.64 gnome-t+
 8218 root      20   0  157716   2256   1564  R   0.3  0.1   0:00.04 top
    1 root      20   0  128164   6824   4060  S   0.0  0.4   0:06.58 systemd
```

按 N 键以 PID 数值大小排序，具体如下所示。

```
  PID USER        PR  NI    VIRT    RES    SHR S %CPU %MEM    TIME+ COMMAND
 8290 root        20   0  107904    612    516 S  0.0  0.0  0:00.00 sleep
 8262 root        20   0       0      0      0 R  0.0  0.0  0:00.07 kworker+
 8219 root        20   0       0      0      0 S  0.0  0.0  0:00.01 kworker+
 8218 root        20   0  157716   2256   1564 R  0.0  0.1  0:00.04 top
 7891 postfix     20   0   91732   4012   2996 S  0.0  0.2  0:00.02 pickup
 7820 root        20   0       0      0      0 S  0.0  0.0  0:00.27 kworker+
```

按 R 键对排序进行反转。按 F 键显示自定义显示字段。按上下键移动。按空格键选中。按 q 键退出自定义显示字段。按 W 键保存自定义显示字段。

```
* PID     = Process Id     GROUP   = Group Name     TGID    = Thread Group
* USER    = Effective Us   PGRP    = Process Grou   ENVIRON = Environment
* PR      = Priority       TTY     = Controlling    vMj     = Major Faults
* NI      = Nice Value     TPGID   = Tty Process    vMn     = Minor Faults
* VIRT    = Virtual Imag   SID     = Session Id     USED    = Res+Swap Siz
* RES     = Resident Siz   nTH     = Number of Th   nsIPC   = IPC namespac
* SHR     = Shared Memor   P       = Last Used Cp   nsMNT   = MNT namespac
* S       = Process Stat   TIME    = CPU Time       nsNET   = NET namespac
* %MEM    = Memory Usage   SWAP    = Swapped Size   nsPID   = PID namespac
* TIME+   = CPU Time, hu   CODE    = Code Size (K   nsUSER  = USER namespa
* %CPU    = CPU Usage      DATA    = Data+Stack (   nsUTS   = UTS namespac
* COMMAND = Command Name   nMaj    = Major Page F
  PPID    = Parent Proce   nMin    = Minor Page F
  UID     = Effective Us   nDRT    = Dirty Pages
```

按 1 键显示所有 CPU 的负载，当前为 4 个 CUP，具体如下所示。

```
top - 09:22:48 up  9:55,  2 users,  load average: 0.16, 0.07, 0.07
Tasks: 199 total,   1 running, 198 sleeping,   0 stopped,   0 zombie
%Cpu0  :  0.0 us,  1.2 sy,  0.0 ni, 97.6 id,  0.0 wa,  0.0 hi,  1.2 si,  0.0
%Cpu1  :  2.4 us,  0.0 sy,  0.0 ni, 97.6 id,  0.0 wa,  0.0 hi,  0.0 si,  0.0
%Cpu2  :  1.2 us,  2.4 sy,  0.0 ni, 96.5 id,  0.0 wa,  0.0 hi,  0.0 si,  0.0
%Cpu3  :  2.3 us,  1.2 sy,  0.0 ni, 96.5 id,  0.0 wa,  0.0 hi,  0.0 si,  0.0
KiB Mem :  1867024 total,   572736 free,   713676 used,   580612 buff/cache
KiB Swap:  2097148 total,  2097148 free,        0 used.   924788 avail Mem
```

在 top 命令后添加参数“-d”可以设置刷新时间，以秒为单位。如设置为 1 秒刷新一次，具体如下所示。

```
[root@qfedu ~]# top -d 1
```

添加“-p”参数可以指定查看一个或多个进程的动态信息，如查看 PID 为 10636 与 1 的进程信息，具体如下所示。

```
[root@qfedu ~]# top -d 1 -p 10636,1
  PID    USER    PR  NI    VIRT    RES    SHR S   %CPU %MEM     TIME+ COMMAND
 10636 apache   20   0  228324   3156   1244 S    0.0  0.2   0:00.00 httpd
1        root   20   0  193700   6860   4072 S    0.0  0.4   0:09.03 systemd
```

添加“-u”参数可以查看指定用户的进程，添加“-n”参数可以设置刷新次数，完成后自动退出，具体如下所示。

```
[root@qfedu ~]# top -d 1 -u apache -n 2
  PID USER      PR  NI    VIRT    RES    SHR  S  %CPU %MEM    TIME+  COMMAND
```

```
10777 apache    20   0  228324   3148   1240 S   0.0  0.2   0:00.00 httpd
10778 apache    20   0  228324   3144   1236 S   0.0  0.2   0:00.00 httpd
10779 apache    20   0  228324   3152   1244 S   0.0  0.2   0:00.00 httpd
10781 apache    20   0  228324   3152   1244 S   0.0  0.2   0:00.00 httpd
10782 apache    20   0  228324   3152   1244 S   0.0  0.2   0:00.00 httpd
```

5.3 信号控制进程

在进程运行过程中，若由于某些原因需要终止该进程，用户可以给予该进程一个信号（signal），进程接收到信号之后，就会依照信号的要求做出相应的反应。

5.3.1 kill 命令

Linux 中的 kill 命令用来终止指定进程的运行。首先使用 ps/pidof/top 等工具获取进程 PID，然后使用 kill 命令来杀死该进程。kill 命令通过向进程发送指定的信号来结束相应的进程，在默认情况下，采用编号为 15 的 TERM 信号。使用“kill -l”命令查看全部信号，具体如下所示。

```
[root@qfedu ~]# kill -l
 1) SIGHUP     2) SIGINT     3) SIGQUIT    4) SIGILL     5) SIGTRAP
 6) SIGABRT    7) SIGBUS     8) SIGFPE     9) SIGKILL   10) SIGUSR1
11) SIGSEGV   12) SIGUSR2   13) SIGPIPE   14) SIGALRM   15) SIGTERM
16) SIGSTKFLT     17) SIGCHLD   18) SIGCONT   19) SIGSTOP   20) SIGTSTP
21) SIGTTIN   22) SIGTTOU   23) SIGURG    24) SIGXCPU   25) SIGXFSZ
26) SIGVTALRM     27) SIGPROF   28) SIGWINCH 29) SIGIO     30) SIGPWR
31) SIGSYS    34) SIGRTMIN 35) SIGRTMIN+1    36) SIGRTMIN+2    37) SIGRTMIN+3
38) SIGRTMIN+4    39) SIGRTMIN+5    40) SIGRTMIN+6    41) SIGRTMIN+7    42) SIGRTMIN+8
43) SIGRTMIN+9    44) SIGRTMIN+10   45) SIGRTMIN+11   46) SIGRTMIN+12   47)
SIGRTMIN+13
48) SIGRTMIN+14   49) SIGRTMIN+15   50) SIGRTMAX-14   51) SIGRTMAX-13   52)
SIGRTMAX-12
53) SIGRTMAX-11   54) SIGRTMAX-10   55) SIGRTMAX-9    56) SIGRTMAX-8    57) SIGRTMAX-7
58) SIGRTMAX-6    59) SIGRTMAX-5    60) SIGRTMAX-4    61) SIGRTMAX-3    62) SIGRTMAX-2
63) SIGRTMAX-1    64) SIGRTMAX
```

下面介绍几个常用的信号，如表 5.2 所示。

表 5.2 常见的信号

信号编号	名称	特性及意义
1	SIGHUP	启动被终止的进程，重新加载，PID 不会发生变化
9	SIGKILL	强制终止进程，使用此信号可能导致进程无法再次启动
15	SIGTERM	默认信号，以正常流程终止进程，允许进程释放资源。若进程已经出现问题，无响应，此信号将不起作用
18	SIGCONT	恢复进程
19	SIGSTOP	暂停进程

【例 5-1】 使用 yum 安装 vsftpd 服务程序，并启动该服务。

```
[root@qfedu ~]# yum -y install vsftpd
已加载插件：fastestmirror, langpacks
Loading mirror speeds from cached hostfile
```

```
 * base: mirrors.aliyun.com
 * extras: mirror.bit.edu.cn
 * updates: mirrors.aliyun.com
正在解决依赖关系
--> 正在检查事务
---> 软件包 vsftpd.x86_64.0.3.0.2-22.el7 将被 安装
--> 解决依赖关系完成

依赖关系解决

=======================================================
 Package    架构          版本           源            大小
=========================================================
正在安装:
 vsftpd     x86_64     3.0.2-22.el7    base          169 k

事务概要
=========================================================
安装  1 软件包
总下载量: 169 k
安装大小: 348 k
Downloading packages:
vsftpd-3.0.2-22.el7.x86_64.rpm                        | 169 kB   00:00
Running transaction check
Running transaction test
Transaction test succeeded
Running transaction
正在安装:vsftpd-3.0.2-22.el7.x86_64                            1/1
验证中:vsftpd-3.0.2-22.el7.x86_64                              1/1
已安装:
  vsftpd.x86_64 0:3.0.2-22.el7
完毕!
[root@qfedu ~]# systemctl start vsftpd    //启动服务
```

使用 pidof 命令查看 vsftpd 服务进程 PID，然后测试信号 SIGHUP。例如，vsftpd 配置文件发生改变，希望重新加载。

```
[root@qfedu ~]# pidof vsftpd
11847
[root@qfedu ~]# kill -1 11847
[root@qfedu ~]# pidof vsftpd
11847
```

测试信号 SIGTERM，该信号为默认信号，可省略输入 15 编号，服务器进程停止。一般情况下，程序会自带终止服务，例如，vsftpd 服务停止脚本为“systemctl stop vsftpd”。

```
[root@qfedu ~]# kill 11847
[root@qfedu ~]# pidof vsftpd
[root@qfedu ~]#
```

【例 5-2】 创建两个文件 file01 与 file02，使用 Vim 编辑器编写简单文本，再重新开启两个终端，测试 SIGKILL 与 SIGTERM 的区别。

```
[root@qfedu ~]# touch file01 file02    //终端 1
[root@qfedu ~]# tty  //终端 2
/dev/pts/1
[root@qfedu ~]# vim file01
[root@qfedu ~]# tty  //终端 3
/dev/pts/2
[root@qfedu ~]# vim file02
[root@qfedu ~]# pidof vim     //终端 1
14109 14100
[root@qfedu ~]# kill -9 14109
已杀死 linux
[root@qfedu ~]# kill 14100
```

【例 5-3】 信号测试。

```
[root@qfedu ~]# kill -19 1033
[root@qfedu ~]# ps aux | grep sshd
root 1033  0.0  0.2 105996  4072 ?  Ts   4 月 17   0:00 /usr/sbin/sshd -D
[root@qfedu ~]# kill -18 1033
[root@qfedu ~]# ps aux | grep sshd
root   033  0.0  0.2 105996  4072 ?  Ss   4 月 17  0:00 /usr/sbin/sshd -D
```

5.3.2 killall 命令

killall 命令可以用于终止某个指定名称的服务所对应的全部进程，例如，使用 killall 命令终止所有的 vsftpd 服务进程，具体如下所示。

```
[root@qfedu ~]# killall vsftpd
[root@qfedu ~]# pidof vsftpd
[root@qfedu ~]#
```

5.4 进程优先级

进程优先级是一个数值，动态的优先级和静态的优先级决定了进程被 CPU 处理的顺序。一个拥有更高进程优先级的进程被 CPU 处理的概率更高。

每个 CPU（或 CPU 核心）在一个时间点上只能处理一个进程，通过时间片技术，Linux 系统能够运行的进程（和线程数）可以超出实际可用的 CPU 及其核心数量。Linux 内核进程调度程序将多个进程在 CPU 核心上快速切换，从而造成多个进程在同时运行的假象。

由于不是每个进程都同样重要，可以让进程调度程序为不同的进程使用不同的调度策略。常规系统上运行的大多数进程所使用的调度策略为 SCHED_OTHER （也称为 SCHED_NORMAL），但还有其他一些调度策略用于不同的目的。

SCHED_OTHER 调度策略使用的进程的相对优先级称为进程的 nice 值，有 40 个不同级别，其范围为–20 ~ 19，数值越小优先级越高，数值越大优先级越低。例如，–20 的优先级最高，该进程不倾向于让出 CPU；19 的优先级最低，该进程容易将 CPU 让给其他进程。

此处需要注意的是，普通用户调整应用程序优先权值的范围为 0 ~ 19，只有超级用户有权使用更高的优先权值。

5.4.1　使用 top 命令查看 nice 级别

使用 top 命令可以查看 nice 级别，其中，NI 列表示实际 nice 级别，PR 列将 nice 级别映射到更大优先级队列，–20 映射到 0，+19 映射到 39，具体如下所示。

```
  PID USER        PR  NI    VIRT    RES     SHR S  %CPU %MEM     TIME+ COMMAND
 2544 root        20   0  741492  29000   17620 D   2.3  1.6   0:37.21 gnome-+
 1100 root        20   0  283948  28312   10424 S   2.0  1.5   1:09.94 X
 1909 root        20   0 1939632 217460   52216 S   1.1 11.6   4:15.41 gnome-+
15808 root        20   0       0      0       0 S   0.3  0.0   0:00.33 kworke+
    1 root        20   0  193700   6860    4072 S   0.0  0.4   0:15.11 systemd
    2 root        20   0       0      0       0 S   0.0  0.0   0:00.08 kthrea+
    3 root        20   0       0      0       0 S   0.0  0.0   0:01.23 ksofti+
    5 root         0 -20       0      0       0 S   0.0  0.0   0:00.00 kworke+
    7 root        rt   0       0      0       0 S   0.0  0.0   0:00.09 migrat+
```

5.4.2　使用 ps 命令查看 nice 级别

使用 ps 命令查看 nice 级别，具体如下所示。

```
[root@qfedu ~]# ps axo pid,command,nice,cls --sort=-nice
  PID COMMAND                         NI   CLS
   27 [khugepaged]                    19   TS
  715 /usr/sbin/alsactl -s -n 19   19   TS
 2106 /usr/libexec/tracker-extrac  19   TS
 2116 /usr/libexec/tracker-miner-   -  IDL
 2121 /usr/libexec/tracker-miner-  19  TS
 2130 /usr/libexec/tracker-miner-   -  IDL
   26 [ksmd]                           5   TS
  712 /usr/libexec/rtkit-daemon     1   TS
    1 /usr/lib/systemd/systemd --   0   TS
    2 [kthreadd]                       0   TS
```

其中，TS 表示该进程使用的调度策略为 SCHED_OTHER。

5.5　作业控制

作业控制是一个命令行功能，允许一个 Shell 实例运行和管理多个命令。如果没有作业控制，父进程 fork( )一个子进程后将休眠，直到子进程退出。使用作业控制可以选择性暂停、恢复以及异步运行命令，让 Shell 可以在子进程运行期间返回接受其他命令。

foreground：前台进程是在终端中运行的命令，该终端为进程的控制终端。前台进程接收键盘产生的输入和信号，并允许从终端读取或写入到终端。

例如，创建一个 sleep 进程，在前台运行时可以按 ctrl+c 组合键停止，具体如下所示。

```
[root@qfedu ~]# sleep 800
^C
```

background：后台进程没有控制终端，不需要终端的交互。

例如，在后台创建 sleep 进程，使用 ctrl+c 组合键并不能结束该进程，其中“&”为后台符，具体如下所示。

```
[root@qfedu ~]# sleep 900 &
[1] 3812
[root@qfedu ~]# ^C
[root@qfedu ~]# ps
   PID TTY          TIME CMD
  2606 pts/0    00:00:00 bash
  3812 pts/0    00:00:00 sleep
```

创建两个 sleep 进程，sleep 7000 在后台运行，sleep 8000 在前台运行，在前台运行的进程，可使用 ctrl+z 组合键暂停，具体如下所示。

```
[root@qfedu ~]# sleep 7000 &
[1] 4214
[root@qfedu ~]# sleep 8000
^Z
[2]+  已停止               sleep 8000
[root@qfedu ~]# ps aux | grep sleep
root      4214  0.0  0.0 107904   612 pts/0    S    14:02   0:00 sleep 7000
root      4221  0.0  0.0 107904   612 pts/0    T    14:02   0:00 sleep 8000
```

jobs 命令用于显示当前 Shell 中的作业列表及作业状态，包括后台运行的任务。该命令可以显示作业 ID，具体如下所示。

```
[root@qfedu ~]# jobs
[1]-  运行中               sleep 7000 &
[2]+  已停止               sleep 8000
```

使用 bg 命令可以把任务移动至后台，例如，把 sleep 8000 进程从前台移动到后台，具体如下所示。

```
[root@qfedu ~]# bg 2
[2]+ sleep 8000 &
[root@qfedu ~]# jobs
[1]-  运行中               sleep 7000 &
[2]+  运行中               sleep 8000 &
```

使用 fg 命令可以将后台进程移动到前台，进程会占用终端，即可以使用键盘读取或写入，具体如下所示。

```
[root@qfedu ~]# fg 1
sleep 7000
^C
[root@qfedu ~]#
```

再次使用 jobs 命令查看当前作业，只有 sleep 8000 进程，可以使用 kill 命令终止它，具体如下所示。

```
[root@qfedu ~]# jobs
[2]+  运行中               sleep 8000 &
[root@qfedu ~]# kill %2
[2]+  已终止               sleep 8000
```

使用 fg 命令时若不添加任何作业号，则默认调用最近的一个进程，具体如下所示。

```
[root@qfedu ~]# sleep 1234 &
[2] 5653
[root@qfedu ~]# sleep 4321 &
[3] 5660
[root@qfedu ~]# jobs
[2]-  运行中               sleep 1234 &
[3]+  运行中               sleep 4321 &
[root@qfedu ~]# fg
sleep 4321
```

5.6　实例：管理远程主机

Screen 是一款用于会话终端切换的多重视窗管理软件。用户可以通过该软件同时连接多个本地或远程主机。当远程连接一台主机时，如果出现连接非正常中断，只要 Screen 没有终止运行，再次登录到主机上执行“screen -r”命令，就可以恢复此前在其内部运行的会话。

使用 yum 安装 Screen，显示完毕即成功安装，具体如下所示。

```
[root@qfedu ~]# yum -y install screen
已加载插件：fastestmirror, langpacks
Loading mirror speeds from cached hostfile
 * base: mirrors.aliyun.com
 * extras: mirrors.aliyun.com
 * updates: mirrors.aliyun.com
正在解决依赖关系
--> 正在检查事务
---> 软件包 screen.x86_64.0.4.1.0-0.23.20120314git3c2946.el7_2 将被 安装
--> 解决依赖关系完成
依赖关系解决
==========================================================================
 Package   架构        版本                                 源        大小
==========================================================================
正在安装：
 screen    x86_64   4.1.0-0.23.20120314git3c2946.el7_2     base     552 k
事务概要
==========================================================================
安装  1 软件包
总下载量：552 k
安装大小：914 k
Downloading packages:
screen-4.1.0-0.23.20120314git3c2946.el7_2.x86_64.rpm   | 552 kB  00:00:00
Running transaction check
Running transaction test
Transaction test succeeded
Running transaction
正在安装：screen-4.1.0-0.23.20120314git3c2946.el7_2.x86_64              1/1
验证中：screen-4.1.0-0.23.20120314git3c2946.el7_2.x86_64                1/1
已安装：
```

```
  screen.x86_64 0:4.1.0-0.23.20120314git3c2946.el7_2
完毕!
```

安装成功后，因为生产环境中可能存在很多进程，为了方便区分，首先要为该进程命名。使用 screen 命令并添加“-S”参数，将进程命名为 linux，执行该进程，并关闭终端。具体如下所示。

```
[root@qfedu ~]# screen -S linux
[root@qfedu ~]# sleep 1000
```

通过“screen -list”命令查看当前会话，具体如下所示。

```
[root@qfedu ~]# screen -list
There is a screen on:
6446.linux   (Detached)
1 Socket in /var/run/screen/S-root.
```

最后使用“screen –r”命令重新连接先前的进程，即恢复会话，具体如下所示。

```
[root@qfedu ~]# screen -r 6446
[root@qfedu ~]# sleep 1000
```

5.7 本章小结

本章首先讲解了进程的概念、进程的状态，以及如何使用 ps 与 top 命令查看进程；接着讲解了用户可以通过给予进程信号的方式对进程进行控制；最后讲解了作业控制的基本原理。

5.8 习题

一、选择题

1. 进程调度主要负责（　　）。

A. 选作业进入内存　　B. 选一进程占有 CPU

C. 建立一进程　　D. 撤销一进程

2. 运行状态的进程由于某种原因可能变为（　　）。

A. 就绪状态　　B. 活跃状态　　C. 完成状态　　D. 后备状态

3. 一个进程在某一时刻具有（　　）种状态。

A. 1　　B. 2　　C. 3　　D. 4

4. 若要使用进程名来结束进程，应使用（　　）命令。

A. ps　　B. kill　　C. pss　　D. pstree

5. 使进程无条件终止使用的命令是（　　）。

A. kill -3　　B. kill -15　　C. killall -1　　D. kill -9

二、填空题

1. 显示系统中正在运行的全部进程，应使用的命令及参数是________。

2. 从后台启动进程，应在命令的结尾加上符号________。

3. 前台启动的进程使用复合键________终止。
4. ________命令用于动态地监视进程活动与系统负载等信息。
5. ________命令用于查询某个指定服务进程的 PID 值。

三、简答题

1. 进程与程序有什么区别？
2. Linux 系统中进程的 6 种状态是什么？

06

第6章　I/O 重定向与管道

本章讲解

本章学习目标

- 掌握输入/输出重定向
- 熟悉管道符的应用
- 了解进程管道相关知识

在生产环境中，每天凌晨需要备份数据库，这时工作人员会编写一个简单的脚本创建计划任务，把脚本执行结果放到一个或几个文件中以便第二天查看，这个过程就叫重定向。在使用“ps aux”命令时，为了快速找到所需信息，经常使用 grep 命令进行过滤，此时就需要使用管道符。

6.1　I/O 重定向

在讲解 I/O 重定向之前，先演示一个简单的案例。打开一个终端 3，输入 date 命令，会显示出当前时间。如果在 date 命令后加“>”，并指向 date.txt 文件，那么结果就会写入 date.txt 文件。具体如下所示。

```
[root@qfedu ~]# tty
/dev/pts/3
[root@qfedu ~]# date
2018年 04月 23日 星期一 10:42:13 CST
[root@qfedu ~]# date > date.txt
[root@qfedu ~]# cat date.txt
2018年 04月 23日 星期一 10:42:25 CST
```

上述命令将 date 的输出结果重定向到一个普通文件。接着再打开一个终端 4，将终端 3 的 date 输出结果重定向到终端 4，具体如下所示。

```
[root@qfedu ~]# tty
/dev/pts/4
[root@qfedu ~]# date > /dev/pts/4
[root@qfedu ~]# 2018年 04月 23日 星期一 10:42:48 CST  //终端4
```

在执行 passwd 命令改密码时，系统会产生一个进程，其 PID 为 10277，具体如下所示。

```
[root@qfedu ~]# passwd
更改用户 root 的密码 。
```

```
新的 密码:
[root@qfedu ~]# ps aux |grep passwd
root      10277  0.0  0.1 194100  2708 pts/4    S+   11:36   0:00 passwd
```

在/proc 虚拟文件系统中，可以查看内核与进程的一些信息，其中有很多数字（包含 passwd 的 PID）。进入 10277 目录下的 fd 目录，具体如下所示。

```
 [root@qfedu ~]# ls /proc/10277/fd
0  1  2  3  4
[root@qfedu ~]# ll /proc/10277/fd
总用量 0
lrwx------. 1 root root 64 4月  23 11:36 0 -> /dev/pts/4
lrwx------. 1 root root 64 4月  23 11:46 1 -> /dev/pts/4
lrwx------. 1 root root 64 4月  23 11:37 2 -> /dev/pts/4
lrwx------. 1 root root 64 4月  23 11:46 3 -> socket:[102683]
lrwx------. 1 root root 64 4月  23 11:46 4 -> socket:[102691]
```

每一个进程在运行中都会打开一些文件，每一个文件都会有一个指定的数字标识，这个标识就叫文件描述符。

在/proc 下随机查看一个进程打开的文件，具体如下所示。

```
[root@qfedu ~]# ll /proc/2206/fd
总用量 0
lr-x------. 1 root root 64 4月  19 13:07 0 -> /dev/null
lrwx------. 1 root root 64 4月  19 13:07 1 -> socket:[30137]
lrwx------. 1 root root 64 4月  19 13:07 2 -> socket:[30138]
lrwx------. 1 root root 64 4月  19 13:07 3 -> anon_inode:[eventfd]
lrwx------. 1 root root 64 4月  19 13:07 4 -> anon_inode:[eventfd]
[root@qfedu ~]# ll /proc/1879/fd
总用量 0
lr-x------. 1 root root 64 4月  23 13:30 0 -> /dev/null
lrwx------. 1 root root 64 4月  23 13:30 1 -> /dev/null
lrwx------. 1 root root 64 4月  23 13:30 2 -> /dev/null
lrwx------. 1 root root 64 4月  23 13:30 3 -> /dev/fuse
```

上述两个进程中都有 0、1、2 这 3 个文件描述符，这也是绝大多数进程都有的。0 表示标准输入，可以理解为键盘输入；1 表示标准输出，输出到终端；2 表示标准错误，输出到终端；3 及以上为常规文件的描述符。如图 6.1 所示。

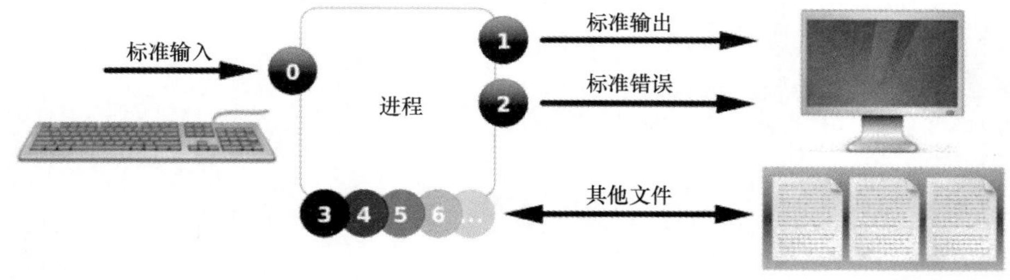

图 6.1　文件描述符

例如，date 命令在默认情况下将输出结果显示在终端，此时文件描述符为 1。现在改变输出的方向，从终端改为 date.txt 文件，这个行为叫作重定向，具体如下所示。

```
[root@qfedu ~]# date 1 > date.txt
```

改变描述符为 2 的文件的输出方向，date 命令是正确的，执行结果在终端中显示，具体如下所示。

```
[root@qfedu ~]# date 2 > date.txt
2018 年 04 月 23 日 星期一 14:20:52 CST
```

输入命令是错误的，执行结果标准输出在终端上，重定向到 date.txt，具体如下所示。

```
[root@qfedu ~]# linux 2 > date.txt
[root@qfedu ~]# cat date.txt
bash: linux: 未找到命令...
```

cat 命令默认文件描述符为 0，输入重定向把键盘输入改为/etc/hosts 文件输入，具体如下所示。

```
[root@qfedu ~]# cat
linux
linux
qfedu
qfedu
[root@qfedu ~]# cat 0 < /etc/hosts
127.0.0.1localhostlocalhost.localdomainlocalhost4 localhost4.localdomain4
::1 localhost localhost.localdomain localhost6 localhost6.localdomain6
```

进程使用文件描述符来管理打开的文件，具体如表 6.1 所示。

表 6.1　文件描述符的含义

文件描述符	通道名	说明	默认连接	用法
0	stdin	标准输入	键盘	只读
1	stdout	标准输出	终端	只写
2	stderr	标准错误	终端	只写
3+	filename	其他文件	无	可读可写 / 只读 / 只写

6.1.1　输出重定向

输出重定向分为正确输出与错误输出。

正确输出：1> 、1>> 等价于 >、 >>，1 可省略。

错误输出：2> 、2>>。

其中，“>” 表示覆盖，“>>” 表示追加，具体如下所示。

```
[root@qfedu ~]# date > date.txt
[root@qfedu ~]# date > date.txt
[root@qfedu ~]# date > date.txt
[root@qfedu ~]# cat date.txt
2018 年 04 月 23 日 星期一 15:54:40 CST
[root@qfedu ~]# date >> date.txt
[root@qfedu ~]# date >> date.txt
[root@qfedu ~]# date >> date.txt
[root@qfedu ~]# cat date.txt
```

```
2018年 04月 23日 星期一 15:54:40 CST
2018年 04月 23日 星期一 15:54:54 CST
2018年 04月 23日 星期一 15:54:55 CST
2018年 04月 23日 星期一 15:54:56 CST
```

【例 6-1】 输出重定向（覆盖），如图 6.2 所示。

```
[root@qfedu ~]# date 1 > date.txt
```

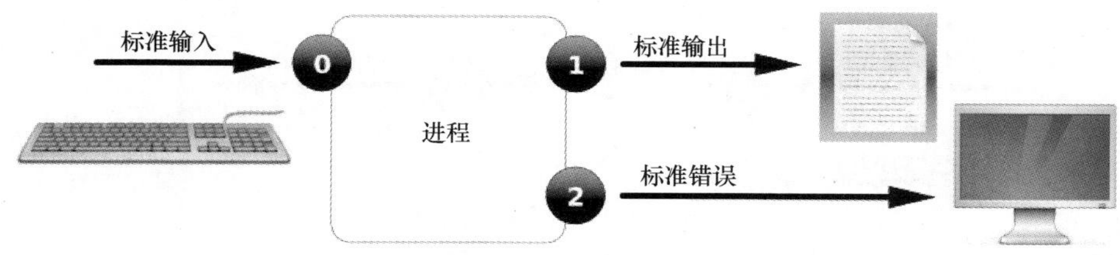

图 6.2　date 结果输出到 date.txt 文件

【例 6-2】 输出重定向（在尾部追加），如图 6.3 所示。

```
[root@qfedu ~]# date >> date.txt
```

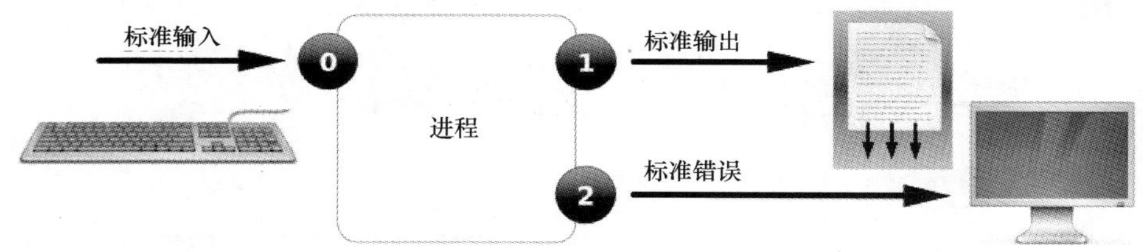

图 6.3　date 结果输出到文件内容尾部

【例 6-3】 错误输出重定向，如图 6.4 所示。

```
[root@qfedu ~]# ls /home/linux
ls: 无法访问/home/linux: 没有那个文件或目录
[root@qfedu ~]# ls /home/linux 2 > error.txt
```

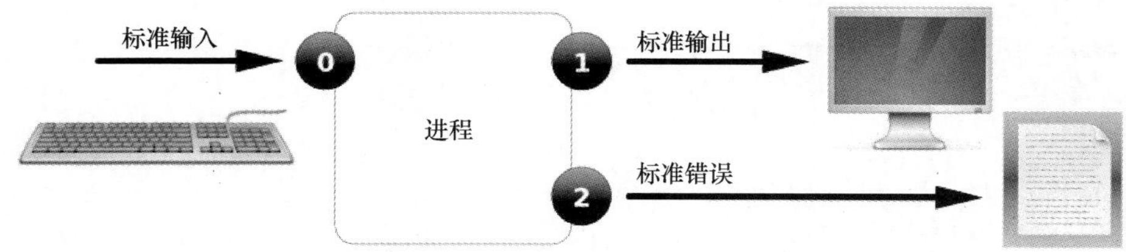

图 6.4　错误结果输出到指定文件内

【例 6-4】 正确结果与错误结果都输出到相同位置，如图 6.5 所示。

```
[root@qfedu ~]# ls /home/ /linux &>list.txt
```

【例 6-5】 正确结果与错误结果都输出重定向到相同的位置，如图 6.6 所示。

```
[root@qfedu ~]# ls /home/ /linux >list.txt 2>&1
```

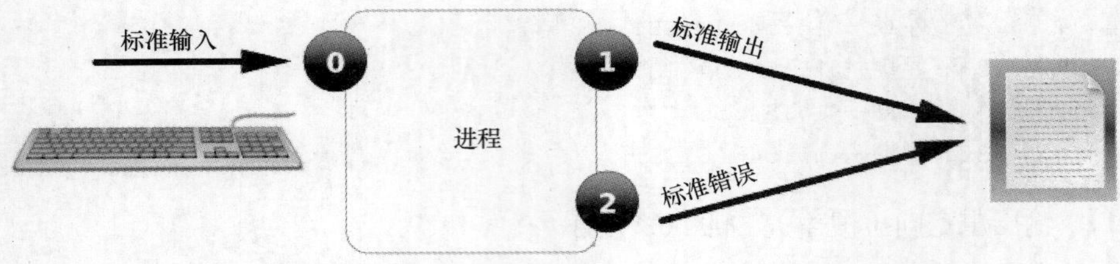

图 6.5　正确结果与错误结果输出到同一文件内

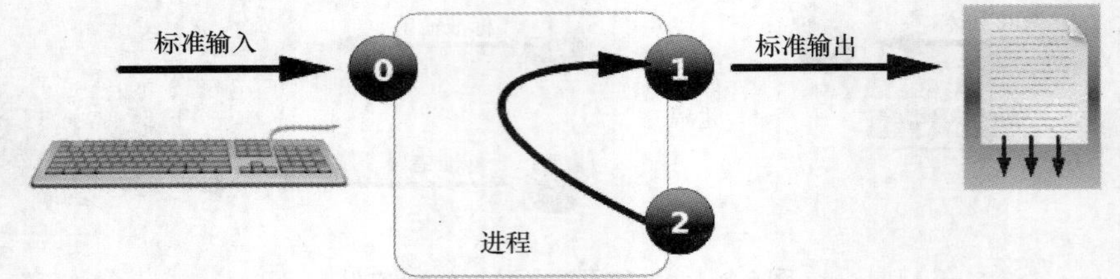

图 6.6　正确结果与错误结果输出重定向到同一文件内

【例 6-6】 正确结果保留在文件 list.txt，错误结果丢到/dev/null，如图 6.7 所示。

```
[root@qfedu ~]# ls /home/ /linux >list.txt 2>/dev/null
```

图 6.7　正确与错误分别重定向

6.1.2　输入重定向

输入重定向与输出重定向异曲同工，下面以具体的示例加以说明。

【例 6-7】 使用 grep 命令过滤 root，没有改变输入端，默认为键盘，接着把输入重定向到/etc/passwd。

```
[root@qfedu ~]# grep 'root'
linux
wwww.qfedu.com
^C
[root@qfedu ~]# grep 'root' </etc/passwd
root:x:0:0:root:/root:/bin/bash
operator:x:11:0:operator:/root:/sbin/nologin
```

加或不加“<”符号，输出结果一样，但原理是不一样的。/ect/passwd 一个是作为文件，一个是作为参数。

【例 6-8】 使用 dd 命令从/dev/zero 中读取数据并写入到 file01.txt 文件，每次写入 1MiB，一共写入 2 次。

```
[root@qfedu ~]# dd if=/dev/zero of=/file01.txt bs=1M count=2
记录了 2+0 的读入
记录了 2+0 的写出
```

```
2097152 字节(2.1 MB)已复制，0.00773367 秒，271 MB/秒
```

使用输入重定向与输出重定向的方式也可以实现同样的功能。

```
[root@qfedu ~]# dd </dev/zero>file02.txt bs=1M count=2
记录了 2+0 的读入
记录了 2+0 的写出
2097152 字节(2.1 MB)已复制，0.00444787 秒，471 MB/秒
```

【例 6-9】 使用 at 命令创建一个计划任务，从现在开始 5 分钟后创建用户 linux，按组合键 Ctrl+d 结束。

```
[root@qfedu ~]# at now +5 min
at> useradd linux
at> <EOT>
job 2 at Tue Apr 24 10:14:00 2018
```

若同时创建多个用户，以此方法从键盘输入会十分烦琐，使用输入重定向则会非常方便。

```
[root@qfedu ~]# vim user.txt
[root@qfedu ~]# cat user.txt
useradd linux01
useradd linux02
useradd linux03
[root@qfedu ~]# at now +5 min < user.txt
job 3 at Tue Apr 24 10:33:00 2018
```

6.1.3　重定向综合案例

【例 6-10】 利用重定向建立多行文件（命令行）。

使用 echo 命令重定向并不能建立多行文件，一般使用 cat 命令，在键盘上输入文本按回车键换行，完成后按组合键 Ctrl+d 结束。

```
[root@qfedu ~]# echo '111' > file03.txt
[root@qfedu ~]# cat > file03.txt
111
222
333
[root@qfedu ~]# cat file03.txt
111
222
333
```

“>”表示覆盖，但在此处是指覆盖原来的 file03.txt，输入的 3 行文本一次输出到 file03.txt。如果退出后再次输出，那将覆盖掉先前的文本内容，此时就需要用“>>”进行追加。

每次写入文本都需要按组合键 Ctrl+d 结束显得比较烦琐，用户可以自定义一个结束的符号，通常使用“EOF”。

```
[root@qfedu ~]# cat >file04.txt <<EOF
> 111
> 222
> 333
> EOF
[root@qfedu ~]#
```

【例 6-11】 利用重定向建立多行文件（脚本）。

命令行和脚本都可以操纵 Shell。在命令行中可以用组合键 Ctrl+d 退出，但在脚本中不可以。下面利用脚本创建多行文件，在脚本文件中写入文本，并加入“EOF”结束符号。

```
[root@qfedu ~]# vim create_file.sh
[root@qfedu ~]# cat create_file.sh
cat >file200.txt <<EOF
111
222
aaa
bbb
EOF
```

使用 bash 执行该脚本。

```
[root@qfedu ~]# bash create_file.sh
[root@qfedu ~]# cat file200.txt
111
222
aaa
bbb
```

在编写脚本时，为了排版整齐，经常在“EOF”前面使用 tab 键缩进，同时在输入重定向符后添加“-”。

```
[root@qfedu ~]# vim create_file.sh
	cat >file300.txt <<-EOF
	111
	222
	aaa
	bbb
	EOF
[root@qfedu ~]# cat file300.txt
111
222
aaa
bbb
```

【例 6-12】 在脚本中利用重定向打印消息。

在编写脚本时，将 cat 命令的输入重定向，输出不做修改。

```
[root@qfedu ~]# vim kvm.sh
cat <<-EOF
+-------------------------------------------------+
|                                                 |
|               ======================            |
|                 虚拟机基本管理 v4.0             |
|               ======================            |
|               1. 安装 KVM                       |
|               2. 安装或重置 CentOS-6.8          |
|               3. 安装或重置 CentOS-7.3          |
|               4. 安装或重置 RHEL-6.4            |
|               5. 安装或重置 Windows-7           |
|               6. 删除所有虚拟机                 |
```

```
|                q. 退出管理程序                    |
|                                                  |
+--------------------------------------------------+
EOF
[root@qfedu ~]# bash kvm.sh
+----------------------------------------|----+
|                                              |
|               ======================         |
|                  虚拟机基本管理 v4.0           |
|               ======================         |
|               1. 安装 KVM                     |
|               2. 安装或重置 CentOS-6.8         |
|               3. 安装或重置 CentOS-7.3         |
|               4. 安装或重置 RHEL-6.4           |
|               5. 安装或重置 Windows-7          |
|               6. 删除所有虚拟机                 |
|               q. 退出管理程序                   |
|                                              |
+----------------------------------------|----+
```

【例 6-13】 多条命令输出重定向。

如果需要将两条命令输出都重定向，则需要添加括号。

```
[root@qfedu ~]# ls;date &>/dev/null
[root@qfedu ~]# ls &>/dev/null; date &>/dev/null
[root@qfedu ~]# (ls; date) &>/dev/null
```

让命令在后台运行，并且输出重定向到文件。

```
[root@qfedu ~]# (while :; do date; sleep 2; done) &>date.txt &
[root@qfedu ~]# tailf  date.txt
2018年 04月 24日 星期二 16:07:55 CST
2018年 04月 24日 星期二 16:07:57 CST
```

终止后台程序。

```
[root@qfedu ~]# jobs
[1]+  运行中                ( while :; do
   date; sleep 2;
done ) &>date.txt &
[root@qfedu ~]# kill %1
[1]+  已终止                ( while :; do
   date; sleep 2;
done ) &>date.txt
```

6.1.4 Subshell

Subshell 是指圆括号里的命令会在另外的进程中执行。当需要让一组命令在不同的目录下执行时，采用这种方法可以不修改主脚本的目录。对比不加圆括号的命令与加圆括号的命令，如下所示。

```
[root@qfedu ~]# cd /boot; ls
config-3.10.0-693.el7.x86_64
efi
grub
```

```
grub2
initramfs-0-rescue-fe83a9dd5f90498586e0192a2be39123.img
initramfs-3.10.0-693.el7.x86_64.img
initramfs-3.10.0-693.el7.x86_64kdump.img
initrd-plymouth.img
symvers-3.10.0-693.el7.x86_64.gz
System.map-3.10.0-693.el7.x86_64
vmlinuz-0-rescue-fe83a9dd5f90498586e0192a2be39123
vmlinuz-3.10.0-693.el7.x86_64
[root@qfedu boot]#
[root@qfedu ~]# (cd /boot; ls)
config-3.10.0-693.el7.x86_64
efi
grub
grub2
initramfs-0-rescue-fe83a9dd5f90498586e0192a2be39123.img
initramfs-3.10.0-693.el7.x86_64.img
initramfs-3.10.0-693.el7.x86_64kdump.img
initrd-plymouth.img
symvers-3.10.0-693.el7.x86_64.gz
System.map-3.10.0-693.el7.x86_64
vmlinuz-0-rescue-fe83a9dd5f90498586e0192a2be39123
vmlinuz-3.10.0-693.el7.x86_64
[root@qfedu ~]#
```

如果不希望某些命令的执行对当前 Shell 环境产生影响，请在 Subshell 中执行。具体如下所示。

```
[root@qfedu ~]# umask 777;touch file006
[root@qfedu ~]# ll file006
----------. 1 root root 0 4月  24 16:34 file006
[root@qfedu ~]# umask
0777
[root@qfedu ~]# umask 0022
[root@qfedu ~]# (umask 777;touch file007)
[root@qfedu ~]# ll file007
----------. 1 root root 0 4月  24 16:32 file007
[root@qfedu ~]# umask
0022
```

6.2 进程管道

管道实际上也是一种重定向，重定向字符控制输出到文件，管道控制输出到其他程序。

管道的作用是把上一个进程的输出作为下一个进程的输入，利用管道可以把若干个命令连接在一起，如图 6.8 所示。

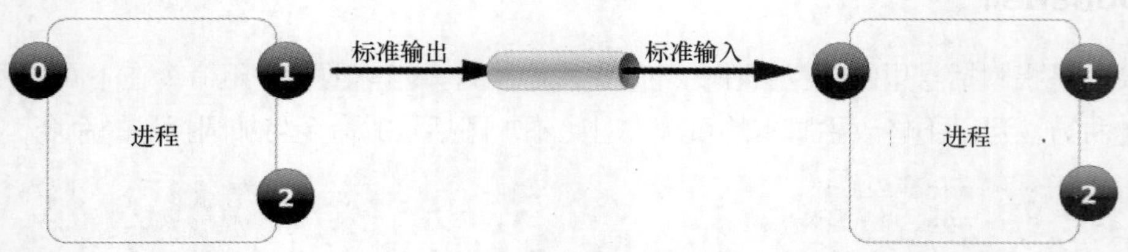

图 6.8　管道

【例 6-14】　将/etc/passwd 中的用户按 UID 数值大小排序并显示前 3 行。

```
[root@qfedu ~]# sort -t":" -k3 -n /etc/passwd | head -3
root:x:0:0:root:/root:/bin/bash
bin:x:1:1:bin:/bin:/sbin/nologin
daemon:x:2:2:daemon:/sbin:/sbin/nologin
```

其中，“-t”指定字段分隔符，“-k”指定字段，“-n”表示按数值大小排序。

【例 6-15】　统计出最占 CPU 的 5 个进程。

```
[root@qfedu ~]# ps aux --sort=-%cpu |head -6
USER   PID %CPU %MEM  VSZ       RSS TTY STAT START  TIME COMMAND
root 2013 0.5 12.7 2496500 238636 ?   Sl   4月23  8:36 /usr/bin/gnome-shell
root 776   0.1  0.2 305296  5348  ?   Ssl 4月23  2:52 /usr/bin/vmtoolsd
root 1373  0.1  1.3 318532 25556 tty1     Ssl+ 4月
23   1:49 /usr/bin/X :0 -background none -noreset -audit 4 -verbose -auth /run/g
dm/auth-for-gdm-GRxRET/database -seat seat0 -nolisten tcp vt1
root 2184  0.1  0.8 385580 16356 ?    S     4月
23   2:40 /usr/bin/vmtoolsd -n vmusr
root 22710 0.1  0.0   0       0  ?    S    17:40   0:00 [kworker/1:1]
```

【例 6-16】　统计当前/etc/passwd 中用户使用的 Shell 类型。

思路如下。

取出第 7 列（Shell）｜排序（把相同项归类）| 去重

awk 是一个非常强大的文本处理工具，可以快速提取出有用的信息。“-F”表示指定字段分隔符，默认为空格，这里以“:”作为分隔符；“$7”表示第 7 个字段；整条命令表示取出/etc/passwd 文件的第 7 列。

```
[root@qfedu ~]# awk -F: '{print $7}' /etc/passwd
/bin/bash
/sbin/nologin
/sbin/nologin
/sbin/nologin
/sbin/nologin
/bin/sync
..........部分省略..........
```

使用管道符“1”，添加 sort 命令进行排序（把相同项归类）。

```
[root@qfedu ~]# awk -F: '{print $7}' /etc/passwd |sort
/bin/bash
/bin/bash
/bin/bash
/bin/bash
/bin/bash
/bin/bash
..........部分省略..........
```

添加 uniq 命令，去掉重复的 Shell 类型。

```
[root@qfedu ~]# awk -F: '{print $7}' /etc/passwd |sort |uniq
/bin/bash
/bin/sync
/sbin/halt
```

```
/sbin/nologin
/sbin/shutdown
```

添加“-c”统计出每种 Shell 类型的数量。

```
[root@qfedu ~]# awk -F: '{print $7}' /etc/passwd |sort |uniq -c
     17 /bin/bash
      1 /bin/sync
      1 /sbin/halt
     37 /sbin/nologin
      1 /sbin/shutdown
```

【例 6-17】 统计网站的访问情况。

思路如下。

打印所有访问的连接 | 过滤访问网站的连接 | 打印用户的 IP | 排序 | 去重

```
[root@qfedu ~]# yum -y install httpd
[root@qfedu ~]# systemctl start httpd
[root@qfedu ~]# systemctl stop firewalld
[root@qfedu ~]# ss -an |grep :80 |awk -F":" '{print $8}' |sort |uniq -c
4334 192.168.0.66
1338 192.168.10.11
1482 192.168.10.125
  44 192.168.10.183
3035 192.168.10.213
 375 192.168.10.35
 362 192.168.10.39
```

【例 6-18】 打印当前所有 IP。

```
[root@qfedu ~]# ip a |grep 'inet ' |awk '{print $2}' |awk -F"/" '{print
$1}'
127.0.0.1
10.18.45.64
192.168.122.1
```

【例 6-19】 打印根分区已用空间的百分比（仅打印数字）。

```
[root@qfedu ~]# df -P |grep '/$' |awk '{print $5}' |awk -F"%" '{print $1}'
23
```

tee 管道的功能类似于生活中的三通水管，一条输入满足两个需求。在执行 Linux 命令时，一个进程标准输出通过管道作为下一个进程的标准输入，同时该输出通过 tee 管道重定向到一个文件或者终端，如图 6.9 所示。

接下来演示 tee 管道的作用。

```
[root@qfedu ~]# df |grep '/$' |awk '{print $5}' |awk -F"%" '{print $1}'
23
[root@qfedu ~]# df |grep '/$' |awk '{print $5}' |tee df.txt |awk -F"%"
 '{print $1}'
23
[root@qfedu ~]# cat df.txt
23%
```

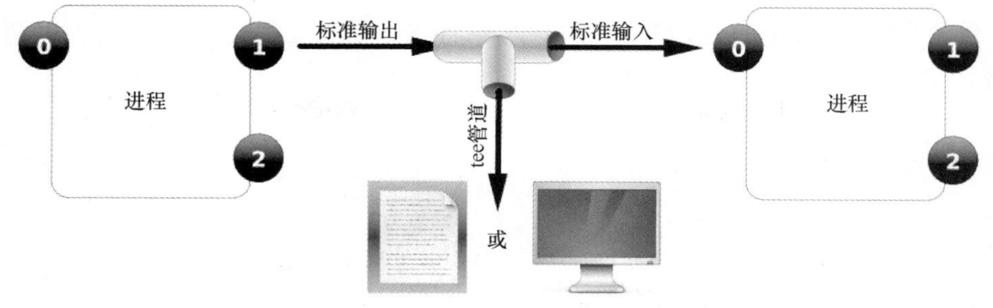

图 6.9　tee 管道

若要把输出保存到文件中，又要在终端上看到输出内容，就可以使用 tee 命令，具体如下所示。

```
[root@qfedu ~]# date > date.txt
[root@qfedu ~]# date | tee date.txt
2018年 04月 25日 星期三 11:45:51 CST
[root@qfedu ~]# top -d 1 -b -n 1 > top.txt
[root@qfedu ~]# top -d 1 -b -n 1 | tee top.txt
top - 11:43:11 up  2:35,  3 users,  load average: 0.30, 0.10, 0.07
Tasks: 198 total,   1 running, 197 sleeping,   0 stopped,   0 zombie
%Cpu(s):  1.4 us,  2.7 sy,  0.0 ni, 91.8 id,  4.1 wa,  0.0 hi,  0.0 si,  0.0 st
KiB Mem :  1867048 total,    84704 free,   714928 used,  1067416 buff/cache
KiB Swap:  2097148 total,  2097148 free,        0 used.   920576 avail Mem

   PID USER      PR  NI    VIRT    RES    SHR S  %CPU %MEM     TIME+ COMMAND
  2234 root      20   0 2040088 190004  52200 S   5.9 10.2   0:52.54 gnome-shell
  4646 root      20   0  157716   2144   1488 R   5.9  0.1   0:00.03 top
     1 root      20   0  193700   6836   4060 S   0.0  0.4   0:05.64 systemd
```

注意：在使用管道时，前一个命令的标准错误输出不会被 tee 读取。

6.3　本章小结

重定向及管道操作

本章小结

本章主要介绍了输入/输出重定向与进程管道。输入/输出重定向用于规定输入信息的来源或输出信息的保存，管道用于命令之间，从而提高命令输出值的处理效率。

6.4　习题

一、选择题

1. 用户编写了一个文本文件 test.txt，若想将此文件名称修改为 a.txt，下列命令（　　）可以实现。

A. cd test.txt a.txt　　B. cat test.txt > a.txt　C. rm test.txt a.txt　　D. echo test.txt > a.txt

2.（　　）命令用来重定向管道的输出到标准输出和指定文件。

A. tee　　B. cat　　C. less　　D. wee

3. 若 file1 文件中有 1 行内容，file2 文件中有 3 行内容，执行完命令“cat < file1 > file2”后，file2 文件的内容有（　　）行。

A. 1　　B. 2　　C. 3　　D. 4

4. 普通用户执行“ls -l /root > /tmp/test.txt”的结果是（　　）。

A. 显示/root 目录和/tmp/test.txt 文件信息

B. 显示/root 目录的详细列表，并重定向输出到/tmp/test.txt 文件

C. 将/root 目录的详细列表重定向到/tmp/test.txt，并报告错误

D. 报告错误信息

5. 若文件 file01 中存在内容，执行“date >> file01”命令后，正确的选项是（　　）。

A. 文件内容被复制　　B. 文件内容被打印

C. 文件内容被覆盖　　D. 在尾部追加内容

二、填空题

1. 将前一个命令的标准输出作为后一个命令的标准输入，称为________。

2. 标准输出与标准错误都重定向到相同的文件，需要添加________符号。

3. 如果需要将两条命令输出都重定向，则需要添加________。

4. ________命令用于字符串的查找。

5. Linux 系统的标准输入设备是________。

三、简答题

1. 什么是文件描述符?

2. 简述管道的作用。

07

第 7 章　存储管理

本章学习目标

- 了解存储的方式
- 掌握创建基本分区的方法

本章介绍的存储是服务器的硬盘存储，在 Linux 系统下，系统识别到硬盘后，会为其创建一份初始分区表。硬盘在分区后才可以使用，系统通过分区表来管理硬盘的使用。

7.1　存储方式

从连接方式上，存储分为以下 3 种类型。

本地存储：直接插在服务器上的硬盘，系统文件存放在本地。本章主要介绍本地存储。

外部存储：可以理解为平时使用的移动硬盘，不过移动硬盘用的是 USB 接口连接，一般外部存储可以使用 SCSI 线、SATA 线、SAS 线、FC 线。

网络存储：以太网络、FC 网络。当存储的数据量非常庞大时，不可能再存储到本地，需要存储到专门的存储设备上或者存储集群里，这时用户可以通过网络去连接与使用这些数据。

从工作原理上，硬盘分为固态硬盘（Solid State Drire，SSD）与机械硬盘（Hard Dist Drire，HDD）。如图 7.1 所示，左侧的图片为固态硬盘，内部是集成固态电子存储芯片阵列，分为存储单元与控制单元两部分；右侧为机械硬盘，在其内部占最大区域的为盘片（Platters），盘面上方为读/写磁头、控制电机、磁头控制器、数据转换器等。

机械硬盘可以含有多张盘片，一般不会超过 5 张，每张盘片有两个面，每一个盘面有一个编号，编号自下而上从 0 开始。盘面又分成若干扇形的区域，称作扇区（Sector）。扇区大小以前为 512 字节，现在为 4096 字节，也称为“4K 对齐”。读写数据时，盘面会高速旋转，一般家用的普通硬盘转速为 5400r/min、7200r/min，服务器使用的硬盘转速通常为 10000r/min、15000r/min 等。硬盘转速越快，访问时间越短，整体性能越好。硬盘盘片如图 7.2 所示。

图 7.1 硬盘内部图

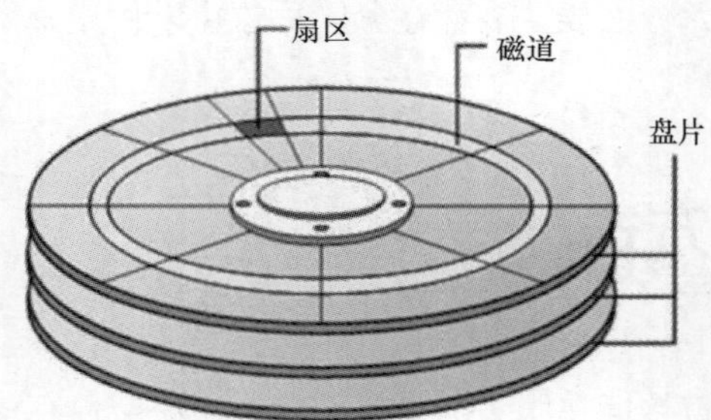

图 7.2 盘片示意图

每个盘面有一个磁头，磁头可以在盘面上来回摆动，读写数据时，磁头首先要移动到数据所在区域，这个过程称为寻道。多个盘面上半径相同的磁道组成的环壁称作柱面。以前分区是按照柱面来分，现在是按照扇区来分。磁道与扇区如图 7.3 所示。

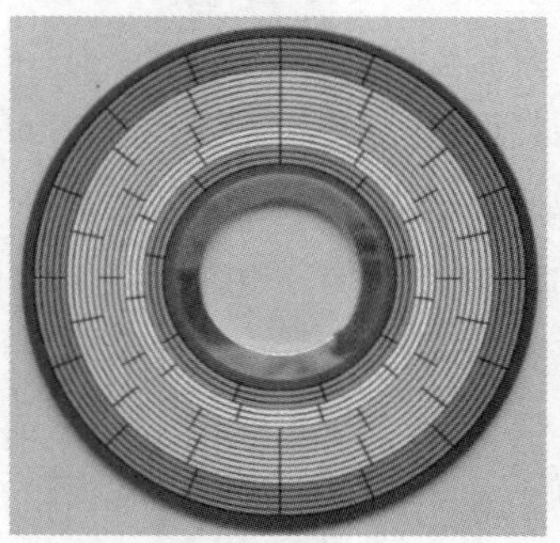

图 7.3 磁道与扇区

固态硬盘摒弃传统磁介质，采用电子存储介质进行数据存储和读取，突破了传统机械硬盘的性能瓶颈，拥有极高的存储性能，被认为是存储技术发展的里程碑。

固态硬盘的全集成电路化、无任何机械运动部件的革命性设计，从根本上满足了人们在移动办公环境下对数据读写稳定性的需求。全集成电路化设计允许固态硬盘做成任何形状。与传统硬盘相比，固态硬盘具有以下优点。

第一，固态硬盘不需要机械结构，完全半导体化，不存在数据查找时间、延迟时间和磁盘寻道时间，数据存取速度快。

第二，固态硬盘全部采用闪存芯片，经久耐用，防震抗摔，即使与硬物碰撞，数据丢失的可能性也极小。

第三，得益于无机械部件，固态硬盘没有任何噪音，功耗低。

第四，SSD 质量小，比 1.8 英寸（1 英寸=2.54 厘米）机械硬盘轻 20~30 克，使得便携设备搭载多块固态硬盘成为可能。同时因其完全半导体化，无结构限制，可根据实际情况设计各种接口和形状。

固态硬盘的读/写速度远胜于机械硬盘，缺点为价格昂贵，容量偏小。机械硬盘的优势为技术成熟，容量大，价格相对低廉。但随着科技进步，机械硬盘会逐渐被固态硬盘所取代。

从尺寸上，硬盘分为 3.5 英寸（1 英寸=2.54 厘米）、2.5 英寸和 1.8 英寸 3 种类型，其中 1.8 英寸的硬盘不常见。

从插拔方式上，硬盘分为热插拔和非热插拔 2 种类型。目前所有的服务器硬盘都支持热插拔方式。

从硬盘接口上，硬盘分为以下几种类型。

IDE —— SATA（Serial ATA，串行 ATA）硬盘。

SCSI —— SAS（Serial Attached SCSI，串行连接 SCSI）硬盘。

其他 ——PCIe（Peripheral Component Interconnect Express,高速串行计算机扩展总线标准）、FC（Fiber Channel,光纤通道）硬盘。

SAS 是新一代的 SCSI 技术，SAS 硬盘和现在流行的 SATA 硬盘相似，都是采用串行技术以获得更高的传输速度，并通过缩短连接线改善内部空间。如图 7.4 所示。

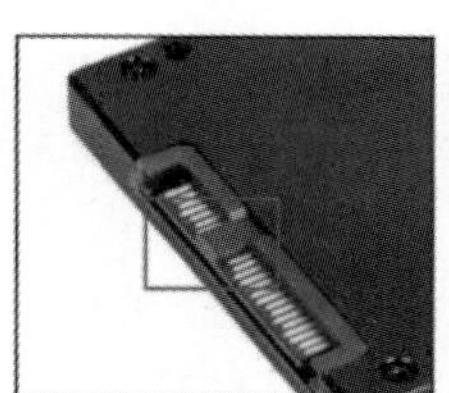

图 7.4　硬盘接口

硬盘的分区方式有 2 种，如表 7.1 所示。

表 7.1　硬盘分区方式

分区类型	磁盘容量	分区软件	分区数
MBR	<2TB	fdisk	14 个分区（4 个主分区，扩展分区，逻辑分区）
GPT	不限	gdisk	128 个主分区

注意：从 MBR 转换到 GPT 或从 GPT 转换到 MBR 将会导致数据全部丢失！

7.2 基本分区

基本分区是相对于后面章节将要介绍的逻辑卷而言的。基本分区与逻辑卷相比有一些劣势，例如，前期把一个分区规划成 100GiB，后期发现空间不足，是无法扩容的，而逻辑卷可以弹性扩容。然而，有一些分区还是需要使用这种传统的基本分区，如存放引导文件的 boot 分区。

使用基本分区，首先要选择一种分区方式（MBR 或 GPT），其次要创建文件系统（也就是通常所说的格式化），最后进行挂载才能使用。接下来分别介绍这两种分区方式具体如何操作。

7.2.1 添加新硬盘

在虚拟机上为系统添加两块 10GiB 虚拟硬盘 sdb 与 sdc，使用 lsblk 命令查看新添加的两块硬盘，具体如下所示。

```
[root@qfedu ~]# lsblk
NAME            MAJ:MIN RM  SIZE RO TYPE MOUNTPOINT
sda               8:0    0   20G  0 disk
├─sda1            8:1    0    1G  0 part /boot
└─sda2            8:2    0   19G  0 part
  ├─centos-root   253:0    0   17G  0 lvm  /
  └─centos-swap  253:1    0    2G  0 lvm  [SWAP]
sdb              8:16   0   10G  0 disk
sdc              8:32   0   10G  0 disk
sr0             11:0    1  4.2G  0 rom  /run/media/root/CentOS 7 x86_64
```

7.2.2 MBR 分区

采用 MBR（Master Boot Record，主引导记录）分区表形式创建分区，可使用 fdisk 命令，添加"-l"参数可以查看系统所挂硬盘个数及分区情况，具体如下所示。

```
[root@qfedu ~]# fdisk -l /dev/sda
磁盘 /dev/sda: 21.5 GB, 21474836480 字节，41943040 个扇区
Units = 扇区 of 1 * 512 = 512 bytes
扇区大小(逻辑/物理)：512 字节 / 512 字节
I/O 大小(最小/最佳)：512 字节 / 512 字节
磁盘标签类型：dos
磁盘标识符：0x000cf332
   设备 Boot      Start         End      Blocks   Id  System
/dev/sda1   *        2048     2099199     1048576   83  Linux
/dev/sda2         2099200    41943039    19921920   8e  Linux LVM
```

sda 硬盘有 41943040 个扇区，每个扇区 512 字节。第 2 个分区 sda2 的 End 数字为 41943039，与总扇区数几乎相等，说明 sda 硬盘已经分完所有存储空间。

比较硬盘 sda 与 sdb 的区别，具体如下所示。

```
[root@qfedu ~]# fdisk -l /dev/sdb
磁盘 /dev/sdb: 10.7 GB, 10737418240 字节，20971520 个扇区
Units = 扇区 of 1 * 512 = 512 bytes
扇区大小(逻辑/物理)：512 字节 / 512 字节
```

```
I/O 大小(最小/最佳)：512 字节 / 512 字节
```

显然 sdb 硬盘还未分区，没有分区信息，它有 20971520 个扇区。

采用 MBR 分区表，使用 fdisk 命令对 sdc 硬盘进行分区。具体如下所示。

```
[root@qfedu ~]# fdisk /dev/sdc
欢迎使用 fdisk (util-linux 2.23.2)。

更改将停留在内存中，直到您决定将更改写入磁盘。
使用写入命令前请三思。

Device does not contain a recognized partition table
使用磁盘标识符 0xb9ba9e95 创建新的 DOS 磁盘标签。
```

输入“m”参数可以查看帮助信息，了解每个参数的具体作用、分区具体操作等。

输入“n”参数尝试创建新的分区，具体如下所示。

```
命令(输入 m 获取帮助)：n
Partition type:
   p   primary (0 primary, 0 extended, 4 free)
   e   extended
```

因为采用的是 MBR 分区表系统，所以有两个选择，一个是创建主分区，另一个是创建扩展分区。此处选择主分区，可输入“p”参数，系统默认选择主分区，直接按回车键即可，具体如下所示。

```
Select (default p):
Using default response p
```

分区编号 1～4，系统默认为 1，按回车键即可，具体如下所示。

```
分区号 (1-4，默认 1)：
```

系统提示定义扇区的起始位置，系统会自动选择最靠前的空闲扇区位置，直接按回车键即可，此时默认为 2048，具体如下所示。

```
起始 扇区 (2048-20971519，默认为 2048)：
将使用默认值 2048
```

用户可以通过添加扇区或添加尺寸的方式定义扇区的终止位置，也就是定义最终分区空间的大小，一般选择使用添加尺寸的方式，此处添加 100MiB，具体如下所示。

```
Last 扇区, +扇区 or +size{K,M,G} (2048-20971519，默认为 20971519)：+100M
分区 1 已设置为 Linux 类型，大小设为 100 MiB
```

输入“p”参数，查看硬盘中的分区信息，可以看到刚创建的名称为/dev/sdc1，起始扇区位置为 2048，终止扇区位置为 206847 的主分区，具体如下所示。

```
命令(输入 m 获取帮助)：p

磁盘 /dev/sdc：10.7 GB, 10737418240 字节，20971520 个扇区
Units = 扇区 of 1 * 512 = 512 bytes
扇区大小(逻辑/物理)：512 字节 / 512 字节
I/O 大小(最小/最佳)：512 字节 / 512 字节
```

```
磁盘标签类型：dos
磁盘标识符：0xb9ba9e95

设备 Boot      Start        End      Blocks   Id  System
/dev/sdc1       2048     206847      02400    83  Linux
```

输入“n”参数再次创建一个分区，目前主分区还有 3 个 free，一般建议最多创建 3 个主分区，第 4 个位置留给扩展分区。如果全部创建主分区，以后就不能再分了，具体如下所示。

```
命令(输入 m 获取帮助)：n
Partition type:
   p   primary (1 primary, 0 extended, 3 free)
   e   extended
```

第 2 个分区创建为扩展分区，输入“e”参数，分区编号使用默认 2，按回车键。起始扇区使用系统默认值 206848，继续按回车键。具体如下所示。

```
Select (default p): e
分区号 (2-4，默认 2)：

起始 扇区 (206848-20971519，默认为 206848)：
将使用默认值 206848
```

创建扩展分区是为了以后创建更多的逻辑分区，建议扩展分区占用全部剩余扇区，终止位置为默认的 20971519，按回车键即可，具体如下所示。

```
Last 扇区, +扇区 or +size{K,M,G} (206848-20971519，默认为 20971519)：
将使用默认值 20971519
分区 2 已设置为 Extended 类型，大小设为 9.9 GiB
```

输入“p”参数，查看目前硬盘中的分区信息，增加了 dev/sdc2，起始扇区位置为 206848，终止扇区位置为 20971519 的扩展分区，具体如下所示。

```
命令(输入 m 获取帮助)：p

磁盘 /dev/sdc：10.7 GB，10737418240 字节，20971520 个扇区
Units = 扇区 of 1 * 512 = 512 bytes
扇区大小(逻辑/物理)：512 字节 / 512 字节
I/O 大小(最小/最佳)：512 字节 / 512 字节
磁盘标签类型：dos
磁盘标识符：0xb9ba9e95

设备 Boot         Start          End       Blocks   Id  System
/dev/sdc1          2048       206847       102400   83  Linux
/dev/sdc2        206848     20971519     10382336    5  Extended
```

输入“n”参数，系统提示选择分区类型，包括主分区与逻辑分区，目前已经没有可用扇区，不能再次创建主分区。输入“l”参数，创建逻辑分区，起始扇区使用系统默认值 208896，按回车键，终止扇区定义为 5GiB，具体如下所示。

```
命令(输入 m 获取帮助)：n
```

```
Partition type:
   p   primary (1 primary, 1 extended, 2 free)
   l   logical (numbered from 5)
Select (default p): l
添加逻辑分区 5
起始 扇区 (208896-20971519，默认为 208896):
将使用默认值 208896
Last 扇区, +扇区 or +size{K,M,G} (208896-20971519，默认为 20971519): +5G
分区 5 已设置为 Linux 类型，大小设为 5 GiB
```

输入“p”参数，查看已创建的逻辑分区/dev/sdc5 信息，具体如下所示。

```
命令(输入 m 获取帮助): p
磁盘 /dev/sdc: 10.7 GB, 10737418240 字节，20971520 个扇区
Units = 扇区 of 1 * 512 = 512 bytes
扇区大小(逻辑/物理): 512 字节 / 512 字节
I/O 大小(最小/最佳): 512 字节 / 512 字节
磁盘标签类型: dos
磁盘标识符: 0xb9ba9e95
   设备 Boot      Start         End      Blocks   Id  System
/dev/sdc1            2048      206847      102400   83  Linux
/dev/sdc2          206848    20971519    10382336    5  Extended
/dev/sdc5          208896    10694655     5242880   83  Linux
```

扩展分区/dev/sdc2 的起始扇区位置为 206848，逻辑分区的起始扇区位置为 208896，二者之间的扇区空间用来创建扩展分区表（存放逻辑分区的信息）。sdc1 与 sdc5 分区可以格式化，sdc2 分区不可以格式化，因为扩展分区并不是一个严格意义上的分区，不能直接使用，仅仅是指向下一个逻辑分区的指针。

输入“w”保存所有分区设置，具体如下所示。

```
命令(输入 m 获取帮助): w
The partition table has been altered!
Calling ioctl() to re-read partition table.
正在同步磁盘。
```

使用 lsblk 命令查看所有分区信息，可以找到硬盘 sdc 上新创建的 3 个分区：主分区 sdc1、扩展分区 sdc2、逻辑分区 sdc5，其中扩展分区 sdc2 只有 1KiB 大小。具体如下所示。

```
[root@qfedu ~]# lsblk
NAME              MAJ:MIN  RM   SIZE RO TYPE MOUNTPOINT
Sda                 8:0     0    20G  0 disk
├─sda1              8:1     0     1G  0 part /boot
└─sda2              8:2     0    19G  0 part
  ├─centos-root   253:0     0    17G  0 lvm  /
  └─centos-swap   253:1     0     2G  0 lvm  [SWAP]
sdb                 8:16    0    10G  0 disk
sdc                 8:32    0    10G  0 disk
├─sdc1              8:33    0   100M  0 part
├─sdc2              8:34    0     1K  0 part
└─sdc5              8:37    0     5G  0 part
```

```
sr0               11:0    1  4.2G  0 rom  /run/media/root/CentOS 7 x86_64
```

使用 ll 命令可以查看新分区的设备文件，具体如下所示。

```
[root@qfedu ~]# ll /dev/sdc*
brw-rw----. 1 root disk 8, 32 4月  27 18:27 /dev/sdc
brw-rw----. 1 root disk 8, 33 4月  27 18:27 /dev/sdc1
brw-rw----. 1 root disk 8, 34 4月  27 18:27 /dev/sdc2
brw-rw----. 1 root disk 8, 37 4月  27 18:27 /dev/sdc5
```

在虚拟机或云主机上，分区后不需要重启系统，内核会自动识别设备的新分区并为它创建设备文件，但在真实的物理硬盘上此时不会显示设备文件，需要重启系统或者使用 partprobe 命令。partprobe 命令可以在不重启系统的情况下，让内核强制读取分区表，并为新设备创建设备文件。

7.2.3 GPT 分区

采用 GPT（GUID Partition Table，GUID 磁盘分区表）形式创建分区，其创建过程与 MBR 无太大差别。使用 gidsk 命令对 sdb 硬盘进行分区，系统显示创建新的 GPT 分区表，具体如下所示。

```
[root@qfedu ~]# gdisk /dev/sdb
GPT fdisk (gdisk) version 0.8.6
Partition table scan:
  MBR: not present
  BSD: not present
  APM: not present
  GPT: not present
Creating new GPT entries.
```

输入“? ”可以查看帮助信息，输入“n”参数进行分区，此时没有分区选择，直接按回车键创建主分区，起始扇区使用默认值，按回车键定义终止扇区。设置为添加 100MiB，系统提示当前类型是 Linux 系统，直接回车即可。具体如下所示。

```
Command (? for help): n
Partition number (1-128, default 1):
First sector (34-20971486, default = 2048) or {+-}size{KMGTP}:
Last sector (2048-20971486, default = 20971486) or {+-}size{KMGTP}: +100M
Current type is 'Linux filesystem'
Hex code or GUID (L to show codes, Enter = 8300):
Changed type of partition to 'Linux filesystem'
```

再创建一个分区，定义终止扇区时设置为添加 5GiB，具体如下所示。

```
Command (? for help): n
Partition number (2-128, default 2):
First sector (34-20971486, default = 206848) or {+-}size{KMGTP}:
Last sector (206848-20971486, default = 20971486) or {+-}size{KMGTP}: +5G
Current type is 'Linux filesystem'
Hex code or GUID (L to show codes, Enter = 8300):
Changed type of partition to 'Linux filesystem'
```

输入“p”参数显示分区信息，输入“w”保存，系统会提示即将写入 GPT 数据，这将覆盖已存在的分区，询问是否继续，输入“y”即可，具体如下所示。

```
Command (? for help): p
```

```
Disk /dev/sdb: 20971520 sectors, 10.0 GiB
Logical sector size: 512 bytes
Disk identifier (GUID): A6D674D2-BE7F-4BD8-B69C-2AA2B5E349DE
Partition table holds up to 128 entries
First usable sector is 34, last usable sector is 20971486
Partitions will be aligned on 2048-sector boundaries
Total free space is 10280893 sectors (4.9 GiB)
Number  Start (sector)    End (sector)  Size       Code  Name
   1        2048          206847   100.0 MiB   8300  Linux filesystem
   2      206848        10692607   5.0 GiB     8300  Linux filesystem
Command (? for help): w
Final checks complete. About to write GPT data. THIS WILL OVERWRITE EXISTING
PARTITIONS!!
Do you want to proceed? (Y/N): y
OK; writing new GUID partition table (GPT) to /dev/sdb.
The operation has completed successfully.
```

操作成功后，如果为真实硬盘需执行 partprobe 命令，此时使用 lsblk 命令可以查看新分区信息，具体如下所示。

```
[root@qfedu ~]# partprobe /dev/sdb
[root@qfedu ~]# lsblk
NAME            MAJ:MIN   RM   SIZE RO TYPE MOUNTPOINT
sda               8:0      0    20G  0 disk
├─sda1            8:1      0     1G  0 part /boot
└─sda2            8:2      0    19G  0 part
  ├─centos-root 253:0      0    17G  0 lvm  /
  └─centos-swap 253:1      0     2G  0 lvm  [SWAP]
sdb               8:16     0    10G  0 disk
├─sdb1            8:17     0   100M  0 part
└─sdb2            8:18     0     5G  0 part
sdc               8:32     0    10G  0 disk
├─sdc1            8:33     0   100M  0 part
├─sdc2            8:34     0     1K  0 part
└─sdc5            8:37     0     5G  0 part
sr0              11:0      1   4.2G  0 rom  /run/media/root/CentOS 7 x86_64
```

查看 sdb 硬盘与 sdc 硬盘的分区表类型，具体如下所示。

```
[root@qfedu ~]# fdisk -l /dev/sdb
WARNING: fdisk GPT support is currently new, and therefore in an experimental phase.
Use at your own discretion.
磁盘 /dev/sdb: 10.7 GB, 10737418240 字节, 20971520 个扇区
Units = 扇区 of 1 * 512 = 512 bytes
扇区大小(逻辑/物理): 512 字节 / 512 字节
I/O 大小(最小/最佳): 512 字节 / 512 字节
磁盘标签类型: gpt
Disk identifier: A6D674D2-BE7F-4BD8-B69C-2AA2B5E349DE
#         Start          End    Size  Type            Name
 1         2048       206847    100M  Linux filesyste Linux filesystem
 2       206848     10692607      5G  Linux filesyste Linux filesystem
[root@qfedu ~]# fdisk -l /dev/sdc
磁盘 /dev/sdc: 10.7 GB, 10737418240 字节, 20971520 个扇区
```

```
Units = 扇区 of 1 * 512 = 512 bytes
扇区大小(逻辑/物理)：512 字节 / 512 字节
I/O 大小(最小/最佳)：512 字节 / 512 字节
磁盘标签类型：dos
磁盘标识符：0xb9ba9e95

   设备 Boot      Start         End      Blocks   Id  System
/dev/sdc1          2048      206847      102400   83  Linux
/dev/sdc2        206848    20971519    10382336    5  Extended
/dev/sdc5        208896    10694655     5242880   83  Linux
```

7.2.4 创建文件系统

创建分区后并不能立即存放数据，需要对分区进行格式化。如果将分区比作一间教室，格式化就是在教室里摆放桌椅，数据就是学生，规定每个学生占用一套桌椅。格式化是组织文件系统的方式，常用的文件系统有 EXT 与 XFS。在终端中输入“mkfs”后连续按 2 次 tab 键可以查看所有文件系统类型，CentOS 7 的文件系统默认为 XFS，具体如下所示。

```
[root@qfedu ~]# mkfs.
mkfs.btrfs   mkfs.ext2   mkfs.ext4   mkfs.minix   mkfs.vfat
mkfs.cramfs  mkfs.ext3   mkfs.fat    mkfs.msdos   mkfs.xfs
```

使用 EXT4 文件系统格式化/dev/sdb1 主分区，块大小为 1024 字节。块是文件存储的最小单元，若文件小于 1KiB，也会占用 1KiB 的存储空间。sdb1 分区大小为 100MiB，因此有 102400 个块。具体如下所示。

```
[root@qfedu ~]# mkfs.ext4 /dev/sdb1
mke2fs 1.42.9 (28-Dec-2013)
文件系统标签=
OS type: Linux
块大小=1024 (log=0)
分块大小=1024 (log=0)
Stride=0 blocks, Stripe width=0 blocks
25688 inodes, 102400 blocks
5120 blocks (5.00%) reserved for the super user
第一个数据块=1
Maximum filesystem blocks=33685504
13 block groups
8192 blocks per group, 8192 fragments per group
1976 inodes per group
Superblock backups stored on blocks:
8193, 24577, 40961, 57345, 73729
Allocating group tables: 完成
正在写入 inode 表: 完成
Creating journal (4096 blocks): 完成
Writing superblocks and filesystem accounting information: 完成
```

使用 EXT4 文件系统格式化/dev/sdb2 主分区，其中块大小为 4096 字节，含有 1310720 个块，即使文件大小为一个字节，也会占用 4KiB 的存储空间，具体如下所示。

```
[root@qfedu ~]# mkfs.ext4 /dev/sdb2
mke2fs 1.42.9 (28-Dec-2013)
文件系统标签=
OS type: Linux
块大小=4096 (log=2)
分块大小=4096 (log=2)
Stride=0 blocks, Stripe width=0 blocks
327680 inodes, 1310720 blocks
65536 blocks (5.00%) reserved for the super user
第一个数据块=0
Maximum filesystem blocks=1342177280
40 block groups
32768 blocks per group, 32768 fragments per group
8192 inodes per group
Superblock backups stored on blocks:
32768, 98304, 163840, 229376, 294912, 819200, 884736
Allocating group tables: 完成
正在写入 inode 表: 完成
Creating journal (32768 blocks): 完成
Writing superblocks and filesystem accounting information: 完成
```

使用 XFS 文件系统格式化/dev/sdc1 主分区，块大小为 4096 字节，一共有 25600 个块，具体如下所示。

```
[root@qfedu ~]# mkfs.xfs /dev/sdc1
meta-data=/dev/sdc1              isize=512    agcount=4, agsize=6400 blks
         =                       sectsz=512   attr=2, projid32bit=1
         =                       crc=1        finobt=0, sparse=0
data     =                       bsize=4096   blocks=25600, imaxpct=25
         =                       sunit=0      swidth=0 blks
naming   =version 2              bsize=4096   ascii-ci=0 ftype=1
log      =internal log           bsize=4096   blocks=855, version=2
         =                       sectsz=512   sunit=0 blks, lazy-count=1
realtime =none                   extsz=4096   blocks=0, rtextents=0
```

使用 XFS 文件系统格式化/dev/sdc5 主分区，块大小为 4096 字节，一共有 1310720 个块，具体如下所示。

```
[root@qfedu ~]# mkfs.xfs /dev/sdc5
meta-data=/dev/sdc5              isize=512    agcount=4, agsize=327680 blks
         =                       sectsz=512   attr=2, projid32bit=1
         =                       crc=1        finobt=0, sparse=0
data     =                       bsize=4096   blocks=1310720, imaxpct=25
         =                       sunit=0      swidth=0 blks
naming   =version 2              bsize=4096   ascii-ci=0 ftype=1
log      =internal log           bsize=4096   blocks=2560, version=2
         =                       sectsz=512   sunit=0 blks, lazy-count=1
realtime =none                   extsz=4096   blocks=0, rtextents=0
```

7.2.5 挂载分区

格式化完成后需挂载分区，首先创建两个目录作为挂载点，然后使用 mount 命令临时把 sdb01 分区与 sdb02 分区分别挂载到 data01 与 data02 目录上。现在这两个目录不再是两个普通的目录，而是设备的挂载点，用户要往设备中存放数据，需要借助挂载点。具体如下所示。

```
[root@qfedu ~]# mkdir /data01
[root@qfedu ~]# mkdir /data02
[root@qfedu ~]# mount /dev/sdb1 /data01
[root@qfedu ~]# mount /dev/sdb2 /data02
```

使用“df -h”命令查看文件系统的挂载点，可以看到新创建的两个挂载点 data01 与 data02，具体如下所示。

```
[root@qfedu ~]# df -h
文件系统                    容量   已用   可用   已用%  挂载点
/dev/mapper/centos-root       17G   3.9G   14G   23% /
devtmpfs                    897M     0  897M     0%  /dev
tmpfs                       912M     0  912M     0%  /dev/shm
tmpfs                       912M  9.0M  903M     1%  /run
tmpfs                       912M     0  912M     0%  /sys/fs/cgroup
/dev/sda1                   1014M  179M  836M    18% /boot
tmpfs                       183M   24K  183M     1%  /run/user/0
/dev/sdb1                    93M  1.6M   85M     2%  /data01
/dev/sdb2                   4.8G   20M  4.6G     1%  /data02
```

挂载完成后，分别在这两个目录下创建两个空目录 dir01 与 dir02，然后使用 ll 命令查看 data01 与 data02 目录，同样大小的空目录所占的存储空间是不一样的。sdb1 分区 1 块为 1024 字节，dir01 目录至少占 1024 字节；sdb2 分区 1 块为 4096 字节，dir02 目录至少占 4096 字节。具体如下所示。

```
[root@qfedu ~]# mkdir /data01/dir01
[root@qfedu ~]# mkdir /data02/dir02
[root@qfedu ~]# ll /data01
总用量 14
drwxr-xr-x. 2 root root  1024 4月  27 10:51 dir01
drwx------. 2 root root 12288 4月  27 10:21 lost+found
[root@qfedu ~]# ll /data02
总用量 20
drwxr-xr-x. 2 root root  4096 4月  27 10:51 dir02
drwx------. 2 root root 16384 4月  27 10:29 lost+found
```

使用 mount 命令挂载是临时性的，系统重新启动后便失效，需要再次挂载。用户可以修改/etc/fstab 配置文件，使其永久有效。首先创建两个目录 data03 与 data04 作为设备挂载点，然后使用 blkid 命令查看设备的 UUID，从中找到 sdc1 与 sdc5 分区，复制其 UUID，并粘贴到/etc/fstab 配置文件的末尾。具体如下所示。

```
[root@qfedu ~]# mkdir /data03
[root@qfedu ~]# mkdir /data04
[root@qfedu ~]# blkid
/dev/sda1:  UUID="86fec9df-e219-4003-bf27-6198ee6b30a3" TYPE="xfs"
/dev/sda2:  UUID="Q251YO-A3Ji-42dh-2wkr-TTTB-jJei-oKkX3m" TYPE="LVM2_member"
/dev/sdb1:  UUID="c69dd0e1-d6d3-41a0-ab3e-6e73f3c9682d"            TYPE="ext4"
PARTLABEL="Linux filesystem" PARTUUID="82a2b124-b2ab-45fa-82a2-7441d1fc6552"
/dev/sdb2:  UUID="756ea871-0d1b-47e9-9259-af158b1f681e"            TYPE="ext4"
PARTLABEL="Linux filesystem" PARTUUID="456556f9-eab4-4b88-ad20-6f7e5d72072f"
/dev/sdc1:  UUID="57cae45c-ad33-42dc-87fb-7787ca5efc58" TYPE="xfs"
/dev/sdc5:  UUID="1a7a02f3-7fde-4939-9281-aa333ba27aa1" TYPE="xfs"
```

```
/dev/sr0:    UUID="2017-09-06-10-51-00-00" LABEL="CentOS 7 x86_64" TYPE="iso9660"
PTTYPE="dos"
/dev/mapper/centos-root: UUID="4c01cfd0-ae1c-4664-8ed7-06b7e7cf9316" TYPE="xfs"
/dev/mapper/centos-swap: UUID="292d639e-08bc-44bf-bfda-822f0099cfa6" TYPE="swap"
```

在/etc/fstab 配置文件中写入设备的 UUID，其中 sdc1 分区的挂载点为 data03，文件系统类型为 xfs，挂载选项为 defaults，最后两个数字为 0，表示不备份、不检测；sdc5 分区的挂载点为 data04，文件系统类型为 auto（自动），挂载选项为 ro（只读），最后两个数字为 0，表示不备份、不检测，具体如下所示。

```
[root@qfedu ~]# vim /etc/fstab
#
# /etc/fstab
# Created by anaconda on Thu Apr 12 20:05:45 2018
#
# Accessible filesystems, by reference, are maintained under '/dev/disk'
# See man pages fstab(5), findfs(8), mount(8) and/or blkid(8) for more info
#
/dev/mapper/centos-root /                       xfs     defaults        0 0
UUID=86fec9df-e219-4003-bf27-6198ee6b30a3 /boot xfs     defaults      0 0
/dev/mapper/centos-swap swap                    swap    defaults        0 0
UUID="57cae45c-ad33-42dc-87fb-7787ca5efc58"   /data03
xfs  defaults      0 0
UUID="2a7a02f3-7fde-4939-9281-aa333ba27aa1" /data04 auto ro            0 0
~
"/etc/fstab" 13L, 568C                                                 13,7
    全部
```

重新启动系统就可以读取新挂载的设备，也可使用“mount -a”命令读取/etc/fstab 文件并挂载设备。使用 df 命令查看已挂载设备信息，添加“T”参数可显示设备文件的类型，添加“h”参数可显示设备大小。具体如下所示。

```
[root@qfedu ~]# mount -a
[root@qfedu ~]# df -Th
文件系统                类型       容量   已用    可用   已用%  挂载点
..............................部分省略...............................................
/dev/sdb1               ext4       93M  1.6M    85M    2%  /data01
/dev/sdb2               ext4       4.8G 20M   4.6G    1%  /data02
/dev/sdc1               xfs        97M  5.2M    92M    6%  /data03
/dev/sdc5               xfs        5.0G 176K  5.0G    1%  /data04
```

在完成硬盘的分区、挂载与格式化之后，可尝试通过挂载点存储数据：同时向 data03 与 data04 目录复制/etc/hosts 文件。data03 目录可以写入，data04 提示无法创建常规文件。具体如下所示。

```
[root@qfedu ~]# cp -rf /etc/hosts /data03
[root@qfedu ~]# cp -rf /etc/hosts /data04
cp: cannot create regular file '/data04/hosts': Read-only file system
```

使用 mount 命令可以显示设备的权限，之前设置/dev/sdc5 分区为只读，具体如下所示。

```
[root@qfedu ~]# mount
.........................部分省略.........................................
/dev/sdb1 on /data01 type ext4 (rw,relatime,seclabel,data=ordered)
/dev/sdb2 on /data02 type ext4 (rw,relatime,seclabel,data=ordered)
```

```
/dev/sdc1 on /data03 type xfs (rw,relatime,seclabel,attr2,inode64,noquota)
/dev/sdc5 on /data04 type xfs (ro,relatime,seclabel,attr2,inode64,noquota)
```

分区操作

本章小结

7.3 本章小结

本章主要介绍了存储的方式（硬盘的参数及性能）与基本分区（MBR 与 GPT）。通过本章的学习，读者需掌握创建基本分区、创建文件系统及挂载的方法。

7.4 习题

一、选择题

1. （　　）不是硬盘分区的正确方法。

A. 1 个主分区+1 个扩展分区　　B. 2 个主分区+1 个扩展分区

C. 3 个主分区+1 个扩展分区　　D. 4 个主分区+1 个扩展分区

2. 假设用户所使用的系统上有两块 IDE 硬盘，查询第二块硬盘的分区情况的命令为（　　）。

A. fdisk -l /dev/hda1　　B. fdisk -l /dev/had　　C. fdisk -l /dev/hdb　　D. fdisk -l /dev/hdb2

3. 当使用 mount 命令进行设备或文件系统挂载时，需要用到的设备名称位于（　　）位置。

A. /dev　　B. /home　　C. /bin　　D. /etc

4. 统计磁盘空间或文件系统使用情况的命令是（　　）。

A. fdisk　　B. du　　C. dd　　D. df

5. Linux 系统中文件系统的挂载配置文件是（　　）。

A. /dev/sda　　B. /etc/profile　　C. /etc/passwd　　D. /etc/fstab

二、填空题

1. 若采用 GPT 分区表形式创建分区，则使用________命令对硬盘进行分区。

2. 若采用 MBR 分区表形式创建分区，则使用________命令对硬盘进行分区。

3. CentOS 7 系统默认为________文件系统。

4. ________命令用于挂载文件系统。

5. ________命令可以查看块设备的文件系统类型、UUID 等信息。

三、简答题

1. 硬盘的分区分为哪两种形式？

2. 简述创建基本分区的步骤。

08

第 8 章　LVM 磁盘

本章学习目标

- 了解逻辑卷原理
- 掌握卷组扩容及缩减
- 掌握逻辑卷扩容
- 熟悉文件系统
- 熟悉磁盘阵列

本章讲解

8.1　逻辑卷概念

LVM（Logical Volume Manager）是逻辑卷管理的英文简写，如图 8.1 所示。

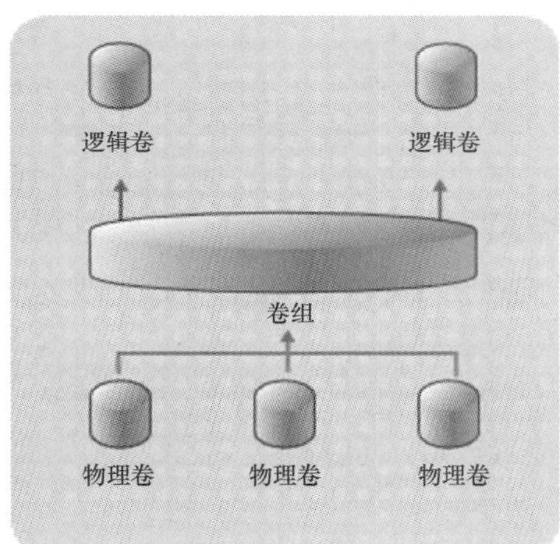

图 8.1　LVM 结构

在图 8.1 中，物理卷（Physical Volume）处于 LVM 的最底层，它们可以是实际物理硬盘上的分区、整个物理硬盘或 RAID 设备；卷组（Volume Group）建立在物理卷之上，卷组建立后便可动态添加物理卷到卷组中；逻辑卷（Logical Volume）建立在卷组之上，卷组中的未分配空间可以用于建立新的逻辑卷，逻辑卷建立后便可动态地扩展和缩小空间。

与基本分区相比，逻辑卷最大的优势是可以进行扩容与数据迁移，并且所有的操作都是在线的，即不需要卸载文件系统。

8.2 创建逻辑卷

创建逻辑卷的过程是把若干物理卷整合到一起组成卷组，在卷组上重新划分出新的分区。例如，在虚拟机中添加 4 块 1GiB 的新硬盘，分别为 sdd、sde、sdf、sdg，具体如下所示。

```
[root@qfedu ~]# lsblk
NAME               MAJ:MIN RM  SIZE  RO TYPE MOUNTPOINT
sda                8:0       0   20G  0  disk
 ├─sda1             8:1       0    1G  0  part  /boot
 └─sda2             8:2       0   19G  0  part
   ├─centos-root   253:0     0    37G  0  lvm   /
   └─centos-swap   253:1     0     2G  0  lvm   [SWAP]
sdd                8:48      0    1G  0  disk
sde                8:64      0    1G  0  disk
sdf                8:80      0    1G  0  disk
sdg                8:96      0    1G  0  disk
```

pvcreate 命令可以将物理硬盘初始化为物理卷，具体如下所示。

```
[root@qfedu ~]# pvcreate /dev/sdd
  Physical volume "/dev/sdd" successfully created.
```

创建成功之后，使用 pvscan 命令查看物理卷的详细信息，此时“PV /dev/sdd” 不属于任何卷组，大小为 1GiB，具体如下所示。

```
[root@qfedu ~]# pvscan
  PV /dev/sda2   VG centos          lvm2 [<19.00 GiB / 0    free]
  PV /dev/sdb1   VG centos          lvm2 [<10.00 GiB / 0    free]
  PV /dev/sdc1   VG centos          lvm2 [<10.00 GiB / 4.00 MiB free]
  PV /dev/sdd                       lvm2 [1.00 GiB]
  Total: 4 [<39.99 GiB] / in use: 3 [<38.99 GiB] / in no VG: 1 [1.00 GiB]
```

使用 vgcreate 命令创建卷组 datavg，并把/dev/sdd 物理卷添加到卷组中，具体如下所示。

```
[root@qfedu ~]# vgcreate datavg /dev/sdd
  Volume group "datavg" successfully created
```

再次使用 pvscan 命令查看/dev/sdd 物理卷，它已经添加到 datavg 卷组中，存储空间并没有被任何数据所占用，具体如下所示。

```
[root@qfedu ~]# pvscan
  PV /dev/sda2   VG centos          lvm2 [<19.00 GiB / 0    free]
  PV /dev/sdb1   VG centos          lvm2 [<10.00 GiB / 0    free]
  PV /dev/sdc1   VG centos          lvm2 [<10.00 GiB / 4.00 MiB free]
  PV /dev/sdd    VG datavg          lvm2 [1020.00 MiB / 1020.00 MiB free]
  Total: 4 [39.98 GiB] / in use: 4 [39.98 GiB] / in no VG: 0 [0   ]
```

使用 lvcreate 命令创建逻辑卷，参数“-L”表示以容量为标准，创建大小为 100MiB 的逻辑卷，参数“-n”后为逻辑卷的名称，具体如下所示。

```
[root@qfedu ~]# lvcreate -L 100M -n lv1 datavg
  Logical volume "lv1" created.
```

使用“-l”参数表示以物理扩展基本单元为单位（默认每个单元为 4MiB，可添加“-s”参数指定基本单元，大小必须为 2 的 *n* 次方），lv2 逻辑卷设定为 25 个单元，即 100MiB，具体如下所示。

```
[root@qfedu ~]# lvcreate -l 25 -n lv2 datavg
 Logical volume "lv2" created.
```

使用 lvscan 命令查看新创建的两个逻辑卷 lv1 与 lv2，它们的存储空间大小相同，均为 100MiB，具体如下所示。

```
[root@qfedu ~]# lvscan
  ACTIVE            '/dev/centos/swap'  [2.00 GiB] inherit
  ACTIVE            '/dev/centos/root'  [36.98 GiB] inherit
  ACTIVE            '/dev/datavg/lv1'   [100.00 MiB] inherit
  ACTIVE            '/dev/datavg/lv2'   [100.00 MiB] inherit
```

使用 EXT4 与 XFS 文件系统分别格式化逻辑卷 lv1 与 lv2，具体如下所示。

```
[root@qfedu ~]# mkfs.ext4 /dev/datavg/lv1
mke2fs 1.42.9 (28-Dec-2013)
Filesystem label=
OS type: Linux
Block size=1024 (log=0)
Fragment size=1024 (log=0)
Stride=0 blocks, Stripe width=0 blocks
25688 inodes, 102400 blocks
5120 blocks (5.00%) reserved for the super user
First data block=1
Maximum filesystem blocks=33685504
13 block groups
8192 blocks per group, 8192 fragments per group
1976 inodes per group
Superblock backups stored on blocks:
   8193, 24577, 40961, 57345, 73729

Allocating group tables: done
Writing inode tables: done
Creating journal (4096 blocks): done
Writing superblocks and filesystem accounting information: done
[root@qfedu ~]# mkfs.xfs /dev/datavg/lv2
meta-data=/dev/datavg/lv2    isize=512    agcount=4, agsize=6400 blks
         =                   sectsz=512   attr=2, projid32bit=1
         =                   crc=1        finobt=0, sparse=0
data     =                   bsize=4096   blocks=25600, imaxpct=25
         =                   sunit=0      swidth=0 blks
naming   =version 2          bsize=4096   ascii-ci=0 ftype=1
log      =internal log       bsize=4096   blocks=855, version=2
         =                   sectsz=512   sunit=0 blks, lazy-count=1
realtime =none               extsz=4096   blocks=0, rtextents=0
```

挂载逻辑卷时并不需要使用 UUID，使用设备的名称即可，因为逻辑卷的名称不会发生改变，不会导致系统识别错误。在/mnt 目录下创建两个挂载点 lv1 与 lv2，然后将设备信息添加到/etc/fstab 文件中，具体如下所示。

```
[root@qfedu ~]# mkdir /mnt/lv1
[root@qfedu ~]# mkdir /mnt/lv2
[root@qfedu ~]# vim /etc/fstab
#
```

```
# /etc/fstab
# Created by anaconda on Sat Apr 28 19:46:13 2018
#
# Accessible filesystems, by reference, are maintained under '/dev/disk'
# See man pages fstab(5), findfs(8), mount(8) and/or blkid(8) for more info
#
/dev/mapper/centos-root /       xfs     defaults        0 0
UUID=032c2865-357e-43be-96cf-6aad45a0733c /boot xfs defaults        0 0
/dev/mapper/centos-swap swap    swap    defaults        0 0
/dev/datavg/lv1       /mnt/lv1  ext4    defaults        0 0
/dev/datavg/lv2       /mnt/lv2  xfs     defaults        0 0
~
"/etc/fstab"13L, 554C      13,1  All
```

使用“mount -a”命令读取/etc/fstab 文件，使用“df -Th”命令查看格式化完成后的逻辑卷信息，具体如下所示。

```
[root@qfedu ~]# mount -a
[root@qfedu ~]# df -Th
Filesystem               Type      Size    Used  Avail  Use%  Mounted on
devtmpfs                 devtmpfs  897M       0  897M    0%   /dev
tmpfs                    tmpfs     912M       0  912M    0%   /dev/shm
tmpfs                    tmpfs     912M    9.1M  903M    1%   /run
tmpfs                    tmpfs     912M       0  912M    0%   /sys/fs/cgroup
/dev/sda1                xfs       1014M  179M  836M   18%   /boot
tmpfs                    tmpfs     183M    4.0K  183M    1%   /run/user/42
tmpfs                    tmpfs     183M     20K  183M    1%   /run/user/0
/dev/sr0                 iso9660   4.3G    4.3G    0  100%   /run/media/root/Cent
OS 7 x86_64
/dev/mapper/datavg-lv1   ext4      93M     1.6M   85M    2%   /mnt/lv1
/dev/mapper/datavg-lv2   xfs       97M     5.2M   92M    6%   /mnt/lv2
```

完成后，尝试向逻辑卷存储数据，如果逻辑卷的存储空间在发生变化，则说明创建逻辑卷成功，具体如下所示。

```
[root@qfedu ~]# cp -rf /etc /mnt/lv1/etc1
[root@qfedu ~]# cp -rf /etc /mnt/lv2/etc1
[root@qfedu ~]# df -Th
Filesystem               Type      Size   Used  Avail  Use%  Mounted on
devtmpfs                 devtmpfs  897M      0  897M     0%   /dev
tmpfs                    tmpfs     912M      0  912M     0%   /dev/shm
tmpfs                    tmpfs     912M   9.1M  903M     1%   /run
tmpfs                    tmpfs     912M      0  912M     0%   /sys/fs/cgroup
/dev/sda1                 xfs      1014M  179M  836M    18%   /boot
tmpfs                    tmpfs     183M   4.0K  183M     1%   /run/user/42
tmpfs                    tmpfs     183M    20K  183M     1%   /run/user/0
/dev/sr0                 iso9660   4.3G   4.3G     0   100%   /run/media/root/Cen
tOS 7 x86_64
/dev/mapper/datavg-lv1   ext4       93M    34M   53M    39%   /mnt/lv1
/dev/mapper/datavg-lv2   xfs        97M    44M   54M    45%   /mnt/lv2
```

8.3 卷组扩容及缩减

若逻辑卷需要扩容，首先查看其所属的卷组，例如，lv1 属于 datavg 卷组；再查看卷组空间空闲量，datavg 卷组可用量为 820MiB。具体如下所示。

```
[root@qfedu ~]# lvs
  LV   VG     Attr       LSize   Pool Origin Data%  Meta%  Move Log Cpy%Sync Convert
  root centos -wi-ao----  36.98g
  swap centos -wi-ao----   2.00g
  lv1  datavg -wi-ao---- 100.00m
  lv2  datavg -wi-ao---- 100.00m
[root@qfedu ~]# vgs
  VG     #PV #LV #SN Attr   VSize    VFree
  centos   3   2   0 wz--n-  <38.99g   4.00m
  datavg   1   2   0 wz--n- 1020.00m 820.00m
```

8.3.1 卷组扩容

逻辑卷扩容时，若卷组中没有足够的存储空间，就需要增加卷组的容量。vgextend 命令可以将新的物理卷加入卷组，具体如下所示。

```
[root@qfedu ~]# vgextend datavg /dev/sde
  Physical volume "/dev/sde" successfully created.
  Volume group "datavg" successfully extended
[root@qfedu ~]# vgextend datavg /dev/sdf
  Physical volume "/dev/sdf" successfully created.
  Volume group "datavg" successfully extended
```

该过程首先创建物理卷，然后将物理卷加入卷组。

pvs 命令可以查看添加到卷组中的物理卷，具体如下所示。

```
[root@qfedu ~]# pvs
  PV         VG     Fmt  Attr PSize    PFree
  /dev/sda2  centos lvm2 a--   <19.00g       0
  /dev/sdb1  centos lvm2 a--   <10.00g       0
  /dev/sdc1  centos lvm2 a--   <10.00g    4.00m
  /dev/sdd   datavg lvm2 a--  1020.00m  820.00m
  /dev/sde   datavg lvm2 a--  1020.00m 1020.00m
/dev/sdf     datavg lvm2 a--  1020.00m 1020.00m
```

8.3.2 卷组缩减

当硬盘空间不足时，就需要减少卷组占用的空间。如果删除的物理卷存有数据，需要先把数据移动到其他物理卷（保证有足够的空间存储数据）。

pvmove 命令可以迁移物理卷的数据，在不指定目标卷的情况下，系统默认把数据迁移到临近的物理卷。例如，将/dev/sdd 中的数据迁移出去，默认迁移到/dev/sde，具体如下所示。

```
[root@qfedu ~]# pvmove /dev/sdd
  /dev/sdd: Moved: 4.00%
  /dev/sdd: Moved: 50.00%
  /dev/sdd: Moved: 100.00%
[root@qfedu ~]# pvs
  PV         VG     Fmt  Attr PSize   PFree
  /dev/sda2  centos lvm2 a--  <19.00g      0
  /dev/sdb1  centos lvm2 a--  <10.00g      0
  /dev/sdc1  centos lvm2 a--  <10.00g   4.00m
```

```
  /dev/sdd   datavg lvm2 a--  1020.00m 1020.00m
  /dev/sde   datavg lvm2 a--  1020.00m  820.00m
  /dev/sdf   datavg lvm2 a--  1020.00m  1020.00m
```

数据迁移完成后，使用 vgreduce 命令从卷组中删除/dev/sdd 物理卷，具体如下所示。

```
[root@qfedu ~]# vgreduce datavg /dev/sdd
  Removed "/dev/sdd" from volume group "datavg"
[root@qfedu ~]# pvs
  PV         VG     Fmt  Attr PSize    PFree
  /dev/sda2  centos lvm2 a--   <19.00g       0
  /dev/sdb1  centos lvm2 a--   <10.00g       0
  /dev/sdc1  centos lvm2 a--   <10.00g    4.00m
  /dev/sdd          lvm2 ---     1.00g    1.00g
  /dev/sde   datavg lvm2 a--  1020.00m  820.00m
  /dev/sdf   datavg lvm2 a--  1020.00m  1020.00m
```

8.4 逻辑卷扩容

逻辑卷最大的优点是可以弹性调节容量，逻辑卷存储空间不足时，就需要扩容。

lvscan 命令可以查看逻辑卷所属的卷组，lv1 与 lv2 逻辑卷属于 datavg 卷组，具体如下所示。

```
[root@qfedu ~]# lvscan
  ACTIVE            '/dev/centos/swap' [2.00 GiB] inherit
  ACTIVE            '/dev/centos/root' [36.98 GiB] inherit
  ACTIVE            '/dev/datavg/lv1' [100.00 MiB] inherit
  ACTIVE            '/dev/datavg/lv2' [100.00 MiB] inherit
```

对 lv1 逻辑卷进行扩容，设定扩容到 201MiB，实际却扩容到 204MiB，这是因为物理扩展单元为 4MiB，扩容前为 25 个单元，扩容后为 51 个单元，具体如下所示。

```
[root@qfedu ~]# lvextend -L 201M /dev/datavg/lv1
  Rounding size to boundary between physical extents: 204.00 MiB.
  Size of logical volume datavg/lv1 changed from 100.00 MiB (25 extents) to 204.00
MiB (51 extents).
  Logical volume datavg/lv1successfully resized.
```

通过 lvextend 命令对 lv2 逻辑卷进行扩容，增加 200MiB，具体如下所示。

```
[root@qfedu ~]# lvextend -L +200M /dev/datavg/lv2
  Size of logical volume datavg/lv2 changed from 100.00 MiB (25 extents) to 300.00
MiB (75 extents).
  Logical volume datavg/lv2 successfully resized.
```

使用“df -Th”命令查看逻辑卷容量，发现并未扩大，此时还需对文件系统进行扩容，具体如下所示。

```
[root@qfedu ~]# df -Th
Filesystem              Type      Size   Used  Avail  Use%  Mounted on
devtmpfs                devtmpfs  897M      0  897M    0%   /dev
tmpfs                   tmpfs     912M      0  912M    0%   /dev/shm
tmpfs                   tmpfs     912M   9.1M  903M    1%   /run
tmpfs                   tmpfs     912M      0  912M    0%   /sys/fs/cgroup
/dev/sda1                xfs      1014M  179M  836M   18%   /boot
tmpfs                   tmpfs     183M   4.0K  183M    1%   /run/user/42
```

```
tmpfs                     tmpfs      183M    20K  183M   1%    /run/user/0
/dev/sr0                  iso9660    4.3G   4.3G     0  100%   /run/media/root/Cent
OS 7 x86_64
/dev/mapper/datavg-lv1    ext4        93M    34M   53M   39%    /mnt/lv1
/dev/mapper/datavg-lv2    xfs         97M    44M   54M   45%    /mnt/lv2
```

下面通过一个生活实例来解释文件系统扩容。将逻辑卷比作一间教室，文件系统比作桌椅，数据比作学生。学生数量增加，就需要扩大教室的空间，但仅扩大教室空间是不够的，还需要增加桌椅供学生使用，文件系统扩容就是增加桌椅的数量。

不同的文件系统需要使用不同的扩容方式。lv1 逻辑卷的文件系统为 EXT4，使用 resize2fs 命令进行扩容；lv2 逻辑卷的文件系统为 XFS，使用 xfs_growfs 命令进行扩容，具体如下所示。

```
[root@qfedu ~]# resize2fs /dev/datavg/lv1
resize2fs 1.42.9 (28-Dec-2013)
Filesystem at /dev/datavg/lv1 is mounted on /mnt/lv1; on-line resizing required
old_desc_blocks = 1, new_desc_blocks = 2
The filesystem on /dev/datavg/lv1 is now 208896 blocks long.
[root@qfedu ~]# xfs_growfs /dev/datavg/lv2
meta-data=/dev/mapper/datavg-lv2 isize=512     agcount=4, agsize=6400 blks
         =                       sectsz=512   attr=2, projid32bit=1
         =                       crc=1        finobt=0 spinodes=0
data     =                       bsize=4096   blocks=25600, imaxpct=25
         =                       sunit=0      swidth=0 blks
naming   =version 2              bsize=4096   ascii-ci=0 ftype=1
log      =internal               bsize=4096   blocks=855, version=2
         =                       sectsz=512   sunit=0 blks, lazy-count=1
realtime =none                   extsz=4096   blocks=0, rtextents=0
data blocks changed from 25600 to 76800
```

再次查看逻辑卷，已经扩容成功，具体如下所示。

```
[root@qfedu ~]# df -Th
Filesystem                Type      Size  Used  Avail  Use%  Mounted on
devtmpfs                  devtmpfs  897M     0   897M   0%   /dev
tmpfs                     tmpfs     912M     0   912M   0%   /dev/shm
tmpfs                     tmpfs     912M  9.1M   903M   1%   /run
tmpfs                     tmpfs     912M     0   912M   0%   /sys/fs/cgroup
/dev/sda1                 xfs      1014M  179M   836M  18%   /boot
tmpfs                     tmpfs     183M  4.0K   183M   1%   /run/user/42
tmpfs                     tmpfs     183M   20K   183M   1%   /run/user/0
/dev/sr0                  iso9660   4.3G  4.3G      0  100%  /run/media/root/CentOS
 7 x86_64
/dev/mapper/datavg-lv1    ext4      194M   81M   103M  44%   /mnt/lv1
/dev/mapper/datavg-lv2    xfs       297M   36M   261M  13%   /mnt/lv2
```

8.5 LVM 快照应用环境

快照的主要作用是保留数据在某一刻的状态，磁盘快照文件和系统所对应的虚拟磁盘本身大小不一样，快照比原数据小很多。

LVM 提供逻辑卷快照功能，用户可以在某个时间点创建一个逻辑卷副本，它也占用卷组的存储空间，称为快照卷，快照卷与原始的逻辑卷必须在同一个卷组。快照卷是一种特殊的逻辑卷，它可以挂载在设备上。lvcreate 命令可以创建一个快照，“-s”参数指定逻辑卷，具体如下所示。

```
[root@qfedu ~]# lvcreate -L 50M -n lv1-snap -s /dev/datavg/lv1
  Using default stripesize 64.00 KiB.
  Rounding up size to full physical extent 52.00 MiB
  Logical volume "lv1-snap" created.
```

使用 lvscan 命令查看新创建的快照卷，具体如下所示。

```
[root@qfedu ~]# lvscan
  ACTIVE            '/dev/centos/swap' [2.00 GiB] inherit
  ACTIVE            '/dev/centos/root' [36.98 GiB] inherit
  ACTIVE   Original '/dev/datavg/lv1' [200.00 MiB] inherit
  ACTIVE            '/dev/datavg/lv2' [612.00 MiB] inherit
  ACTIVE   Snapshot '/dev/datavg/lv1-snap' [52.00 MiB] inherit
```

在/mnt 目录下创建一个挂载点 lv1-snap，将快照卷挂载在上面，并设置为只读，以免破坏快照卷中的数据，具体如下所示。

```
[root@qfedu ~]# mkdir /mnt/lv1-snap
[root@qfedu ~]# mount -o ro /dev/datavg/lv1-snap /mnt/lv1-snap/
[root@qfedu ~]# df -Th
Filesystem                 Type      Size  Used  Avail  Use%  Mounted on
devtmpfs                   devtmpfs  897M     0  897M   0%   /dev
tmpfs                      tmpfs     912M     0  912M   0%   /dev/shm
tmpfs                      tmpfs     912M  9.1M  903M   1%   /run
tmpfs                      tmpfs     912M     0  912M   0%   /sys/fs/cgroup
/dev/sda1                  xfs      1014M  179M  836M  18%   /boot
tmpfs                      tmpfs     183M  4.0K 183M   1%   /run/user/42
tmpfs                      tmpfs     183M   20K 183M   1%   /run/user/0
/dev/sr0                   iso9660   4.3G  4.3G    0 100%   /run/media/root/Ce
ntOS 7 x86_64
/dev/mapper/datavg-lv1      ext4     190M   34M  147M  19%   /mnt/lv1
/dev/mapper/datavg-lv1--snap ext4    190M   34M  145M  19%   /mnt/lv1-snap
```

快照卷与原始卷的显示内容是一样的，具体如下所示。

```
[root@qfedu ~]# ls /mnt/lv1
etc1  lost+found
[root@qfedu ~]# ls /mnt/lv1-snap/
etc1  lost+found
```

8.6 Swap 交换分区

当系统的物理内存不足时，就需要将物理内存中的一部分空间释放出来以供当前运行的程序使用。被释放的空间可能来自一些很长时间没有运行的程序，它们被临时保存到 Swap 交换分区中，等到需要再次运行时，再从 Swap 分区恢复到内存中。注意，Linux 系统只有在物理内存不足时，才使用 Swap 交换分区。

查看当前的交换分区可使用 free 命令，添加“-m”参数规定单位为 MiB，具体如下所示。

```
[root@qfedu ~]# free -m
     total        used        free        shared  buff/cache   available
Mem:1823          668         608           9     546          929
Swap: 2047         0          2047
```

该 Swap 分区大小 2047MiB，使用 0MiB，空闲 2047MiB。也可以使用“swapon –s”命令查看交换分区大小及使用情况，具体如下所示。

```
[root@qfedu ~]# swapon -s
Filename             Type          Size      Used      Priority
/dev/dm-1            partition     2097148   0          -1
```

交换分区可以在基本分区、逻辑卷或文件中创建，使用 mkswap 命令格式化即可。

1. **在基本分区中增加交换分区**

使用 fdisk 命令创建一个基本分区，使用 mkswap 命令对其格式化，然后获取 UUID，添加到 /etc/fstab 文件中。

首先创建一个新的分区 sdf1，在设置完扇区大小后，输入 t 参数，再输入 82，type 选择 linux swap，具体如下所示。

```
[root@qfedu ~]# fdisk /dev/sdf
Welcome to fdisk (util-linux 2.23.2).
Changes will remain in memory only, until you decide to write them.
Be careful before using the write command.
Device does not contain a recognized partition table
Building a new DOS disklabel with disk identifier 0x8557027e.
Command (m for help): n
Partition type:
   p   primary (0 primary, 0 extended, 4 free)
   e   extended
Select (default p):
Using default response p
Partition number (1-4, default 1):
First sector (2048-2097151, default 2048):
Using default value 2048
Last sector, +sectors or +size{K,M,G} (2048-2097151, default 2097151): +512M
Partition 1 of type Linux and of size 512 MiB is set
Command (m for help): t
Selected partition 1
Hex code (type L to list all codes): 82
Changed type of partition 'Linux' to 'Linux swap / Solaris'
Command (m for help): w
The partition table has been altered!
Calling ioctl() to re-read partition table.
Syncing disks.
```

重新加载分区表并使用 ll 命令查看新创建的分区 sdf1，具体如下所示。

```
[root@qfedu ~]# partprobe /dev/sdf
[root@qfedu ~]# ll /dev/sdf*
brw-rw----. 1 root disk 8, 80 May  7 19:20 /dev/sdf
brw-rw----. 1 root disk 8, 81 May  7 19:20 /dev/sdf1
```

使用 mkswap 命令对 sdf1 分区进行格式化，同时获取到 UUID，挂载到 swap 上，类型为 swap，具体如下所示。

```
[root@qfedu ~]# mkswap /dev/sdf1
Setting up swapspace version 1, size = 524284 KiB
no label, UUID=dc0a1ce5-6e26-4cb7-a37f-75e426f02f71
```

```
[root@qfedu ~]# vim /etc/fstab
UUID=dc0a1ce5-6e26-4cb7-a37f-75e426f02f71 swap  swap  defaults  0 0
```

使用“swapon –a”命令激活所有的交换分区后，查看新挂载的分区/dev/sdf1，具体如下所示。

```
[root@qfedu ~]# swapon -a
[root@qfedu ~]# swapon -s
Filename             Type        Size       Used     Priority
/dev/dm-1            partition   2097148     0        -1
/dev/sdf1            partition   524284      0        -2
```

使用 free 命令查看，增加的 512MiB 已经添加到 swap 分区，具体如下所示。

```
[root@qfedu ~]# free -m
       total    used     free       shared  buff/cache    available
Mem:   1823     711      456        9        655          873
Swap:  2559     0        2559
```

使用 swapoff 命令可以关闭交换分区，swapon 命令可以开启交换分区，具体如下所示。

```
[root@qfedu ~]# swapoff /dev/sdf1
[root@qfedu ~]# free -m
      total       used       free       shared  buff/cache    available
Mem: 1823         710        457          9       655           874
Swap: 2047        0          2047
[root@qfedu ~]# swapon /dev/sdf1
[root@qfedu ~]# free -m
      total       used       free       shared  buff/cache    available
Mem: 1823         709        458           9      655          875
Swap: 2559        0          2559
```

2. 在逻辑卷中增加交换分区

在 swapvg 卷组中创建一个大小为 100MiB 的 lv-swap 逻辑卷，使用 mkswap 格式化该逻辑卷，具体如下所示。

```
[root@qfedu ~]#  lvcreate -L 100M -n lv-swap swapvg
  Logical volume "lv-swap" created.
[root@qfedu ~]# mkswap /dev/swapvg/lv-swap
Setting up swapspace version 1, size = 102396 KiB
no label, UUID=8836e935-85e8-43c1-9a28-9944b38ff477
```

将挂载信息写入/etc/fstab 文件，具体如下所示。

```
[root@qfedu ~]# vim /etc/fstab
/dev/swapvg/lv-swap          swap  swap   defaults       0 0
```

查看新创建的交换分区，具体如下所示。

```
[root@qfedu ~]# swapon -a
[root@qfedu ~]# swapon -s
Filename              Type          Size     Used     Priority
/dev/dm-1              partition  2097148    0         -1
/dev/sdf1              partition  524284     0         -2
/dev/dm-7              partition   102396    0         -3
```

3. 在文件中增加交换分区

使用 dd 命令创建一个大小为 512MiB 的 swap.img 文件，具体如下所示。

```
[root@qfedu ~]# dd if=/dev/zero of=/swap.img bs=1M count=512
512+0 records in
512+0 records out
536870912 bytes (537 MB) copied, 14.8286 s, 36.2 MB/s
[root@qfedu ~]# ll -h /swap.img
-rw-r--r--. 1 root root 512M May  7 22:17 /swap.img
```

使用 mkswap 命令格式化/swap.img，并把挂载信息写入/etc/fstab 文件，具体如下所示。

```
[root@qfedu ~]# mkswap /swap.img
Setting up swapspace version 1, size = 524284 KiB
no label, UUID=068993f0-e833-4294-8096-3fcb9c6aca82
[root@qfedu ~]# vim /etc/fstab
/swap.img    swap    swap   defaults    0 0
```

当使用“swapon –a”命令激活全部交换分区时会提示权限不安全，建议将权限修改为 0600，具体如下所示。

```
[root@qfedu ~]# swapon -a
swapon: /swap.img: insecure permissions 0644, 0600 suggested.
[root@qfedu ~]# chmod 0600 /swap.img
```

该交换分区类型为 file，具体如下所示。

```
[root@qfedu ~]# swapon -a
[root@qfedu ~]# swapon -s
Filename            Type        Size      Used    Priority
/dev/dm-1           partition   2097148    0       -1
/dev/sdf1           partition   524284     0       -2
/dev/dm-7           partition   102396     0       -3
/swap.img           file        524284     0       -4
```

目前有四个交换分区，一个占满才会接着使用下一个。为了提高速度，当多个交换分区分布在不同的磁盘中，可在挂载时使用相同的优先级，以便同时使用多个交换分区。在/etc/fstab 文件中将不同的交换分区的优先级设置为同一数字，具体如下所示。

```
[root@qfedu ~]# vim /etc/fstab
UUID=dc0a1ce5-6e26-4cb7-a37f-75e426f02f71 swap swap defaults,pri=1 0 0
/dev/swapvg/lv-swap  swap  swap    defaults,pri=1  0 0
/swap.img            swap  swap    defaults,pri=1  0 0
```

8.7 EXT 文件系统

Windows 的文件系统默认为 NTFS， U 盘的文件系统默认为 FAT32。每个文件系统都有自己的特性，如单个文件大小限制（存入 FAT32 文件系统的单个文件大小不能超过 4GiB）、文件系统大小限制。此外，不同文件系统读取数据与存储数据的速度、修复数据的能力都是有差异的。

8.7.1 EXT 文件系统基本结构

EXT（Extended file system，扩展文件系统）已经发展到 ETX4，其中 ETX2 与 EXT3 已经淘汰，它们都属于索引式文件系统。索引式文件系统好比带有目录的书本，目录会占用书的页面，索引信息也会占用存储空间。EXT 文件系统的结构如图 8.2 所示。

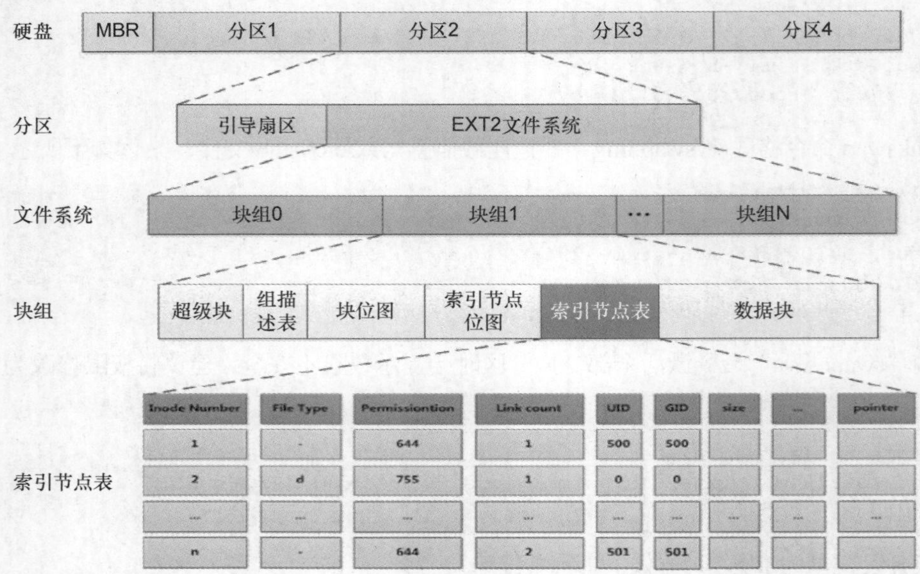

图 8.2　EXT 文件系统结构

在图 8.2 中，硬盘的每一个分区都有一个引导扇区和一个文件系统；文件系统又分为多个块组（Block Group）；块组又分为超级块（Super Block）、组描述表（GDT）、块位图（Block Bitmap）、索引节点位图（Inode Bitmap）、索引节点表（Inode Table）、数据块（Data Blocks）；索引节点表记录文件的属性（文件的元数据，Metadata），包含索引节点号、文件类型、权限、链接次数、文件所有者、文件大小、时间戳等信息。

8.7.2 查看 EXT 文件系统信息

使用 dumpe2fs 命令查看当前文件系统的信息，包括文件系统的卷名、文件系统的 UUID、文件系统的特性等，具体如下所示。

```
[root@qfedu ~]#  dumpe2fs /dev/sdd1
dumpe2fs 1.42.9 (28-Dec-2013)
Filesystem volume name: <none>
Last mounted on: <not available>
Filesystem UUID: 613e7941-3d1c-4daf-a984-4113a20bb7d3
Filesystem magic number: 0xEF53
Filesystem revision #:1 (dynamic)
Filesystem features: has_journal ext_attr resize_inode dir_index filetype extent
64bit flex_bg sparse_super large_file huge_file uninit_bg dir_nlink extra_isize
Filesystem flags: signed_directory_hash
Default mount options: user_xattr acl
Filesystem state: clean
Errors behavior: Continue
Filesystem OS type: Linux
```

该文件系统的索引节点为 327680 个，块数为 1310720，块大小为 4096 字节，具体如下所示。

```
Inode count: 327680
```

```
Block count: 1310720
Reserved block count: 65536
Free blocks: 1252258
Free inodes: 327669
First block: 0
Block size: 4096
Fragment size: 4096
Group descriptor size: 64
Reserved GDT blocks: 639
Blocks per group: 32768
Fragments per group: 32768
Inodes per group: 8192
Inode blocks per group: 512
Flex block group size: 16
```

文件系统创建时间、读写时间以及挂载次数等信息如下所示。

```
Filesystem created: Tue May  8 18:22:48 2018
Last mount time: n/a
Last write time: Tue May  8 18:22:48 2018
Mount count: 0
Maximum mount count: -1
Last checked: Tue May  8 18:22:48 2018
Check interval: 0 (<none>)
Lifetime writes: 131 MB
Reserved blocks uid: 0 (user root)
Reserved blocks gid: 0 (group root)
First inode: 11
```

索引节点大小为 256 字节，具体如下所示。

```
Inode size: 256
Required extra isize: 28
Desired extra isize: 28
Journal inode: 8
Default directory hash: half_md4
Directory Hash Seed: 6b5ef252-59b7-45bf-8f99-1f5bbfa5cd4d
```

日志相关信息如下所示。

```
Journal backup: inode blocks
Journal features: (none)
Journal size: 128M
Journal length: 32768
Journal sequence: 0x00000001
Journal start: 0
```

若干组的信息如下所示。

```
Group 0: (Blocks 0-32767)
  Checksum 0xd0bf, unused inodes 8181
  Primary superblock at 0, Group descriptors at 1-1
  Reserved GDT blocks at 2-640
  Block bitmap at 641 (+641), Inode bitmap at 657 (+657)
  Inode table at 673-1184 (+673)
  23897 free blocks, 8181 free inodes, 2 directories, 8181 unused inodes
  Free blocks: 8871-32767
  Free inodes: 12-8192
```

```
Group 1: (Blocks 32768-65535) [INODE_UNINIT]
  Checksum 0x35b9, unused inodes 8192
  Backup superblock at 32768, Group descriptors at 32769-32769
  Reserved GDT blocks at 32770-33408
  Block bitmap at 642 (bg #0 + 642), Inode bitmap at 658 (bg #0 + 658)
  Inode table at 1185-1696 (bg #0 + 1185)
  32127 free blocks, 8192 free inodes, 0 directories, 8192 unused inodes
  Free blocks: 33409-65535
  Free inodes: 8193-16384
.....................部分省略.....................................................
```

使用 tune2fs 命令也可以查看文件系统的信息，只显示超级块相关信息，具体如下所示。

```
[root@qfedu ~]# tune2fs -l /dev/sdd1
tune2fs 1.42.9 (28-Dec-2013)
Filesystem volume name: <none>
Last mounted on: <not available>
Filesystem UUID: 613e7941-3d1c-4daf-a984-4113a20bb7d3
Filesystem magic number: 0xEF53
Filesystem revision #:1 (dynamic)
Filesystem features: has_journal ext_attr resize_inode dir_index filetype extent
64bit flex_bg sparse_super large_file huge_file uninit_bg dir_nlink extra_isize
Filesystem flags: signed_directory_hash
Default mount options: user_xattr acl
Filesystem state: clean
Errors behavior: Continue
Filesystem OS type: Linux
Inode count: 327680
Block count: 1310720
Reserved block count: 65536
Free blocks: 1252258
Free inodes: 327669
First block: 0
Block size: 4096
Fragment size: 4096
Group descriptor size: 64
Reserved GDT blocks: 639
Blocks per group: 32768
Fragments per group: 32768
Inodes per group: 8192
Inode blocks per group: 512
Flex block group size: 16
Filesystem created: Tue May  8 18:22:48 2018
Last mount time: n/a
Last write time: Tue May  8 18:22:48 2018
Mount count: 0
Maximum mount count: -1
Last checked: Tue May  8 18:22:48 2018
Check interval: 0 (<none>)
Lifetime writes: 131 MB
Reserved blocks uid: 0 (user root)
Reserved blocks gid: 0 (group root)
First inode: 11
Inode size: 256
Required extra isize: 28
Desired extra isize: 28
```

```
Journal inode: 8
Default directory hash: half_md4
Directory Hash Seed: 6b5ef252-59b7-45bf-8f99-1f5bbfa5cd4d
Journal backup: inode blocks
```

8.7.3　EXT 日志式文件系统

在 EXT 文件系统上，新建一个文件的过程如下。

（1）确定使用者对新创建文件的目录有 w 与 x 权限。

（2）根据索引节点位图找到没有使用的索引节点号码，并将文件的权限和属性写入。

（3）根据块位图找到没有使用的块号码，将文件的实际数据写入块中，且更新索引节点的块指向信息。

（4）将刚才写入的索引节点与块信息同步更新索引节点位图与块位图，并更新超级块的内容。

一般将索引节点表与数据块称为数据存放区域，将超级块、块位图与索引节点位图等称为元数据，因为超级块、块位图及索引节点位图的数据是经常变动的，每次新增、移除、编辑都可能会影响到这三个部分的数据。

如果在执行上述第 4 步时突然断电或系统内核发生错误，可能写入的信息仅有索引节点表及数据块，最后的同步更新步骤并没有完成，这会造成 metadata 的内容与实际信息不一致。当出现这种不一致的情况时，系统会自动修复。若没有日志，系统会全盘扫描，该过程消耗较长的时间。若手动修复，则需要逐一排查，直到找到不一致文件。这样的情况造就了日志式文件系统的兴起。

为了避免上述文件系统不一致的情况发生，开发者提出了这样一种方式，即在文件系统中规划出一个区块，该区块专门记录写入或修订文件时的步骤，这样就可以简化文件一致性检查。

（1）准备：当系统要写入一个文件时，会先在日志记录区块中记录某个文件准备写入的信息。

（2）实际写入：写入文件的权限与数据，更新元数据。

（3）结束：完成数据与元数据的更新后，在日志记录区块中完成文件的记录。

采用这种方式后，万一数据记录过程中出现了问题，系统只要去检查日志记录区块，就可以知道哪个文件出了问题，针对该问题做一致性检查即可，而不必检查整个文件系统，这样就可以实现文件系统的快速修复。这就是日志式文件系统的基础功能。

8.7.4　修复 EXT 文件系统

【例 8-1】 系统无法启动，当检查到/dec/vda2 时提示：unexpected inconsistency; run fsck manually。

系统提供两种解决方法：第一种是用户提供 root 密码，使用 fsck 命令修复；第二种是按 Ctrl+d 组合键重新启动，但没有解决根本问题。

【例 8-2】 运行中的服务器的某一个分区出现只读，导致进程无法写入这个分区。例如，Nginx 进程无法写日志文件到此分区，手动测试 touch 文件到此分区显示：cannot touch ‘xxxxx’:Read-only file system。

磁盘只读的原因一般有两种：一是没有正常关机；二是磁盘故障。

如果出问题的是根分区，只能下线报修磁盘。如果是其他分区，则可以尝试用以下 3 步解决问题。

（1）卸载分区。

（2）使用“fsck.ext4 -fy”命令修复分区。

（3）挂载分区，检查是否可以正常读写。如果仍旧不可以正常读写，请报修磁盘。

【例 8-3】 修复超级块。

如果超级块损坏，则需要找到备份的超级块，然后利用备份的超级块恢复超级块。

8.8 XFS 文件系统查看及修复

EXT 文件系统支持度最高，但创建文件系统慢，修复慢，存储容量有限。XFS 文件系统同样是一种日志式文件系统，与 EXT 文件系统相比有如下特性。

- 高容量，支持大存储。
- 高性能，创建/修复文件系统快。
- 索引节点与块都是系统需要用到时才动态配置产生。

XFS 文件系统有 3 个区：数据区（Data Section）文件系统日志区（Log Section），实时运行区（Realtime Section）。

数据区与 EXT 文件系统数据区类似，包括索引节点、数据块、超级块等信息。

使用 xfs_info 命令可以查看 XFS 文件系统信息，具体如下所示。

```
[root@qfedu ~]# xfs_info /dev/sda1
meta-data=/dev/sda1          isize=512      agcount=4, agsize=65536 blks
         =                   sectsz=512     attr=2, projid32bit=1
         =                   crc=1          finobt=0 spinodes=0
data     =                   bsize=4096     blocks=262144, imaxpct=25
         =                   sunit=0        swidth=0 blks
naming   =version 2          bsize=4096     ascii-ci=0 ftype=1
log      =internal           bsize=4096     blocks=2560, version=2
         =                   sectsz=512     sunit=0 blks, lazy-count=1
realtime =none               extsz=4096     blocks=0, rtextents=0
```

使用 xfs_repair 命令可以修复 XFS 文件系统，在修复前，需要先卸载，具体如下所示。

```
[root@qfedu ~]# xfs_repair /dev/sda1
xfs_repair: /dev/sda1 contains a mounted filesystem
xfs_repair: /dev/sda1 contains a mounted and writable filesystem

fatal error -- couldn't initialize XFS library
[root@qfedu ~]# umount /dev/sda1
[root@qfedu ~]# xfs_repair /dev/sda1
Phase 1 - find and verify superblock...
Phase 2 - using internal log
        - zero log...
        - scan filesystem freespace and inode maps...
        - found root inode chunk
Phase 3 - for each AG...
        - scan and clear agi unlinked lists...
        - process known inodes and perform inode discovery...
        - agno = 0
        - agno = 1
```

```
        - agno = 2
        - agno = 3
        - process newly discovered inodes...
Phase 4 - check for duplicate blocks...
        - setting up duplicate extent list...
        - check for inodes claiming duplicate blocks...
        - agno = 0
        - agno = 2
        - agno = 3
        - agno = 1
Phase 5 - rebuild AG headers and trees...
        - reset superblock...
Phase 6 - check inode connectivity...
        - resetting contents of realtime bitmap and summary inodes
        - traversing filesystem ...
        - traversal finished ...
        - moving disconnected inodes to lost+found ...
Phase 7 - verify and correct link counts...
done
```

8.9　mount 命令

mount 挂载命令在前面章节中已经简单介绍，本小节对其做深入的讲解。使用 mount 命令把文件系统为 XFS 的 sdd1 设备挂载到 data01 目录上，可以添加“-t”参数选择文件系统类型，添加“-o”挂载选项为 noexec（不允许执行二进制文件）。挂载完成后，将/usr/bin/date 复制到/data01 目录中，使用 ll 查看 date 的执行权限为可执行，但实际执行时却不能执行。具体如下所示。

```
[root@qfedu ~]# mount -t xfs -o noexec /dev/sdd1 /data01/
[root@qfedu ~]# cp -rf /usr/bin/date /data01/
[root@qfedu ~]# ll /data01/
-rwxr-xr-x. 1 root root 62200 May  9 13:49 /date
[root@qfedu ~]# /data01/date
bash: /data01/date: Permission denied
```

当挂载选项为 defaults 时，系统会默认给予若干选项，具体如下所示。

```
[root@qfedu ~]# mount -o defaults /dev/sde1 /mnt/data02
[root@qfedu ~]# mount |grep sde1
/dev/sde1 on /mnt/data02 type xfs (rw,relatime,seclabel,attr2,inode64,noquota)
```

使用 man 工具查看 mount 中 defaults 的定义，当用户使用 defaults 选项时，它可以支持 rw、suid、dev 等挂载选项，具体如下所示。

```
defaults: Use default options: rw, suid, dev, exec, auto, nouser, async.
```

mount 命令中常见的挂载选项如表 8.1 所示。

表 8.1　　常见的挂载选项

选项	作用
rw	读写
ro	只读

续表

选项	作用
pri	指定优先级
sync	同步写入，直接写入硬盘，耗时长，效率低
async	异步写入，先写入内存，再存入硬盘
acl	支持 acl 功能
usrquota	支持用户级磁盘配额功能
grpquota	支持组级磁盘配额功能
suid	支持 suid
exec	允许执行二进制文件
noexec	不允许执行二进制文件
dev	支持设备文件
nodev	不支持设备文件

8.10 文件链接

在 Linux 系统中，文件链接分为两种，一种是符号链接（Symbolic Link），另一种是硬链接（Hard Link）。下面分别讲解这两种链接。

1. 符号链接

符号链接是指包含所链接文件的路径名，类似于 Windows 系统中的快捷方式，具体如下所示。

```
[root@qfedu ~]# echo abc > file01
[root@qfedu ~]# ln -s /file01 /home/file02
[root@qfedu ~]# ll /home/file02
lrwxrwxrwx. 1 root root 7 May 10 02:25 /home/file02 -> /file01
[root@qfedu ~]# ll -i file01 /home/file02
 67146822 -rw-r--r--. 1 root root 4 May 10 02:25 file01
101899842 lrwxrwxrwx. 1 root root 7 May 10 02:25 /home/file02 -> /file01
```

注意：符号链接可以链接目录文件，也可以跨文件系统进行链接。

2. 硬链接

硬链接是指链接文件与原始文件索引节点相同，即两者是同一个文件。每添加一个硬链接，该文件的索引节点连接数就会增加 1；只有当该文件的索引节点连接数为 0 时，该文件才彻底删除。具体如下所示。

```
[root@qfedu ~]# echo "linux" > /etc/file01
[root@qfedu ~]# cat /etc/file01
linux
[root@qfedu ~]# ln /etc/file01 /usr/file01-h
[root@qfedu ~]# ll -i /etc/file01 /usr/file01-h
34584243 -rw-r--r--. 2 root root 6 May 10 17:19 /etc/file01
34584243 -rw-r--r--. 2 root root 6 May 10 17:19 /usr/file01-h
```

在使用硬链接时，需要注意以下两点。

- 不允许给目录创建硬链接。

- 硬链接只能在同一个文件系统中创建。

8.11　磁盘阵列

2017 年 10 月，Intel 公司发布处理器 i9-7980XE（Extreme Edition），该处理器 18 核 32 线程，可以实现每秒万亿次的浮点运算。与此同时，硬盘的性能却没有很大的提升。木桶最大装水量取决于最短的一块木板，与木桶原理类似，硬盘成为了计算机整体性能提升的瓶颈。

美国加州大学伯克利分校的 D. A. Patterson 教授等首次在论文中提出了 RAID（Redundant Array of Independent Disks，廉价磁盘冗余阵列）概念。RAID 技术是通过几种特定方式把若干硬盘组合成一个大的磁盘阵列，以提升容错能力与读写速度。

RAID 磁盘阵列类型有很多种，此处简单介绍几种常见的类型。

1. RAID 0

RAID 0 也称为条带集或者条带卷，它是把至少 2 块硬盘串联在一起，组成一个卷组，并把数据分成若干小份，同时写入每块硬盘，如图 8.3 所示。

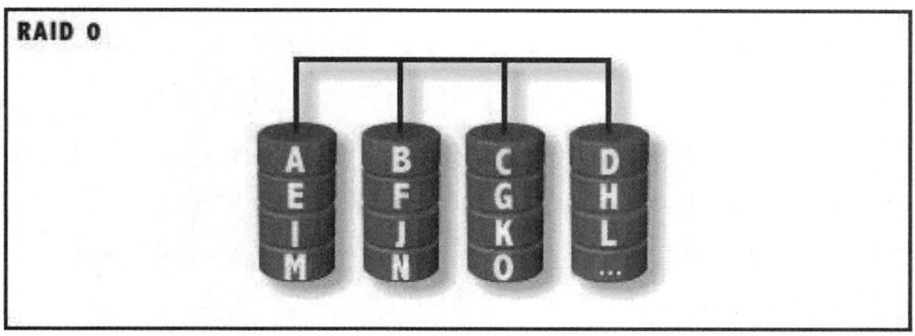

图 8.3　RAID 0

在图 8.4 中，每个字母代表一个数据块，数据块分别存入 4 块硬盘。在理想条件下，硬盘越多，读写速度越快，且利用率为 100%。RAID 0 是所有磁盘阵列类型中读写速度最快的，但不具备容错能力，一旦其中一块硬盘出现故障，整个系统的数据都会受到影响。RAID 0 通常应用在对数据要求不高，但对速度要求高的场景。

2. RAID 1

RAID 1 也称为镜像集，一般以 2 块硬盘为一组，数据同时写到这 2 块硬盘上，其中一份可视为数据的镜像，如图 8.4 所示。

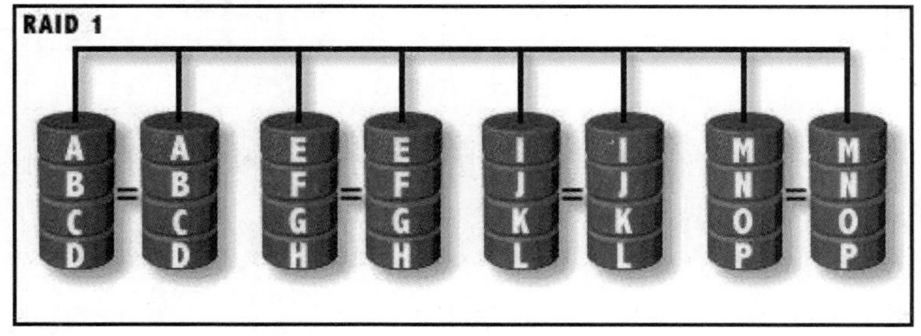

图 8.4　RAID 1

在图 8.4 中，数据写入硬盘时为一式两份，一份作为原数据，一份作为镜像。Raid 1 具有容错能力，当某块硬盘出现故障，数据会自动以热交换的方式恢复正常。与 Raid 0 相比，Raid 1 的读写速度较慢，硬盘利用率为 50%。

3. RAID 5

RAID 5 也称为带奇偶校验的条带集，至少需要 3 块硬盘。数据奇偶校验信息分别存放在每一行的某个硬盘上，任何一块硬盘出现故障，并不会影响整个系统的数据，如图 8.5 所示。

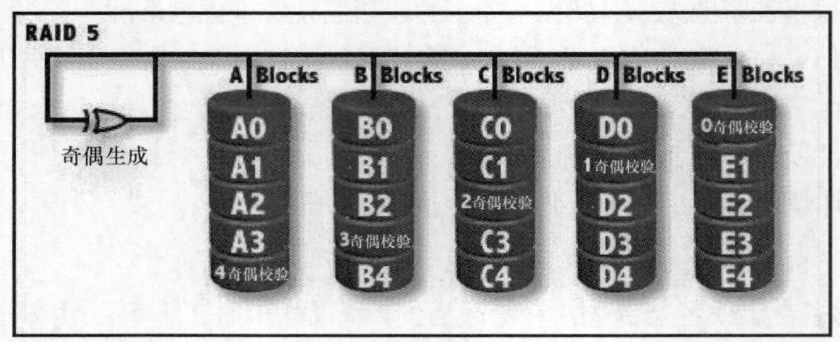

图 8.5　RAID 5

RAID 5 占用一块硬盘存储奇偶校验信息，所以硬盘利用率为（n-1）/n。由于要保存奇偶校验信息，其读写速度比 RAID 0 稍慢，但有一定的容错能力，3 块硬盘允许坏 1 块。RAID 5 可以理解为 RAID 0 和 RAID 1 的折中方案，既保证读写速度，又在一定程度上兼顾了数据的安全。

一旦 RAID 5 某一块硬盘出现故障，所丢失的数据就需要通过奇偶校验信息计算，导致整体读写速度减慢。如果更换一块新的硬盘，数据会有一个重建的过程，耗费时间视数据量在几十分钟到数小时不等。如果在这个过程中又有其他硬盘出现故障，数据就会丢失。

4. RAID 6

RAID 6 也称为带奇偶校验的条带集双校验，至少需要 4 块硬盘，硬盘利用率为（n-2）/n，如图 8.6 所示。

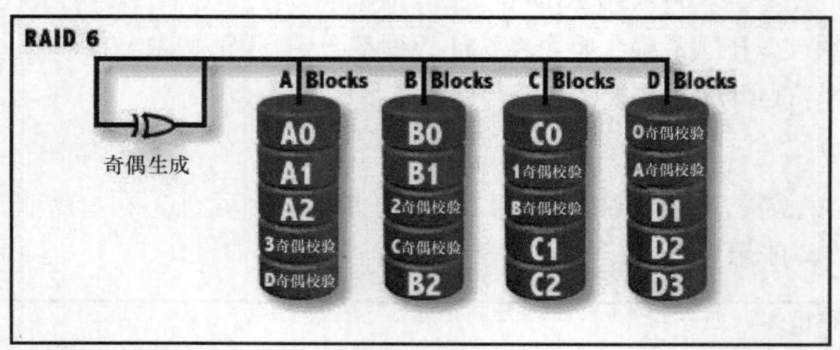

图 8.6　RAID 6

RAID 6 读写速度快，有一定的容错能力，4 块硬盘允许坏 2 块。RIAD 6 在服务器上比较少见，一般出现在专用的存储设备上。

RAID 的实现方式有如下两种。

硬 RAID：需要 RAID 卡，有 CPU，处理速度快。

软 RAID：通过操作系统实现。

实际环境中通常使用硬 RAID，软 RAID 使用非常少。下面通过具体案例演示如何实现软 RAID。只有把理论知识同具体实际相结合，才能正确回答实践提出的问题，扎实提升读者的理论水平与实战能力。

首先创建大小为 1GiB 的硬盘 4 块，具体如下所示。

```
[root@qfedu ~]# lsblk
NAME     MAJ:MIN RM  SIZE RO TYPE MOUNTPOINT
………………………部分省略…………………………….
sdf              8:80    0    1G  0 disk
sdg              8:96    0    1G  0 disk
sdh              8:112   0    1G  0 disk
sdi              8:128   0    1G  0 disk
```

接着创建 RAID，需要使用 mdadm 工具。mdadm（multiple devices admin）是 Linux 下的一款标准的软 RAID 管理工具，使用 yum 安装 mdadm 如下所示。

```
[root@qfedu ~]# yum -y install mdadm
[root@qfedu ~]# mdadm -C /dev/md0 -l5 -n3 -x1 /dev/sd{f,g,h,i}
mdadm: Defaulting to version 1.2 metadata
mdadm: array /dev/md0 started.
```

其中，“-C”表示创建 RAID，“-l5”表示 RAID 5，“-n”表示 RAID 成员的数量，“-x”表示热备磁盘的数量。

创建 RAID 完成后，需要创建文件系统并挂载，具体如下所示。

```
[root@qfedu ~]# ll /dev/md0
brw-rw----. 1 root disk 9, 0 May 14 18:08 /dev/md0
[root@qfedu ~]# mkfs.xfs /dev/md0
[root@qfedu ~]# mkdir /mnt/raid
[root@qfedu ~]# mount /dev/md0 /mnt/raid/
[root@qfedu ~]# df -Th
Filesystem           Type     Size  Used Avail Use% Mounted on
………………………部分省略…………………………….
/dev/md0             xfs      2.0G   33M  2.0G   2% /mnt/raid
[root@qfedu ~]# cp -rf /etc /mnt/raid/
```

使用 mdadm 命令查看 RAID 信息，“-D”表示查看详细信息，具体如下所示。

```
[root@qfedu ~]# mdadm -D /dev/md0
/dev/md0:
           Version : 1.2
     Creation Time : Mon May 14 18:08:51 2018
        Raid Level : raid5
        Array Size : 2093056 (2044.00 MiB 2143.29 MB)
     Used Dev Size : 1046528 (1022.00 MiB 1071.64 MB)
      Raid Devices : 3
     Total Devices : 4
       Persistence : Superblock is persistent
       Update Time : Mon May 14 18:18:36 2018
             State : clean
    Active Devices : 3
   Working Devices : 4
    Failed Devices : 0
     Spare Devices : 1
```

```
          Layout : left-symmetric
      Chunk Size : 512K
Consistency Policy : resync
            Name : qfedu:0  (local to host qfedu)
            UUID : ce4a46f3:f3cc8d91:31dcb0b1:5caa870c
          Events : 18
    Number   Major   Minor   RaidDevice State
       0       8       80        0      active sync   /dev/sdf
       1       8       96        1      active sync   /dev/sdg
       4       8      112        2      active sync   /dev/sdh
       3       8      128        -      spare         /dev/sdi
```

8.12 恢复文件

lsof 命令用于查看当前进程打开的文件，当意外地关闭了进程打开的文件，可以使用该命令进行恢复。

使用 yum 安装 lsof 工具，具体如下所示。

```
[root@qfedu ~]# yum -y install lsof
```

查看打开文件 messages 的进程，具体如下所示。

```
[root@qfedu ~]# lsof | grep messages
rsyslogd    898      root  6w  REG   253,0   9491   67146840 /var/log/messages
in:imjour   898  944 root  6w  REG   253,0   9491   67146840 /var/log/messages
rs:main     898  953 root  6w  REG   253,0   9491   67146840 /var/log/messages
abrt-watc   904      root  4r  REG   253,0   9491   67146840 /var/log/messages
```

其中，第 1 列表示进程，第 2 列表示进程 PID，第 3 列表示运行进程的用户，第 4 列表示文件描述符。

查看 PID 为 898 的进程打开的文件，描述符 6 指向/var/log/messages 文件，具体如下所示。

```
[root@qfedu ~]# ll /proc/898/fd
total 0
lr-x------. 1 root root 64 May 14 17:52 0 -> /dev/null
l-wx------. 1 root root 64 May 14 17:52 1 -> /dev/null
l-wx------. 1 root root 64 May 14 17:52 2 -> /dev/null
lrwx------. 1 root root 64 May 14 17:52 3 -> socket:[21209]
l-wx------. 1 root root 64 May 14 17:52 4 -> /var/log/cron
lr-x------.1  root root 64 May 14 17:52 5 ->
 /run/log/journal/66a8aa24eb324f2ea2516c1aea2752bf/system.journal
l-wx------. 1 root root 64 May 14 17:52 6 -> /var/log/messages
lr-x------. 1 root root 64 May 14 17:52 7 -> anon_inode:inotify
l-wx------. 1 root root 64 May 14 17:52 8 -> /var/log/secure
```

将文件备份后删除，使用 ll 命令查看时，在/var/log/messages 文件后标注有 deleted，具体如下所示。

```
[root@qfedu ~]# cp -rf /var/log/messages /var/log/messages.bak
[root@qfedu ~]# rm -rf /var/log/messages
[root@qfedu ~]# ll /proc/898/fd
total 0
lr-x------. 1 root root 64 May 14 17:52 0 -> /dev/null
```

```
l-wx------. 1 root root 64 May 14 17:52 1 -> /dev/null
l-wx------. 1 root root 64 May 14 17:52 2 -> /dev/null
lrwx------. 1 root root 64 May 14 17:52 3 -> socket:[21209]
l-wx------. 1 root root 64 May 14 17:52 4 -> /var/log/cron
lr-x------. 1 root root 64 May 14 17:52 5 ->
/run/log/journal/66a8aa24eb324f2ea2516c1aea2752bf/system.journal
l-wx------. 1 root root 64 May 14 17:52 6 -> /var/log/messages (deleted)
lr-x------. 1 root root 64 May 14 17:52 7 -> anon_inode:inotify
l-wx------. 1 root root 64 May 14 17:52 8 -> /var/log/secure
```

如果此时把 PID 为 898 的进程关闭，文件描述符会被释放，文件将无法恢复。

Lsof 命令再次查看 message 文件状态，相应进程的文件描述符为 6，通过文件描述符恢复删除的文件，具体如下所示。

```
[root@qfedu ~]# lsof |grep message
rsyslogd  898      root   6w REG 253,0 31176  67146840 /var/log/messages (deleted)
in:imjour 898 944  root   6w REG 253,0 31176  67146840 /var/log/messages (deleted)
rs:main   898  953 root   6w REG 253,0 31176  67146840 /var/log/messages (deleted)
[root@qfedu ~]# cp /proc/898/fd/6 /var/log/messages
```

8.13　本章小结

LVM 磁盘知识综合讲解

本章小结

本章重点讲解了逻辑卷的相关概念、交换分区、文件系统（EXT 和 XFS）、文件链接等知识，磁盘阵列、恢复文件了解即可。通过本章的学习，读者需掌握 LVM 的创建、扩容、缩减、删除及快照的操作，不同文件系统的创建及挂载操作。

8.14　习题

一、选择题

1.（　　）建立在卷组之上。

A. 逻辑卷　　B. 物理卷　　C. 交换分区　　D. 主分区

2.（　　）命令可以将物理硬盘初始化为物理卷。

A. vgcreate　　B. lvcreate　　C. pvcreate　　D. vgscan

3.（　　）命令可以创建一个逻辑卷快照。

A. vgcreate　　B. lvcreate　　C. pvcreate　　D. vgscan

4.（　　）命令可以查看 XFS 文件系统信息。

A. fdisk　　B. xfs_info　　C. xfs_repair　　D. df

5.（　　）是所有磁盘阵列类型中读写速度最快的，但不具备容错能力。

A. RAID 6　　B. RAID 1　　C. RAID 5　　D. RAID 0

二、填空题

1. ________是逻辑卷管理的简称。

2. ________处于 LVM 的最底层。

3. Linux 系统只有在物理内存不足时，才使用________。

4. ________命令用于查看当前进程打开的文件。

5. 文件链接分为两种，一种是符号链接，另一种是________。

三、简答题

1. 与基本分区相比，逻辑卷的最大优势是什么？

2. 简述符号链接与硬链接的区别。

09 第 9 章　文件查找、打包压缩及解压

本章学习目标

- 掌握文件查找
- 掌握文件打包压缩
- 掌握文件解压

本章讲解

9.1　文件查找

echo 命令可以查看变量 PATH 的值，具体如下所示。

```
[root@qfedu ~]# echo $PATH
/usr/local/bin:/usr/local/sbin:/usr/bin:/usr/sbin:/bin:/sbin:/root/
bin
```

其值被冒号分隔成 7 个字段，每个字段代表一个目录。

使用 which 命令在环境变量 PATH 设置的目录中查找符合条件的命令文件，可查看其是否存在以及执行的位置，具体如下所示。

```
[root@qfedu ~]# which useradd
/usr/sbin/useradd
[root@qfedu ~]# qfedu
bash: qfedu: command not found...
```

从输出结果可以看出，useradd 命令的位置为/usr/sbin/useradd，由于 qfedu 命令不在环境变量 PATH 中，显示该命令未找到。

把 PATH 变量重新定义为/，此时输入任何命令都是从/这一级查找，查找 ls 命令显示不存在，具体如下所示。

```
[root@qfedu ~]# PATH=/
[root@qfedu ~]# ls
bash: ls: command not found...
```

locate 命令可以让用户快速查找到所需要的文件或目录。它不搜索全部数据信息，而是搜索数据库/var/lib/mlocate/mlocate.db。该数据库包含本地系统内所有文件名称及路径。系统会自动创建这个数据库，并且每天更新一次。

在使用 locate 命令查找文件时，有时可以找到已经被删除的文件，但新创建的文件却无法查找到，原因是数据库文件没有被系统更新。为了避免上述情况，在使用 locate 命令之前可以先使用 updatedb 命令手动更新数据库，具体如下所示。

```
[root@qfedu ~]# touch qfedu.txt
[root@qfedu ~]# locate qfedu.txt
[root@qfedu ~]# updatedb
[root@qfedu ~]# locate qfedu.txt
/root/qfedu.txt
```

与 locate 命令相比，find 命令搜索速度较慢，它并不会索引目录，而是对整个目录进行遍历，这会占用很多系统资源。为了提高效率，建议在使用 find 命令时尽量在指定目录下进行搜索，以缩小查找范围。

find 命令可以根据文件名查找，例如，在/目录下查找 ifcfg-ens33 网卡文件，具体如下所示。

```
[root@qfedu ~]#  find / -name "ifcfg-ens33"
/etc/sysconfig/network-scripts/ifcfg-ens33
```

添加“i”参数忽略大小写，具体如下所示。

```
[root@qfedu ~]#  find / -iname "ifcfg-ens33"
/etc/sysconfig/network-scripts/ifcfg-ens33
```

“*”符号为通配符，在不确定文件名称时可以使用，具体如下所示。

```
[root@qfedu ~]# find / -iname "ifcfg-*"
/etc/sysconfig/network-scripts/ifcfg-lo
/etc/sysconfig/network-scripts/ifcfg-ens33
/usr/share/doc/teamd-1.25/example_ifcfgs/1/ifcfg-eth1
/usr/share/doc/teamd-1.25/example_ifcfgs/1/ifcfg-eth2
/usr/share/doc/teamd-1.25/example_ifcfgs/1/ifcfg-team_test0
/usr/share/doc/teamd-1.25/example_ifcfgs/2/ifcfg-eth1
/usr/share/doc/teamd-1.25/example_ifcfgs/2/ifcfg-eth2
/usr/share/doc/teamd-1.25/example_ifcfgs/2/ifcfg-team_test0
/usr/share/doc/teamd-1.25/example_ifcfgs/3/ifcfg-eth1
/usr/share/doc/teamd-1.25/example_ifcfgs/3/ifcfg-eth2
/usr/share/doc/teamd-1.25/example_ifcfgs/3/ifcfg-team_test0
/usr/share/doc/initscripts-9.49.39/examples/networking/ifcfg-bond-802.3ad
/usr/share/doc/initscripts-9.49.39/examples/networking/ifcfg-bond-activebackup-a
rpmon
/usr/share/doc/initscripts-9.49.39/examples/networking/ifcfg-bond-activebackup-m
iimon
/usr/share/doc/initscripts-9.49.39/examples/networking/ifcfg-bond-slave
/usr/share/doc/initscripts-9.49.39/examples/networking/ifcfg-bridge
/usr/share/doc/initscripts-9.49.39/examples/networking/ifcfg-bridge-port
/usr/share/doc/initscripts-9.49.39/examples/networking/ifcfg-eth-alias
/usr/share/doc/initscripts-9.49.39/examples/networking/ifcfg-eth-dhcp
/usr/share/doc/initscripts-9.49.39/examples/networking/ifcfg-vlan
```

如果已知文件的大概位置，建议提供可能存在的路径，用关键字逐渐缩小范围，从而提高查找效率。例如，在/etc、/usr、/home 目录下搜索 ifcfg-ens33 文件，比直接从/目录查找该文件速度快，具体如下所示。

```
[root@qfedu ~]# find /etc /usr /home -name "ifcfg-en*"
/etc/sysconfig/network-scripts/ifcfg-ens33
```

find 命令还可以根据文件大小查找，例如，在/etc 目录下分别查找大于、等于、小于 5MiB 的文件，具体如下所示。

```
[root@qfedu ~]# find /etc/ -size +5M
/etc/udev/hwdb.bin
[root@qfedu ~]# find /etc/ -size 5M
[root@qfedu ~]#  find /etc -size -5M
/etc
/etc/fstab
/etc/crypttab
...............部分省略....................
```

添加“-ls”可以查看文件的详细信息，具体如下所示。

```
[root@qfedu ~]#  find /etc -size +5M -ls
101899848 7332 -r--r--r--   1 root     root      7503912 May 14 17:48 /etc/udev/
hwdb.bin
```

find 命令在不指定目录的层级时，会逐层地对文件系统进行搜索，查找效率低下。通过“-maxdepth”可以指定查找的目录深度，具体如下所示。

```
[root@qfedu ~]# find / -maxdepth 3 -a -name "ifcfg-en*"
[root@qfedu ~]# find / -maxdepth 4 -a -name "ifcfg-en*"
/etc/sysconfig/network-scripts/ifcfg-ens33
```

find 命令还可以根据时间查找（atime、mtime、ctime）。例如，查找修改时间距当前时间大于、等于、小于 5 天的文件，此处的 5 天是从修改的那一刻计算，共 5×24 小时，并非日期，具体如下所示。

```
[root@qfedu ~]# find /etc -mtime +5
/etc/fstab
/etc/crypttab
/etc/mtab
...................部分省略..........................
[root@qfedu ~]#  find /etc -mtime 5
/etc/file01
/etc/.updated
[root@qfedu ~]# find /etc -mtime -5
/etc
/etc/resolv.conf
/etc/udev
...................部分省略..........................
```

find 命令根据文件属主、属组查找，具体如下所示。

```
[root@qfedu ~]# find /home -user jack  //属主是 jack 的文件
[root@qfedu ~]# find /home -group hr   //属组是 hr 组的文件
[root@qfedu ~]# find /home -user jack -group hr
[root@qfedu ~]# find /home -user jack -a -group hr
[root@qfedu ~]# find /home -user jack -o -group hr
[root@qfedu ~]# find /home -nouser     //没有属主
[root@qfedu ~]# find /home -nogroup    //没有属组
[root@qfedu ~]# find /home -nouser -o -nogroup
```

find 命令根据文件类型查找，具体如下所示。

```
[root@qfedu ~]# find /dev -type f                    //f 普通文件
[root@qfedu ~]# find /dev -type d                     //d 目录文件
```

```
[root@qfedu ~]# find /dev -type l           //l 链接文件
[root@qfedu ~]# find /dev -type b           //b 块设备文件
[root@qfedu ~]# find /dev -type c           //c 字符设备文件
[root@qfedu ~]# find /dev -type s           //s 套接字文件
[root@qfedu ~]# find /dev -type p           //p 管道文件
```

find 命令根据文件权限查找，例如，查找权限为 644 的文件，在权限前添加“-”表示包含，666、777 等都包含 644 权限，具体如下所示。

```
[root@qfedu ~]# find . -perm 644 -ls           //查找权限为 644 的文件
71121982    4 -rw-r--r--   1 root     root          535 Jun 11 20:38 /etc/fstab
34217968    4 -rw-r--r--   1 root     root          104 Sep  4 19:28 /etc/resolv
.conf
101053599   4 -rw-r--r--   1 root     root          978 Aug 30  2013 /etc/fonts/
conf.d/README
......................部分省略..........................
[root@qfedu ~]# find . -perm -644 -ls           //查找权限包含 644 的文件
71270213    4 -rw-r--r--   1 root     root        129 Dec 28  2013 ./.tcshrc
36861379    4 drwxr-xr-x   2 root     root        4096 May 25 20:46 ./.cache
71322468    0 drwxr-xr-x   2 root     root        50 Sep  4 23:51 ./.cache/abrt
71321287    4 -rw-r--r--   1 root     root        48 Jun  5 03:55 ./.cache/abrt/
applet_dirlist
......................部分省略..........................
```

find 查找包含 SUID 权限的文件，具体如下所示。

```
[root@qfedu ~]# find /usr/bin /usr/sbin -perm -4000 -ls
100805951   32 -rwsr-xr-x 1 root root 32008 Aug  4  2017 /usr/bin/fusermount
100979468   60 -rwsr-xr-x 1 root root 61328 Aug  4  2017 /usr/bin/ksu
101312796   24 -rws--x--x 1 root root 23960 Aug  4  2017 /usr/bin/chfn
......................部分省略..........................
```

find 查找包含 SGID 权限的文件，具体如下所示。

```
[root@qfedu ~]# find /usr/bin /usr/sbin -perm -2000 -ls
100855397   16 -r-xr-sr-x  1 root  tty   15344 Jun 10 2014  /usr/bin/wall
101312855   20 -rwxr-sr-x  1 root  tty   19536 Aug 4  2017  /usr/bin/write
101422915   16 -rwxr-sr-x  1 root cgred  15592 Aug 3  2017  /usr/bin/cgexec
......................部分省略..........................
```

find 命令还可以设置处理动作，默认动作为“-print”。例如，查找当前目录下的 qf.txt 文件并删除，具体如下所示。

```
[root@qfedu ~]# touch qf.txt
[root@qfedu ~]# find . -name "qf.txt" -exec rm -rvf {}  \;
removed './qf.txt'
removed './.local/share/Trash/files/aba/abb/abc/qf.txt'
```

9.2 文件打包压缩

文件过大会占用很多硬盘存储空间，在网络传输的过程中也会消耗很长时间。对文件进行打包压缩后，相同容量能够存储更多数据，在网络传输时因数据量的降低而速度更快。

Linux 系统支持的打包压缩命令有很多种，不同的命令所用的压缩技术不同，彼此无法相互解压缩。压缩文件的名称会添加后缀，如.gz、.bz2、.tar.xz、.tar.gz 等。

创建目录 dir01，在目录下创建 20 个文件 file1~file20，具体如下所示。

```
[root@qfedu ~]# mkdir dir01
[root@qfedu ~]# touch dir01/file{1..20}
[root@qfedu ~]# ls dir01/
file1   file11  file13  file15  file17  file19  file20  file4  file6  file8
file10  file12  file14  file16  file18  file2   file3   file5  file7  file9
```

使用 gzip 命令对 dir01 目录进行压缩，完成后每个文件都增加了.gz 后缀，具体如下所示。

```
[root@qfedu ~]# gzip dir01/*
[root@qfedu ~]# ls dir01/
file10.gz  file13.gz  file16.gz  file19.gz  file2.gz  file5.gz  file8.gz
file11.gz  file14.gz  file17.gz  file1.gz   file3.gz  file6.gz  file9.gz
file12.gz  file15.gz  file18.gz  file20.gz  file4.gz  file7.gz
```

gzip 命令只能对单一的文件进行压缩，对目录压缩也只是分别对文件进行压缩，并不能将多个文件打包为一个大文件。

tar 命令可以将多个目录与文件打包在一起，同时还可以使用 gzip 命令对文件进行压缩。使用 tar 命令对/etc 进行打包压缩，具体如下所示。

```
[root@qfedu ~]# tar -czf etc1-gzip.tar.gz /etc/
tar: Removing leading '/' from member names
[root@qfedu ~]# tar -cjf etc1-bzip2.tar.gz /etc/
tar: Removing leading '/' from member names
[root@qfedu ~]# tar -cJf etc1-xz.tar.gz /etc/
tar: Removing leading '/' from member names
[root@qfedu ~]# ll -h etc1*
-rw-r--r--. 1 root root 10M May 16 22:15 etc1-bzip2.tar.gz
-rw-r--r--. 1 root root 11M May 16 22:12 etc1-gzip.tar.gz
-rw-r--r--. 1 root root  9M May 16 22:15 etc1-xz.tar.gz
```

其中，“-c”参数表示创建一个打包文件，“-z”参数表示通过调用 gzip 对文件进行压缩，“-j”参数表示通过调用 bzip2 对文件进行压缩，“-J”参数表示通过调用 xz 对文件进行压缩，“-f”参数表示后面为被处理的文件名称。在 Linux 系统中并不存在文件扩展名，但为了用户识别方便，创建文件名称应添加后缀。

9.3　文件解压

当解压某个压缩文件时，首先需要知道该文件是由何种压缩方式创建出来的，然后用相应的解压方式解压文件。当用户不清楚文件使用何种压缩工具压缩时，可以通过 file 命令查看文件的压缩信息，具体如下所示。

```
[root@qfedu ~]# file etc1-gzip.tar.gz
etc1-gzip.tar.gz: gzip compressed data, from Unix, last modified: Wed May 16 22:12:51
2018
[root@qfedu ~]# file etc1-bzip2.tar.gz
etc1-bzip2.tar.gz: bzip2 compressed data, from Unix, last modified: Wed May 16
```

```
22:14:59 2018
```

在不解压的情况下，使用 tar 命令也可以查看文件的压缩信息，添加“-t”参数可查看打包文件的文件名，具体如下所示。

```
[root@qfedu ~]# tar -tf etc1-gzip.tar.gz
etc/
etc/fstab
etc/crypttab
…………………….部分省略………………………..
```

使用 tar 命令解压文件，添加“-x”参数表示解打包或者解压缩，“-C”参数表示解压至指定目录。解压比较大的文件需要消耗较长时间，添加“-v”参数可以显示解压过程。将 etc1-gzip.tar.gz 解压至 /var/tmp 目录下，具体如下所示。

```
[root@qfedu ~]# tar -xvf etc1-gzip.tar.gz -C /var/tmp
[root@qfedu ~]# ls /var/tmp/
abrt
etc
sssd_is_running
```

使用 wget 命令从 Nginx 官方网站下载软件包，具体如下所示。

```
[root@qfedu ~]# wget http://nginx.org/download/nginx-1.14.0.tar.gz
--2018-05-16 23:29:23--  http://nginx.org/download/nginx-1.14.0.tar.gz
Resolving    nginx.org    (nginx.org)...    95.211.80.227,    206.251.255.63,
2001:1af8:4060:a004:21::e3, ...
Connecting to nginx.org (nginx.org)|95.211.80.227|:80... connected.
HTTP request sent, awaiting response... 200 OK
Length: 1016272 (992K) [application/octet-stream]
Saving to: 'nginx-1.14.0.tar.gz'

100%[=============================================>] 1,016,272   128KB/s   in 11s

2018-05-16 23:29:35 (86.4 KB/s) - 'nginx-1.14.0.tar.gz' saved [1016272/1016272]
```

使用 tar 命令解压 Ngnix 软件包，具体如下所示。

```
[root@qfedu ~]# tar xf nginx-1.14.0.tar.gz
[root@qfedu ~]# ls
anaconda-ks.cfg  etc1-bzip2.tar.gz     Music                qfedu.txt
Desktop          etc1-gzip.tar.gz      nginx-1.14.0         Templates
dir01            etc1-xz.tar.gz        nginx-1.14.0.tar.gz  Videos
Documents        file01                Pictures
Downloads        initial-setup-ks.cfg  Public
```

解压后查看软件包内文件，具体如下所示。

```
[root@qfedu ~]# cd nginx-1.14.0/
[root@qfedu nginx-1.14.0]# ls
auto  CHANGES  CHANGES.ru  conf  configure  contrib  html  LICENSE  man  README
src
```

还有一种后缀为.zip 的压缩文件，直接使用 unzip 命令解压即可，具体如下所示。

```
[root@qfedu ~]# unzip xxx.zip
```

9.4　tar 命令实战案例

【例 9-1】 MySQL 物理备份及恢复。

首先安装 mariadb-server，然后启动该服务，创建备份目录，具体如下所示。

```
[root@qfedu ~]# yum -y install mariadb-server
[root@qfedu ~]# systemctl start mariadb
[root@qfedu ~]# mkdir /backup
```

接着将/var/lib/mysql 中的文件打包压缩至/backup 目录下，删除/var/lib/mysql/目录下文件，具体如下所示。

```
[root@qfedu ~]# tar -cJf /backup/mysql.tar.xz /var/lib/mysql
[root@qfedu ~]# rm -rf /var/lib/mysql/*
```

最后，将 mysql.tar.xz 解压至根目录下，具体如下所示。

```
[root@qfedu ~]# tar -xf /backup/mysql.tar.xz -C /
```

此外，通过以下方式也可以进行恢复，具体如下所示。

```
[root@qfedu ~]# cd /var/lib/mysql
[root@qfedu mysql]# tar -cJf /backup/mysql.tar.xz *
[root@qfedu mysql]# tar -xf /backup/mysql.tar.xz -C /var/lib/mysql
```

【例 9-2】 主机 A 把海量的几 KB 的小文件（这里以/etc 目录为例）复制到主机 A 的/tmp 目录下。

用打包压缩的方式是可以的，但会消耗较多时间和系统资源，引起 I/O 操作。存储是速度最慢的一个环节，可以让打包和压缩过程只发生在内存中。

使用 tar 命令打包压缩并在文件名前添加“-”符号，中间以管道符连接，再次用 tar 命令解包解压，具体如下所示。

```
[root@qfedu ~]# tar -czf - /etc |tar -xzf - -C/tmp
tar: Removing leading '/' from member names
```

【例 9-3】 主机 A 把海量的几 KB 的小文件（这里以/etc 目录为例）复制到主机 B 的/tmp 目录下。

常规的方法是使用 scp 命令复制，效率较低，具体如下所示。

```
[root@qfedu ~]# scp -r /etc 10.18.45.50:/tmp
```

建议使用例 9-2 中的思维方法，效率较高，具体如下所示。

```
[root@qfedu ~]# firewall-cmd --permanent --add-port=8888/tcp
[root@qfedu ~]# firewall-cmd -reload
[root@linux ~]# nc -l 8888 |tar -xzf - -C /tmp
[root@qfedu ~]# tar -czf - /etc | nc 10.18.45.50 8888
```

9.5　本章小结

文件查找、打包压缩及压缩操作

本章小结

本章重点讲解了文件查找、打包压缩及解压，这三种文件操作在实际环境中经常使用，希望读者多加练习。另外，本章最后讲解了 tar 命令实战案例，读者须仔细体会 tar 命令的巧妙使用。

9.6 习题

一、选择题

1. (　　) 命令可在环境变量 PATH 设置的目录中查找符合条件的命令文件所在位置。

A. which　　B. who　　C. ll　　D. echo

2. (　　) 命令可以让用户快速查找到所需要的文件或目录。

A. ll　　B. locate　　C. grep　　D. vgscan

3. 对文件进行打包的命令为(　　)。

A. gzip　　B. dump　　C. tar　　D. dd

4. find 命令通过(　　)参数可以指定查找的目录深度。

A. -itime　　B. -mtime　　C. -name　　D. -maxdepth

5. find 命令按文件类型查找需要添加(　　)参数。

A. -type　　B. -mtime　　C. -name　　D. -maxdepth

二、填空题

1. ________命令可以查看变量 PATH 的值。
2. 使用 tar 命令解压文件，添加________参数表示解打包或者解压缩。
3. 使用 find 查找当前目录下权限为 644 的文件的命令为________。
4. 通过________命令可以查看文件的压缩信息。
5. 后缀为.zip 压缩文件使用________命令解压。

三、简答题

1. 简述 tar 命令的使用方法。
2. 如何将主机 A 中的文件传送给主机 B?

10

第10章　RPM 包管理

本章学习目标

- 掌握 RPM 软件包安装
- 熟悉 RPM 软件包管理
- 了解使用源码包安装应用程序

本章讲解

RPM（RedHat Package Manager，红帽软件包管理器）由 Red Hat 公司开发，是一套以数据库记录的方式将所需要的软件安装到 Linux 系统的管理机制。在 Linux 系统中存在一个 RPM 的数据库，RPM 包安装信息存储在 RPM 数据库中。由于 RPM 包是已经编译完成的，无须再次编译，所以安装十分方便。

10.1　安装 RPM 包

安装 RPM 包需要手动处理依赖关系，因为 RPM 包已经编译完成，所以不能对其内部参数进行修改，安装时还需要考虑系统的版本、系统的架构、RPM 包的版本。

一般情况下，移动硬盘的文件系统为 NTFS，Linux 默认的文件系统为 XFS 或者 EXT4，这导致移动硬盘不可用，现在使用 RPM 机制安装 ntfs-3g 包来提供支持。

在安装之前，需要先获取 RPM 包，可以在 Packages Search 官网与 RPMfind 官网找到相关的 RPM 包。

首先查看系统的版本信息，显示 CentOS 7，x86_64，具体如下所示。

```
[root@qfedu ~]# cat /etc/redhat-release
CentOS Linux release 7.4.1708 (Core)
[root@qfedu ~]# uname -m
x86_64
```

系统为 CentOS 7、x86_64，根据系统信息选择对应的 RPM 包，此处下载 ntfs-3g-2017.3.23-1.el7.x86_64.rpm，该名称的具体含义如下所示。

```
ntfs-3g   -2017.3.23     -1          .el7             .x86_64     .rpm
名称        版本信息     发布次数    RedHat 企业版 7    硬件平台    后缀名
```

接着使用 RPM 安装，具体如下所示。

```
[root@qfedu ~]# rpm -ivh ntfs-3g-2017.3.23-1.el7.x86_64.rpm
Preparing...                  ################################# [100%]
```

```
Updating / installing...
1:ntfs-3g-2:2017.3.23-1.el7     ################################# [100%]
```

其中，“-i”参数表示安装，“-v”参数表示查看详细安装信息，“-h”参数表示显示安装进度。

同时安装两个以上的 RPM 包，具体如下所示。

```
[root@qfedu ~]# rpm -ivh a.rpm b.rpm *.rpm
```

复制网址链接安装，具体如下所示。

```
[root@qfedu~]# rpm -ivh http://website.name/path /xxx.rpm
```

下载时，同一软件包会有两个版本，其中后缀名为.src.rpm 的版本为源码包，它未经编译，全称为 Source RPM。当安装环境发生变化时，可以通过修改 SRPM 内的参数，重新设置文件，然后编译成适合系统环境的 RPM 文件。

使用 RPM 安装有时会遇到问题，如果在问题已经预知的情况下，还是执意安装，可以添加以下几个参数。

--nosignature：安装时不检验软件包的签名。

--force：重新或覆盖安装。

--nodeps：安装时忽略依赖关系。

例如，安装某软件时忽略依赖关系，具体如下所示。

```
[root@qfedu ~]# rpm -ivh xxx.rpm -nodeps
```

以上方法只是权宜之计，即使安装成功也可能会出现不可预知的问题，如果没有足够的把握，建议不要轻易使用。

如果需要安装系统光盘上的 RPM 包，首先使用 df 命令查看镜像文件所在的目录，然后进入该目录下的 Packages 目录，最后尝试使用 rpm 命令安装 vsftpd 软件，具体如下所示。

```
[root@qfedu media]# df
Filesystem              1K-blocks    Used   Available   Use%   Mounted on
/dev/mapper/centos-root  38761992  4542832  34219160   12%    /
devtmpfs                 917596       0     917596      0%    /dev
tmpfs                    933524       0     933524      0%    /dev/shm
tmpfs                    933524    9212     924312      1%    /run
tmpfs                    933524       0     933524      0%    /sys/fs/cgroup
/dev/sda1                1038336  182400    855936     18%    /boot
tmpfs                    186708      32     186676      1%    /run/user/0
/dev/sr0                 4414592 4414592         0    100%    /run/media/root/Cen
tOS 7 x86_64
[root@qfedu ~]# cd /run/media/root/CentOS\ 7\ x86_64/Packages/
[root@qfedu Packages]# rpm -ivh vsftpd-3.0.2-22.el7.x86_64.rpm
Preparing...                 ################################# [100%])
Updating / installing...
1:vsftpd-3.0.2-22.el7        ################################# [100%])
```

10.2 查询 RPM 包

RPM 包安装信息存储在本地 RPM 数据库中，只有已经安装的包才会进入数据库。

使用 rpm 命令查询 ntfs-3g 的信息，具体如下所示。

```
[root@qfedu ~]# rpm -q ntfs-3g
ntfs-3g-2017.3.23-1.el7.x86_64
```

其中，“-q”参数表示查询，后面是软件名。

添加 a 参数表示列出系统上安装的所有软件，具体如下所示。

```
[root@qfedu ~]# rpm -qa |grep ntfs
ntfs-3g-devel-2017.3.23-1.el7.x86_64
ntfs-3g-2017.3.23-1.el7.x86_64
```

添加 l 参数表示列出软件所有的文件信息，具体如下所示。

```
[root@qfedu ~]# rpm -ql ntfs-3g
/usr/bin/lowntfs-3g
/usr/bin/ntfs-3g
/usr/bin/ntfs-3g.probe
/usr/bin/ntfsmount
/usr/lib64/libntfs-3g.so.88
/usr/lib64/libntfs-3g.so.88.0.0
/usr/sbin/mount.lowntfs-3g
/usr/sbin/mount.ntfs
/usr/sbin/mount.ntfs-3g
/usr/sbin/mount.ntfs-fuse
/usr/share/doc/ntfs-3g-2017.3.23
/usr/share/doc/ntfs-3g-2017.3.23/AUTHORS
/usr/share/doc/ntfs-3g-2017.3.23/CREDITS
/usr/share/doc/ntfs-3g-2017.3.23/ChangeLog
/usr/share/doc/ntfs-3g-2017.3.23/NEWS
/usr/share/doc/ntfs-3g-2017.3.23/README
/usr/share/licenses/ntfs-3g-2017.3.23
/usr/share/licenses/ntfs-3g-2017.3.23/COPYING
/usr/share/man/man8/mount.lowntfs-3g.8.gz
/usr/share/man/man8/mount.ntfs-3g.8.gz
/usr/share/man/man8/ntfs-3g.8.gz
/usr/share/man/man8/ntfs-3g.probe.8.gz
```

添加 f 参数表示查看文件名所属的已安装软件，具体如下所示。

```
[root@qfedu ~]# rpm -qf /usr/bin/ntfs-3g
ntfs-3g-2017.3.23-1.el7.x86_64
```

添加 i 参数表示查看软件的详细信息，如版本、开发商、说明等，具体如下所示。

```
[root@qfedu ~]# rpm -qi ntfs-3g
Name: ntfs-3g
Epoch: 2
Version: 2017.3.23
……………………..部分省略……………………………..
```

添加 c 参数表示显示软件的配置文件，具体如下所示。

```
[root@qfedu ~]#  rpm -qc ntfs-3g
```

注意：不是所有的软件都含有配置文件，例如，ntfs-3g 没有配置文件。

添加 d 参数表示列出软件所有的帮助文件，具体如下所示。

```
[root@qfedu ~]# rpm -qd ntfs-3g
/usr/share/doc/ntfs-3g-2017.3.23/AUTHORS
/usr/share/doc/ntfs-3g-2017.3.23/CREDITS
/usr/share/doc/ntfs-3g-2017.3.23/ChangeLog
/usr/share/doc/ntfs-3g-2017.3.23/NEWS
/usr/share/doc/ntfs-3g-2017.3.23/README
/usr/share/man/man8/mount.lowntfs-3g.8.gz
/usr/share/man/man8/mount.ntfs-3g.8.gz
/usr/share/man/man8/ntfs-3g.8.gz
/usr/share/man/man8/ntfs-3g.probe.8.gz
```

添加 p 参数表示查询安装前的软件包，需要添加文件的路径，如查询 ntfs-3g 软件包的详细信息，具体如下所示。

```
[root@qfedu ~]# rpm -qpi ntfs-3g-2017.3.23-1.el7.x86_64.rpm
Name: ntfs-3g
Epoch: 2
Version: 2017.3.23
........................部分省略..............................
```

10.3 卸载 RPM 包

在卸载 RPM 软件包时，一定要按照从上往下的顺序，否则会出现结构上的问题，这个过程类似房屋的拆除。添加“-e”参数可以卸载软件，具体如下所示。

```
[root@qfedu ~]# rpm -e ntfs-3g
error: Failed dependencies:
       libntfs-3g.so.88()(64bit) is needed by (installed)
ntfs-3g-devel-2:2017.3.23- 1.el7.x86_64
       ntfs-3g(x86-64) = 2:2017.3.23-1.el7 is needed by (installed) ntfs-3g-devel-2:
2017.3.23-1.el7.x86_64
```

当直接卸载 ntfs-3g 时，系统报错。此时需要逐层卸载，先卸载 ntfs-3g-devel 软件，然后再卸载 ntfs-3g 软件，具体如下所示。

```
[root@qfedu ~]# rpm -e ntfs-3g-devel
[root@qfedu ~]# rpm -e ntfs-3g
```

如果要在卸载一个软件时忽略其他软件的依赖，可添加“--nodeps”参数强制卸载，具体如下所示。

```
[root@qfedu ~]# rpm -e ntfs-3g --nodeps
```

10.4 Nginx 源码包管理

在生产环境中会遇到许多源码包，即没有被编译过的软件包，例如，Nginx、Apache 等都是使用 C 语言开发的，需要把它们编译成二进制可执行程序，计算机才能够识别。

进入 Nginx 官方网站下载源码包，具体如下所示。

```
[root@qfedu ~]# wget http://nginx.org/download/nginx-1.14.0.tar.gz
--2018-05-18 18:54:22--  http://nginx.org/download/nginx-1.14.0.tar.gz
Resolving nginx.org (nginx.org)... 206.251.255.63, 95.211.80.227,
```

```
2001:1af8:4060:a004:21::e3, ...
Connecting to nginx.org (nginx.org)|206.251.255.63|:80... connected.
HTTP request sent, awaiting response... 200 OK
Length: 1016272 (992K) [application/octet-stream]
Saving to: 'nginx-1.14.0.tar.gz.1'
100%[======================================>] 1,016,272   87.0KB/s   in 28s
2018-05-18 18:54:50 (36.0 KB/s) - 'nginx-1.14.0.tar.gz.1' saved [1016272/1016272]
```

创建目录 nginx，将压缩包解压到该目录下，具体如下所示。

```
[root@qfedu ~]# mkdir nginx
[root@qfedu ~]# tar xf nginx-1.14.0.tar.gz -C nginx
[root@qfedu ~]# cd nginx
[root@qfedu nginx]# ls
nginx-1.14.0
[root@qfedu nginx]# cd nginx-1.14.0/
[root@qfedu nginx-1.14.0]# ls
auto      CHANGES.ru  configure  html     man     src
CHANGES   conf        contrib    LICENSE  README
```

其中，configure 文件是开发人员专门为编译做的指导文件，可对即将安装的软件进行配置，检查当前的环境是否满足安装软件的依赖关系，最终生成 Makefile 文件。configure 文件的作用如下。

（1）指定安装路径，如--prefix=/usr/local/nginx。

（2）启用或禁用某项功能，如--enable-ssl、--disable-filter、--with-http_ssl_module。

（3）和其他软件关联，如--with-pcre。

（4）检查安装环境，例如，是否有编译器 gcc，是否满足软件的依赖关系。

执行 configure 文件，“./”为指定执行路径，过程中可能会出现一些错误，具体如下所示。

错误 1：未安装 gcc 编译器，具体如下所示。

```
[root@qfedu nginx-1.14.0]# ./configure
checking for C compiler ... not found
./configure: error: C compiler cc is not found
```

安装 gcc 编译器，具体如下所示。

```
[root@qfedu nginx-1.14.0]# yum -y install gcc
```

错误 2：HTTP 重写模块需要 PCRE 库，具体如下所示。

```
[root@qfedu nginx-1.14.0]# ./configure
./configure: error: the HTTP rewrite module requires the PCRE library.
You can either disable the module by using --without-http_rewrite_module
option, or install the PCRE library into the system, or build the PCRE library
statically from the source with nginx by using --with-pcre=<path> option.
```

安装 pcre-devel，具体如下所示。

```
[root@qfedu nginx-1.14.0]# yum -y install pcre-devel
```

错误 3：HTTP gzip 模块需要 zlib 库，具体如下所示。

```
[root@qfedu nginx-1.14.0]# ./configure
./configure: error: the HTTP gzip module requires the zlib library.
You can either disable the module by using --without-http_gzip_module
option, or install the zlib library into the system, or build the zlib library
```

```
statically from the source with nginx by using --with-zlib=<path> option.
```

安装 zlib-devel，具体如下所示。

```
[root@qfedu nginx-1.14.0]# yum -y install zlib-devel
```

再次执行 configure 文件，因为并未添加相应的参数，所以配置摘要中提示 OpenSSL 库未使用，具体如下所示。

```
[root@qfedu nginx-1.14.0]# ./configure
Configuration summary
  + using system PCRE library
  + OpenSSL library is not used
  + using system zlib library
  nginx path prefix: "/usr/local/nginx"
  nginx binary file: "/usr/local/nginx/sbin/nginx"
  nginx modules path: "/usr/local/nginx/modules"
  nginx configuration prefix: "/usr/local/nginx/conf"
  nginx configuration file: "/usr/local/nginx/conf/nginx.conf"
  nginx pid file: "/usr/local/nginx/logs/nginx.pid"
  nginx error log file: "/usr/local/nginx/logs/error.log"
  nginx http access log file: "/usr/local/nginx/logs/access.log"
  nginx http client request body temporary files: "client_body_temp"
  nginx http proxy temporary files: "proxy_temp"
  nginx http fastcgi temporary files: "fastcgi_temp"
  nginx http uwsgi temporary files: "uwsgi_temp"
  nginx http scgi temporary files: "scgi_temp"
```

安装 OpenSSL 库，具体如下所示。

```
[root@qfedu nginx-1.14.0]# yum -y install openssl-devel
```

输入一组参数按回车键，具体如下所示。

```
[root@qfedu nginx-1.14.0]# ./configure \
> --user=www \                         //用户名
> --group=www \                        //组名
> --prefix=/usr/local/nginx \              //指定 nginx 安装目录
> --with-http_stub_status_module \         //监控 nginx 当前状态
> --with-http_sub_module \
> --with-http_ssl_module \                 //使用 https 协议模块
> --with-pcre                              //设置 PCRE 库的源码路径
```

再次执行便可成功，具体如下所示。

```
Configuration summary
  + using system PCRE library
  + using system OpenSSL library
  + using system zlib library
  nginx path prefix: "/usr/local/nginx"
  nginx binary file: "/usr/local/nginx/sbin/nginx"
  nginx modules path: "/usr/local/nginx/modules"
  nginx configuration prefix: "/usr/local/nginx/conf"
  nginx configuration file: "/usr/local/nginx/conf/nginx.conf"
  nginx pid file: "/usr/local/nginx/logs/nginx.pid"
  nginx error log file: "/usr/local/nginx/logs/error.log"
```

```
  nginx http access log file: "/usr/local/nginx/logs/access.log"
  nginx http client request body temporary files: "client_body_temp"
  nginx http proxy temporary files: "proxy_temp"
  nginx http fastcgi temporary files: "fastcgi_temp"
  nginx http uwsgi temporary files: "uwsgi_temp"
  nginx http scgi temporary files: "scgi_temp"
```

使用 make 命令将源码包编译为二进制文件，具体如下所示。

```
[root@qfedu nginx-1.14.0]# make
```

查看编译是否成功，输出为 0 表示上一个操作成功，具体如下所示。

```
[root@qfedu nginx-1.14.0]# echo $?
0
```

安装软件包，具体如下所示。

```
[root@qfedu nginx-1.14.0]# make install
```

安装完成后，查看安装目录下的文件，具体如下所示。

```
[root@qfedu nginx-1.14.0]# ls /usr/local/nginx/
conf  html  logs  sbin
[root@qfedu nginx-1.14.0]# ls /usr/local/nginx/logs/
[root@qfedu nginx-1.14.0]# ls /usr/local/nginx/sbin/
Nginx
```

使用 rpm 命令并不能查询到源码安装的软件，如果忘记安装位置，再查找会十分费力，具体如下所示。

```
[root@qfedu nginx-1.14.0]# rpm -q nginx
package nginx is not installed
```

由于没有 www 用户，启动 Nginx 软件会失败，具体如下所示。

```
[root@qfedu nginx-1.14.0]# /usr/local/nginx/sbin/nginx
nginx: [emerg] getpwnam("www") failed
```

添加 www 用户，再次启动 Nginx 软件，具体如下所示。

```
[root@qfedu nginx-1.14.0]# useradd www
[root@qfedu nginx-1.14.0]# /usr/local/nginx/sbin/nginx
```

查看与 Nginx 相关的进程，具体如下所示。

```
[root@qfedu nginx-1.14.0]# ps aux | grep nginx
root  33714 0.0 0.0 45932  1124 ?   Ss  22:42  0:00  nginx: master process /usr/
local/nginx/sbin/nginx
www  33716 0.0 0.1 48464    1984 ?   S   22:42  0:00  nginx: worker process
root  33758 0.0 0.0 112704   968 pts/0 S+  22:43  0:00  grep --color=auto nginx
```

10.5 本章小结

源码编译操作

本章小结

本章主要介绍了 RPM 包管理，包括 RPM 包的安装、查询以及卸载。通过本章的学习，读者需要注意使用 RPM 安装软件包要考虑许多事项，如系统版本、系统架构、依赖关系等。

10.6 习题

一、选择题

1. 查看系统版本信息的命令为（　　）。

A. cat　　B. who　　C. ll　　D. echo

2. 查看系统架构信息的命令为（　　）。

A. ll　　B. uname　　C. grep　　D. vgscan

3. 在使用 RPM 安装过程中，“--force”参数表示（　　）。

A. 首次安装　　B. 强制安装　　C. 重新或覆盖安装　　D. 先卸载后安装

4. 在使用 RPM 安装过程中，“--nodeps”参数表示（　　）。

A. 不检验软件包的签名　　B. 重新或覆盖安装

C. -name　　D. 忽略依赖关系

5. 使用源码安装时，configure 后面的“--prefix”参数表示（　　）。

A. 指定安装路径　　B. 启用或禁用某项功能

C. 和其他软件关联　　D. 检测安装环境

二、填空题

1. ________是以数据库记录的方式将所需要的软件安装到 Linux 系统的一套管理机制。

2. 使用 rpm 查询 ntfs-3g 软件信息的命令为________。

3. 安装 ntfs-3g-2017.3.23-1.el7.x86_64.rpm 的命令为________。

4. 卸载 ntfs-3g 软件时忽略其他软件依赖的命令为________。

5. 安装 gcc 编译器的命令为________。

三、简答题

1. 如何使用 RPM 安装软件和卸载软件？

2. 如何进行源码安装？

11 第 11 章　yum 管理器

本章学习目标

- 掌握 yum 软件包安装
- 掌握自建 yum 源
- 了解 yum 签名检查机制

yum 软件包管理器能对软件进行安装、更新、卸载等，小到 Vim 编辑器，大到 OpenStack 软件，都需要对软件进行安装，因此，对于运维人员来说，掌握 yum 管理器的使用是非常有必要的，可以大大提升管理效率。

11.1　yum 管理器概述

软件包分为两种：源码包与二进制包，如表 11.1 所示。

表 11.1　源码包与二进制包

包类型	是否编译	示例
源码包	需要编译	nginx-1.12.1.tar.gz
二进制包	已编译	mysql-community-common-5.7.12-1.el7.x86_64.rpm

源码包中是软件原始的程序代码，需要在计算机上进行编译，然后才能安装运行，因此使用源码包安装耗时会比较长。用户可以修改源代码自定义功能，然后再将其编译成二进制包。

二进制包是已经编译完成的软件包，下载后可直接安装运行，但它不能被修改，会受系统版本或硬件平台的限制。

注意：不管是源码包还是二进制包，安装时都可能会有依赖关系。

yum（yellow dog updater，modified）是 CentOS 和 Red Hat 中的 Shell 前端软件包管理器，基于 RPM 包管理，能够从指定的服务器自动下载 RPM 包并安装，可以自动处理依赖关系，一次安装所有依赖的软件包，无须烦琐地一次次下载、安装。

问题是时代的声音，回答并指导解决问题是理论的根本任务。在 Linux 系统中，软件之间存在特有的依赖关系，yum 就是为了解决这个问题而存在的。服务器上存放了所有的 RPM 软件包，yum 以相关的功能去分析 RPM 文件之间的依赖关系，并将这些数据记录成文件存放在服务器的特定目录。当使用 yum 机制安装软件时，如需安装依赖软件，yum 就会根据 yum 源中定义好的路径查找依赖软件并安装。

11.2 yum 基础源

11.2.1 官方源

yum 源指定存放在/etc/yum.repos.d 目录下，文件必须以.repo 作为后缀名，具体如下所示。

```
[root@qfedu ~]# ls /etc/yum.repos.d/
CentOS-Base.repo        CentOS-fasttrack.repo  CentOS-Vault.repo
CentOS-CR.repo          CentOS-Media.repo
CentOS-Debuginfo.repo   CentOS-Sources.repo
```

在安装系统时默认安装的 yum 源称为官方源，如 base、extras、updates。这些服务器设在国外，下载速度稍慢。使用 yum 安装软件默认从这 3 个源中查找软件包与相关的依赖包，然后下载安装。使用 repolist 查看仓库信息，显示与系统相关的基础包的数量，具体如下所示。

```
[root@qfedu ~]# yum repolist
Loaded plugins: fastestmirror
Loading mirror speeds from cached hostfile
 * base: mirrors.btte.net
 * extras: mirrors.btte.net
 * updates: mirrors.btte.net
repo id                 repo name                             status
base/7/x86_64           CentOS-7 - Base                       9,911
extras/7/x86_64         CentOS-7 - Extras                     291
updates/7/x86_64        CentOS-7 - Updates                    539
repolist: 10,741
```

每次配置 yum 源后，需要清除以前的 yum 数据库信息，具体如下所示。

```
[root@qfedu ~]# yum clean all
Loaded plugins: fastestmirror, langpacks
Cleaning repos: base extras updates
Cleaning up everything
```

更新 yum 仓库本地缓存可以提高搜索与安装软件的速度，具体如下所示。

```
[root@qfedu ~]# yum makecache
Loaded plugins: fastestmirror, langpacks
base                                            | 3.6 kB  00:00:00
extras                                          | 3.4 kB  00:00:00
updates                                         | 3.4 kB  00:00:00
(1/12): base/7/x86_64/group_gz                  | 166 kB  00:00:00
(2/12): base/7/x86_64/filelists_db              | 6.9 MB  00:00:04
(3/12): base/7/x86_64/other_db                  | 2.5 MB  00:00:05
(4/12): extras/7/x86_64/prestodelta             |  47 kB  00:00:04
(5/12): extras/7/x86_64/filelists_db            | 517 kB  00:00:05
(6/12): extras/7/x86_64/primary_db              | 143 kB  00:00:00
(7/12): extras/7/x86_64/other_db                |  91 kB  00:00:00
(8/12): updates/7/x86_64/prestodelta            | 180 kB  00:00:01
(9/12): base/7/x86_64/primary_db                | 5.9 MB  00:00:11
(10/12): updates/7/x86_64/primary_db            | 1.2 MB  00:00:01
(11/12): updates/7/x86_64/filelists_db          | 875 kB  00:00:02
(12/12): updates/7/x86_64/other_db              | 201 kB  00:00:00
Determining fastest mirrors
```

```
Metadata Cache Created
```

11.2.2 阿里源

打开阿里巴巴开源镜像站，镜像名选择 CentOS，单击【帮助】按钮，如图 11.1 所示。

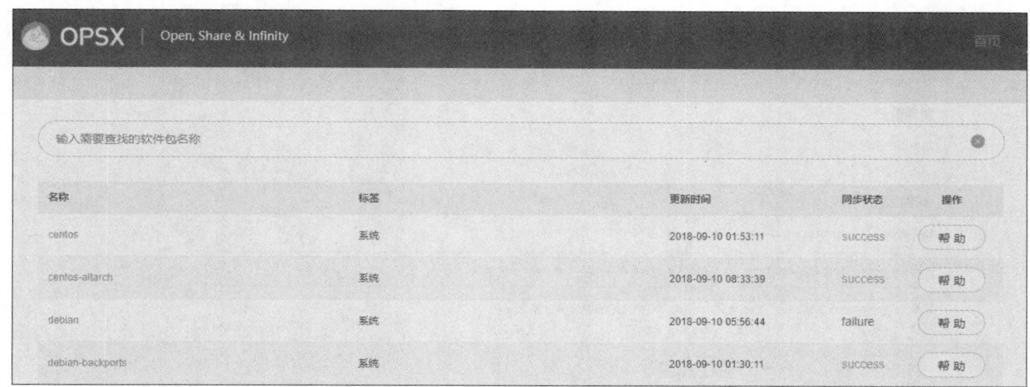

图 11.1 阿里源

根据弹出的帮助对话框，进行如下操作。

（1）备份。

```
mv /etc/yum.repos.d/CentOS-Base.repo /etc/yum.repos.d/CentOS-Base.repo.backup
```

（2）下载新的 CentOS-Base.repo 到/etc/yum.repos.d/。

```
wget -O /etc/yum.repos.d/CentOS-Base.repo http://mirrors.aliyun.com/repo/CentOS-7.
Repo
```

或者用以下语句。

```
curl -o /etc/yum.repos.d/CentOS-Base.repo http://mirrors.aliyun.com/repo/CentOS-7.
Repo
```

（3）运行 yum makecache 生成缓存。

11.2.3 网易源

打开网易开源镜像站，如图 11.2 所示。

欢迎访问网易开源镜像站

镜像名	上次更新时间	使用帮助
archlinux/	2018-05-22 11:37	archlinux使用帮助
archlinux-cn/	2018-05-22 11:46	archlinux-cn使用帮助
archlinuxarm/	2018-05-22 12:01	-
centos/	2018-05-22 12:30	centos使用帮助
ceph/	2018-05-22 09:10	ceph使用帮助
cpan/	2018-05-19 02:02	cpan使用帮助
cygwin/	2018-05-21 23:48	cygwin使用帮助
debian/	2018-05-22 12:51	debian使用帮助
debian-backports/	2016-03-31 04:28	debian-backports使用帮助
debian-cd/	2018-05-21 19:39	debian-cd使用帮助
debian-security/	2018-05-22 15:01	debian-security使用帮助
deepin/	2018-05-21 17:45	deepin使用帮助
deepin-cd/	2018-05-22 13:03	deepin-cd使用帮助
elastic/	2018-05-22 05:25	-

图 11.2 网易源

单击“centos 使用帮助”，可以看到详细的使用说明，如图 11.3 所示。

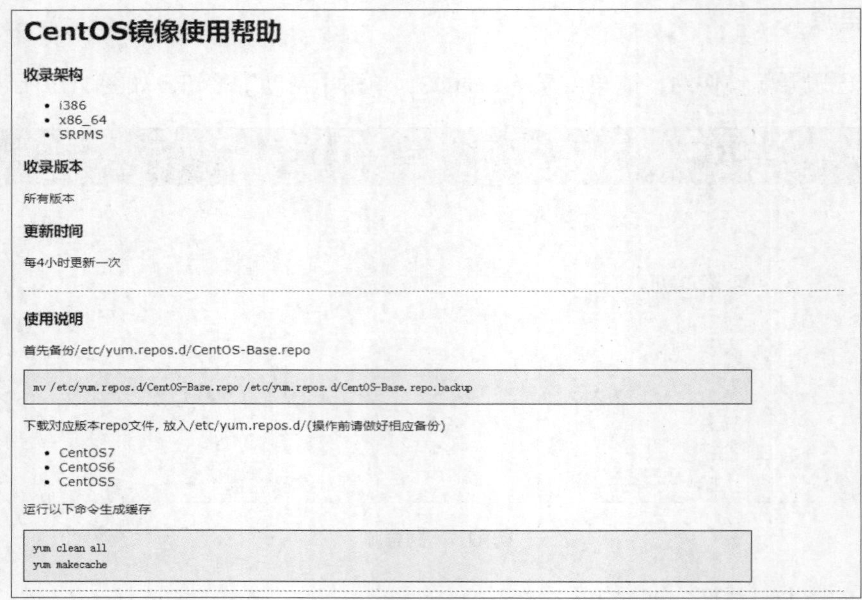

图 11.3　CentOS 镜像使用帮助

使用 curl 命令将官方源替换成网易源，具体如下所示。

```
[root@qfedu ~]# mv /etc/yum.repos.d/CentOS-Base.repo /etc/yum.repos.d/CentOS-Bas
e.repo.backup
[root@qfedu ~]# ls /etc/yum.repos.d/
CentOS-Base.repo.backup  CentOS-Debuginfo.repo   CentOS-Media.repo
    CentOS-Vault.repo          CentOS-CR.repo          CentOS-fasttrack.repo
    CentOS-Sources.repo
[root@qfedu~]# curl -o /etc/yum.repos.d/CentOS-Base.repo http://mirrors.163.com/
.help/CentOS7-Base-163.repo
% Total    % Received % Xferd  Average Speed   Time    Time     Time  Current
                               Dload  Upload   Total   Spent    Left  Speed
100  1572  100  1572    0     0  10791      0 --:--:-- --:--:-- --:--:-- 11819
[root@qfedu ~]# ls /etc/yum.repos.d/
CentOS-Base.repo         CentOS-Debuginfo.repo  CentOS-Sources.repo
CentOS-Base.repo.backup  CentOS-fasttrack.repo  CentOS-Vault.repo
CentOS-CR.repo           CentOS-Media.repo
```

11.2.4　EPEL 源

EPEL （Extra Packages for Enterprise Linux）是基于 Fedora 的一个项目，包含许多官方源里没有的软件包，如 Nginx 等。

使用 yum 安装 EPEL 源，具体如下所示。

```
[root@qfedu ~]# yum -y install epel-release
Loaded plugins: fastestmirror, langpacks
Loading mirror speeds from cached hostfile
Resolving Dependencies
--> Running transaction check
```

```
---> Package epel-release.noarch 0:7-11 will be installed
--> Finished Dependency Resolution
Dependencies Resolved
==============================================================
 Package      Arch      Version          Repository                 Size
==============================================================
Installing:
 epel-release  noarch  7-11             extras                     15 k
Transaction Summary
==============================================================
Install  1 Package
Total download size: 15 k
Installed size: 24 k
Downloading packages:
epel-release-7-11.noarch.rpm   |  15 kB  00:00:00
Running transaction check
Running transaction test
Transaction test succeeded
Running transaction
  Installing:        epel-release-7-11.noarch                        1/1
  Verifying:         epel-release-7-11.noarch                        1/1
Installed:
  epel-release.noarch 0:7-11
```

列出所有仓库信息，EPEL 源含有 12-559 个软件包，具体如下所示。

```
[root@qfedu ~]# yum repolist
Loaded plugins: fastestmirror, langpacks
Loading mirror speeds from cached hostfile
epel/x86_64/metalink                                  | 5.4 kB  00:00:00
 * epel: mirrors.huaweicloud.com
epel                                                  | 4.7 kB  00:00:00
(1/3):epel/x86_64/group_gz                            |  88 kB  00:00:00
(2/3):epel/x86_64/updateinfo                          | 926 kB  00:00:02
(3/3):epel/x86_64/primary_db                          | 6.4 MB  00:00:05
repo id              reponame                             status
base/7/x86_64          CentOS-7-Base-163.com                      9,911
epel/x86_64   Extra Packages for Enterprise Linux7 - x86_64      12,559
extras/7/x86_64      CentOS-7 - Extras - 163.com                 291
updates/7/x86_64     CentOS-7 - Updates - 163.com                539
repolist: 23,300
```

上述的 base、extras、updates、EPEL 源是服务器必备的，可根据实际情况选择国内或者国外的镜像。

通过 EPEL 源可以找到 Nginx 软件包，比 Nginx 官方发布的版本略低，具体如下所示。

```
[root@qfedu ~]# yum list nginx
Loaded plugins: fastestmirror, langpacks
Loading mirror speeds from cached hostfile
 * epel: mirrors.huaweicloud.com
Available Packages
nginx.x86_64                                    1:1.12.2-2.el7
```

11.3 软件官方源

基础源提供的软件包一般都不是最新的版本，若想安装最新版本，用户可以直接在软件的官方网站下载。

11.3.1 配置 Nginx 官方源

进入 Nginx 官方网站，首页依次列出 Nginx 的历史版本，选择最新的 nginx-1.14.0 稳定版，点击进入，如图 11.4 所示。

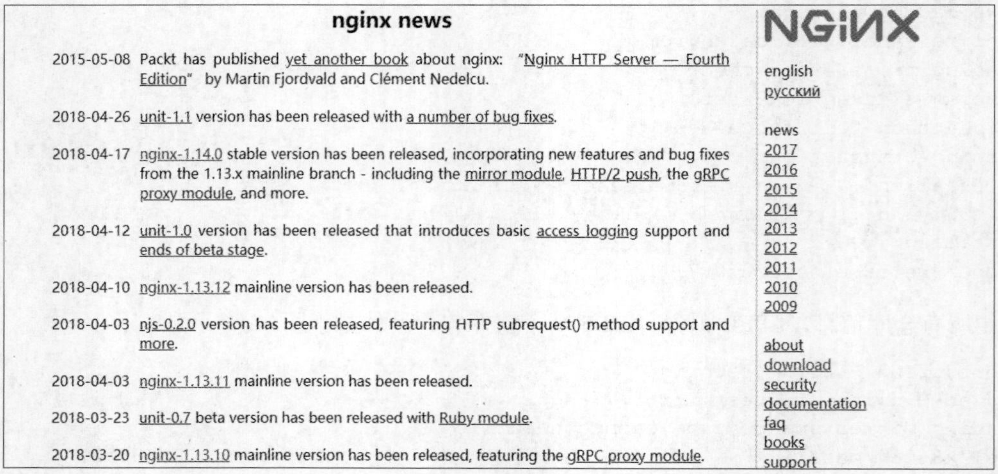

nginx news

2015-05-08	Packt has published yet another book about nginx: "Nginx HTTP Server — Fourth Edition" by Martin Fjordvald and Clément Nedelcu.
2018-04-26	unit-1.1 version has been released with a number of bug fixes.
2018-04-17	nginx-1.14.0 stable version has been released, incorporating new features and bug fixes from the 1.13.x mainline branch - including the mirror module, HTTP/2 push, the gRPC proxy module, and more.
2018-04-12	unit-1.0 version has been released that introduces basic access logging support and ends of beta stage.
2018-04-10	nginx-1.13.12 mainline version has been released.
2018-04-03	njs-0.2.0 version has been released, featuring HTTP subrequest() method support and more.
2018-04-03	nginx-1.13.11 mainline version has been released.
2018-03-23	unit-0.7 beta version has been released with Ruby module.
2018-03-20	nginx-1.13.10 mainline version has been released, featuring the gRPC proxy module.

NGINX

english
русский

news
2017
2016
2015
2014
2013
2012
2011
2010
2009

about
download
security
documentation
faq
books
support

图 11.4　Nginx 官网首页

在页面最下方的 Pre-Built Packges 标题下单击“stable version”，如图 11.5 所示。

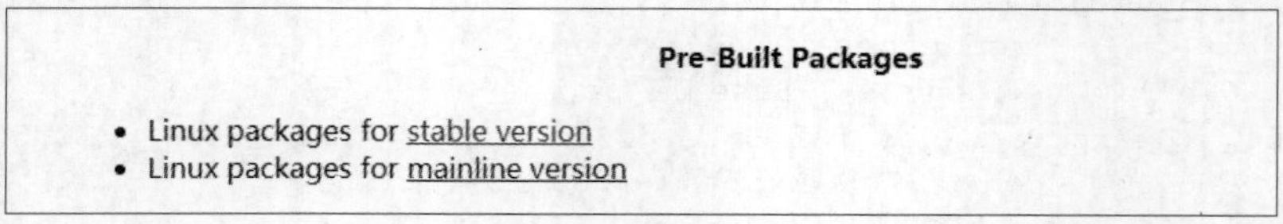

Pre-Built Packages

- Linux packages for stable version
- Linux packages for mainline version

图 11.5　单击 stable version

根据详细配置信息，在/etc/yum/repos.d 目录下创建 nginx.repo 文件，将配置信息写入即可，同时把 OS 替换为 CentOS，OSRELEASE 替换为 7，如图 11.6 所示。

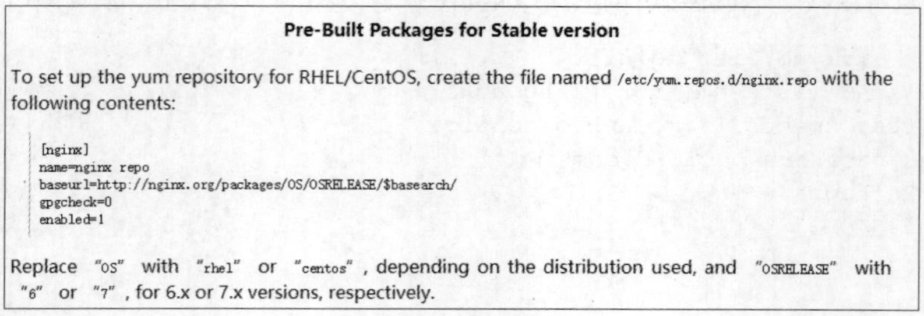

Pre-Built Packages for Stable version

To set up the yum repository for RHEL/CentOS, create the file named /etc/yum.repos.d/nginx.repo with the following contents:

```
[nginx]
name=nginx repo
baseurl=http://nginx.org/packages/OS/OSRELEASE/$basearch/
gpgcheck=0
enabled=1
```

Replace "OS" with "rhel" or "centos", depending on the distribution used, and "OSRELEASE" with "6" or "7", for 6.x or 7.x versions, respectively.

图 11.6　配置信息

在 CentOS 7 系统中建立 Nginx 仓库，具体如下所示。

```
[root@qfedu ~]# vim /etc/yum.repos.d/nginx.repo
[nginx]
name=nginx repo
baseurl=http://nginx.org/packages/centos/7/$basearch/
gpgcheck=0
enabled=1
```

再次查看，Nginx 软件已经存在 Nginx 仓库中，具体如下所示。

```
[root@qfedu ~]# yum list nginx
Loaded plugins: fastestmirror, langpacks
Loading mirror speeds from cached hostfile
 * base: mirrors.aliyun.com
 * extras: mirrors.aliyun.com
 * updates: mirrors.huaweicloud.com
Available Packages
nginx.x86_64          1:1.14.0-1.el7_4.ngx                 nginx
```

11.3.2　配置 MySQL 官方源

进入 MySQL 官方网站，在首页中找到 DOCUMENTATION，单击进入，如图 11.7 所示。

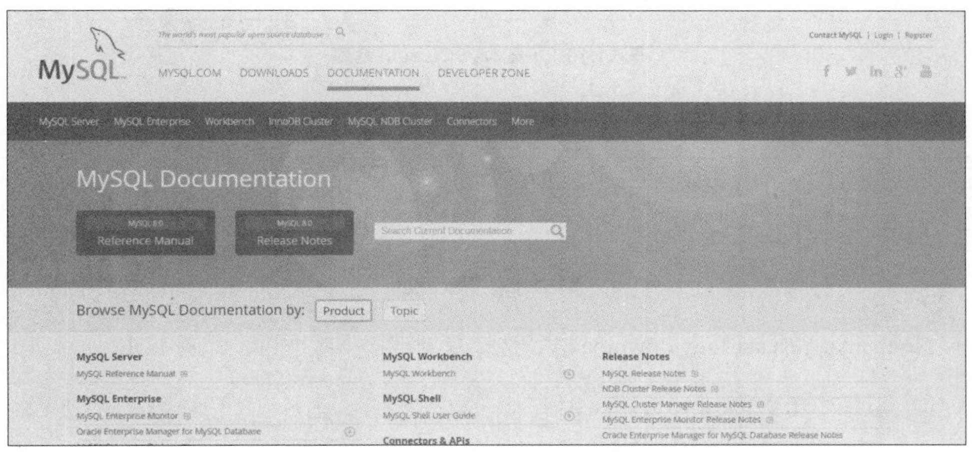

图 11.7　MySQL 官网首页

在 MySQL Server 标题下，单击展开，选择最新的 MySQL 8.0 参考手册，如图 11.8 所示。

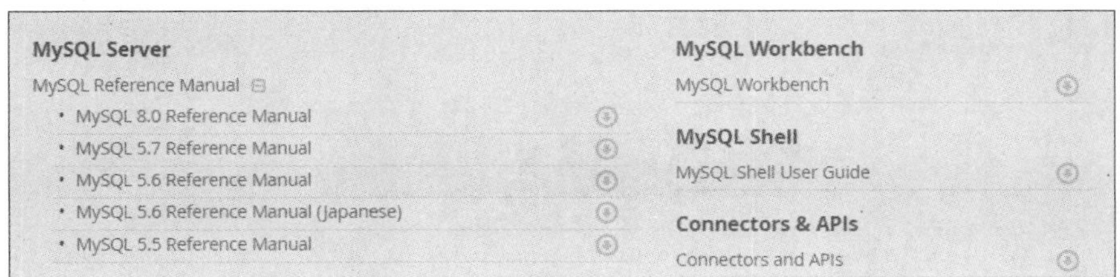

图 11.8　选择 MySQL 参考手册

选择以使用 MySQL Yum 仓库的方式安装 MySQL，右边显示详细的安装过程，如图 11.9 所示。

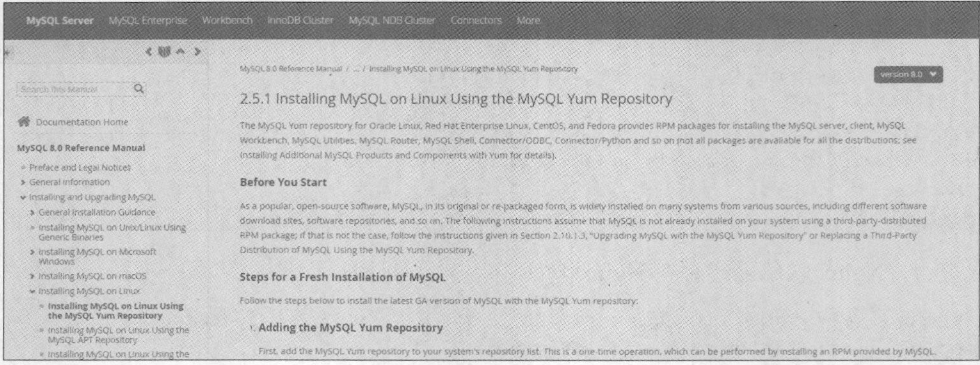

图 11.9　详细安装过程说明

单击进入下载 MySQL Yum 仓库界面，如图 11.10 所示。

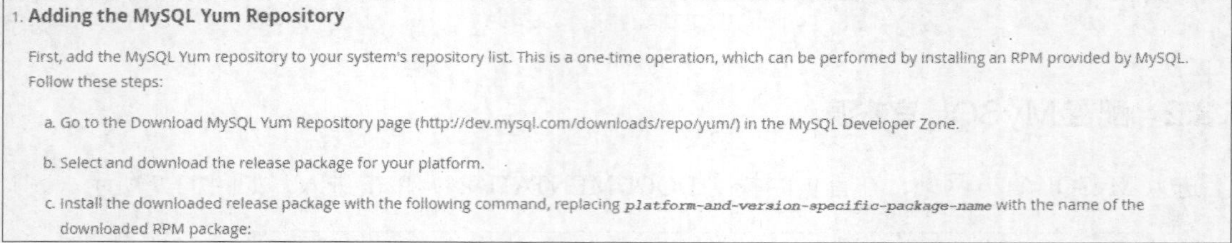

图 11.10　下载 MySQL Yum 仓库

选择 Linux 7，单击 Download，如图 11.11 所示。

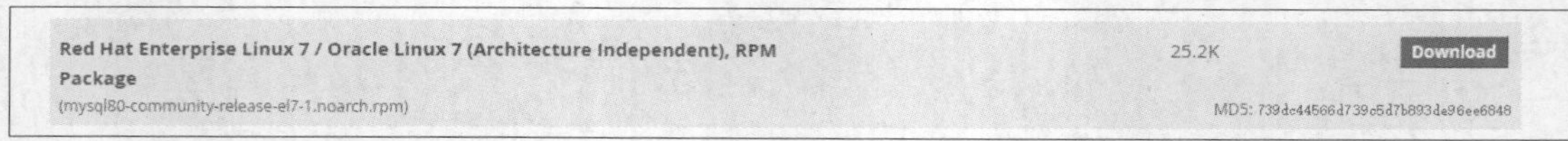

图 11.11　下载页面

单击“No thanks, just start my download.”，选择复制链接下载即可，如图 11.12 所示。

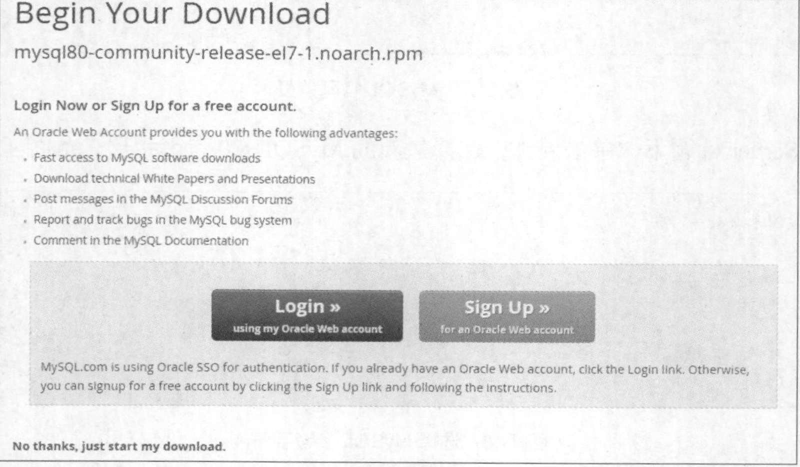

图 11.12　开始下载页面

在 CentOS 7 系统中使用 wget 命令下载 RPM 包，下载完成后使用 yum 命令安装 MySQL 官方源，具体如下所示。

```
[root@qfedu  ~]#  wget  https://dev.mysql.com/get/mysql80-community-release-el7-3.noarch.rpm
......此处省略下载过程......
[root@qfedu ~]# ls
mysql80-community-release-el7-3.noarch.rpm  nginx-1.17.6.tar.gz
[root@qfedu ~]# yum localinstall mysql80-community-release-el7-3.noarch.rpm
......此处省略安装过程......
```

操作完成后，用户可以使用 yum repolist 命令更新和查看系统中的 repo 源列表，也可以在 /etc/yum.repos.d/下查看到成功更新的 MySQL 源。具体如下所示。

```
[root@qfedu ~]# yum repolist                              //查看 repo 列表
Loaded plugins: fastestmirror
Loading mirror speeds from cached hostfile
epel/x86_64/metalink                                      | 5.6 kB  00:00:00
 * base: mirror.jdcloud.com
 * epel: mirrors.yun-idc.com
 * extras: ap.stykers.moe
 * updates: ap.stykers.moe
base                                                      | 3.6 kB  00:00:00
docker-ce-stable                                          | 3.5 kB  00:00:00
epel                                                      | 5.3 kB  00:00:00
extras                                                    | 2.9 kB  00:00:00
mysql-connectors-community                                | 2.5 kB  00:00:00
mysql-tools-community                                     | 2.5 kB  00:00:00
mysql80-community                                         | 2.5 kB  00:00:00
updates                                                   | 2.9 kB  00:00:00
(1/3): mysql-connectors-community/x86_64/primary_db       |  49 kB  00:00:00
(2/3): mysql-tools-community/x86_64/primary_db            |  66 kB  00:00:01
(3/3): mysql80-community/x86_64/primary_db                |  87 kB  00:00:01
repo id                          repo name                         status
base/7/x86_64                    CentOS-7 - Base                   10,097
docker-ce-stable/x86_64          Docker CE Stable - x86_64         63
*epel/x86_64   Extra Packages for Enterprise Linux 7 - x86_64      13,469
extras/7/x86_64              CentOS-7 - Extras                     305
mysql-connectors-community/x86_64  MySQL Connectors Community      131
mysql-tools-community/x86_64       MySQL Tools Community           100
mysql80-community/x86_64           MySQL 8.0 Community Server      145
updates/7/x86_64                   CentOS-7 - Updates              738
repolist: 25,048
[root@qfedu ~]# ls /etc/yum.repos.d/
CentOS-Base.repo             CentOS-Media.repo        epel.repo
CentOS-CR.repo               CentOS-Sources.repo      epel-testing.repo
CentOS-Debuginfo.repo        CentOS-Vault.repo        mysql-community.repo
CentOS-fasttrack.repo        docker-ce.repo           mysql-community-source.repo
```

11.3.3　配置 Zabbix 官方源

进入 Zabbix 官方网站，单击“Documentation”，如图 11.13 所示。

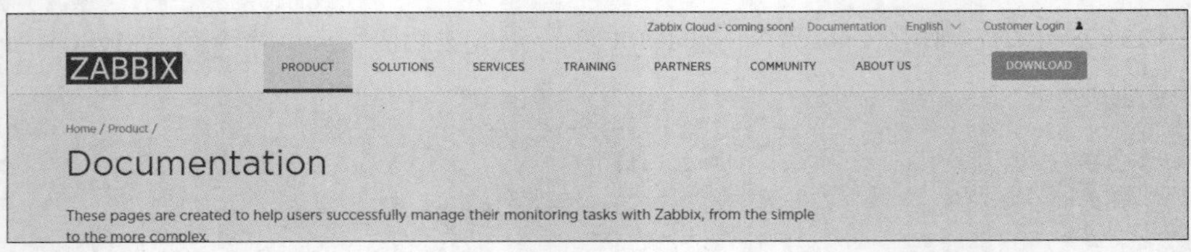

图 11.13　Zabbix 官方网站

页面中列出 Zabbix 的历史版本，选择 Zabbix 3.2 版本，如图 11.14 所示。

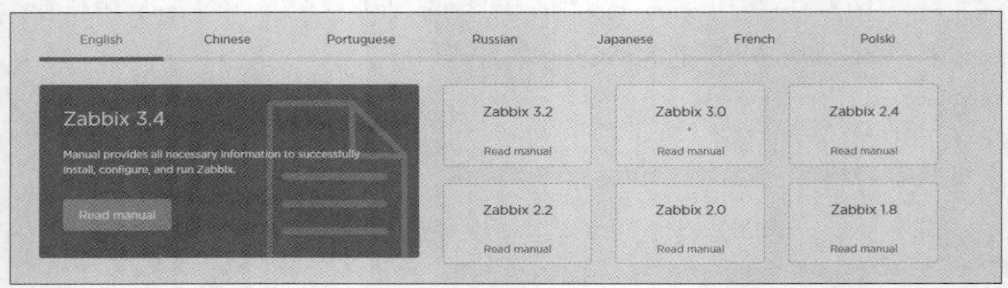

图 11.14　选择 Zabbix 版本

单击进入 Zabbix 文档页面，如图 11.15 所示。

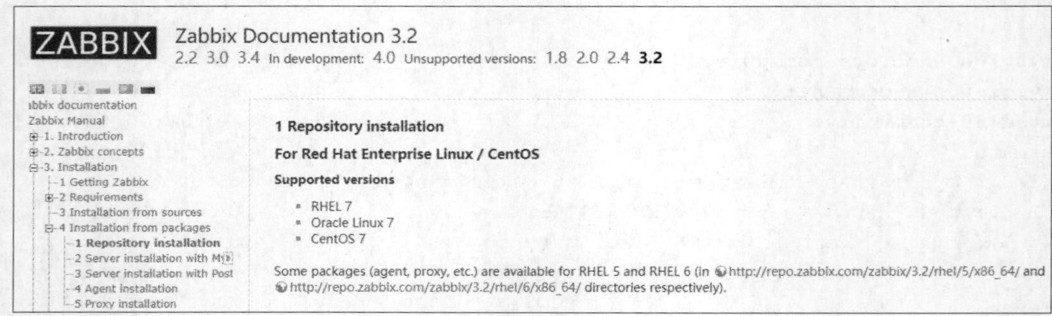

图 11.15　Zabbix 文档页面

在文档中查找仓库安装，复制下载安装命令即可，如图 11.16 所示。

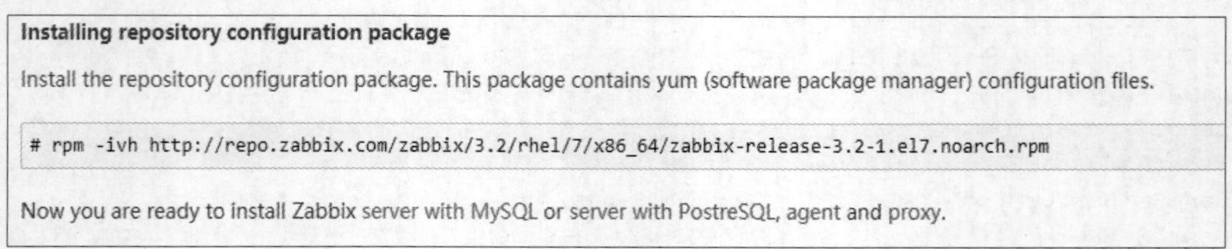

图 11.16　复制下载安装命令

11.4　yum 管理 RPM 包

yum 提供了安装、删除、查找某一个、某一组甚至全部 RPM 软件包的命令，极大地方便用户管理软件包。

11.4.1　yum 安装 RPM 包

查看 yum 源中是否存在可安装 httpd 软件包，具体如下所示。

```
[root@qfedu ~]# yum list httpd
Loaded plugins: fastestmirror, langpacks
Loading mirror speeds from cached hostfile
 * base: mirrors.aliyun.com
 * extras: ftp.sjtu.edu.cn
 * updates: mirrors.aliyun.com
Available Packages
httpd.x86_64          2.4.6-80.el7.centos                      base
```

显示可安装软件名为 httpd.x86_64，版本为 2.4.6-80.el7.centos，存在于 base 仓库中。

查看 wget 软件是否安装，具体如下所示。

```
[root@qfedu ~]# yum list wget
Loaded plugins: fastestmirror, langpacks
Loading mirror speeds from cached hostfile
 * base: mirrors.aliyun.com
 * extras: mirrors.zju.edu.cn
 * updates: mirrors.aliyun.com
Installed Packages
wget.x86_64             1.14-15.el7                      @anaconda
```

仓库名称前的@符号表示已经安装此软件。

通过 yum 安装 httpd 软件包，具体如下所示。

```
[root@qfedu ~]# yum -y install httpd
Dependencies Resolved
============================================================
 Package      Arch       Version                Repository   Size
============================================================
Installing:
 httpd        x86_64     2.4.6-80.el7.centos    base         2.7 M
Installing for dependencies:
 apr          x86_64     1.4.8-3.el7_4.1        base         103 k
 apr-util     x86_64     1.5.2-6.el7            base          92 k
 httpd-tools x86_64     2.4.6-80.el7.centos    base          89 k
 mailcap     noarch     2.1.41-2.el7           base          31 k
Transaction Summary
=========================================================
Install  1 Package (+4 Dependent packages)
```

可以看出，在安装 httpd 软件包时，会自动安装 4 个依赖包。“-y”参数表示当安装过程中系统需要输入确认，可自动提供 yes 的响应。

安装完成之后，如果执行如下命令，将只卸载 httpd 包，并不能卸载 4 个依赖包，具体如下所示。

```
[root@qfedu ~]# yum -y remove httpd
```

注意：安装时必须先安装 4 个依赖包，再安装 httpd 包。

yum 可同时安装多个软件，当某个软件的名称不明确，也可以使用通配符代替一个或多个实际字符，具体如下所示。

```
[root@qfedu ~]# yum -y install httpd vsftpd *vnc
```

若某种原因导致已安装软件出现问题，可以重新安装该软件，具体如下所示。

```
[root@qfedu ~]# yum -y reinstall httpd
```

通常在安装之后需要对整个系统进行更新，以防系统出现漏洞或者软件版本过旧导致一些不兼容的问题，具体如下所示。

```
[root@qfedu ~]# yum -y update
```

若要对某一个软件进行升级，如对内核进行升级，先查看是否存在最新的版本，若存在可对其进行升级，具体如下所示。

```
[root@qfedu ~]# yum list kernel
Loaded plugins: fastestmirror, langpacks
Loading mirror speeds from cached hostfile
 * epel: mirrors.tongji.edu.cn
Installed Packages
kernel.x86_64        3.10.0-693.el7                         @anaconda
Available Packages
kernel.x86_64        3.10.0-862.2.3.el7                     updates
[root@qfedu ~]# yum -y update kernel
```

升级完成后，需要重新启动系统，在开机时会多一个内核选项，系统会自动选择新内核启动。

当软件包已经下载完成，只需给出路径直接使用 yum 在本地安装即可，具体如下所示。

```
[root@qfedu ~]# yum -y install /root/OpenIPMI-2.0.19-11.el7.x86_64.rpm
```

提供 URL 路径安装，具体如下所示。

```
[root@qfedu  ~]#  yum  -y  install  https://dev.mysql.com/get/mysql57-community-
release-el7-9.noarch.rpm
```

yum 还可以安装一个组的包。查看 mariadb 组的信息，提示会强制安装 mariadb-server 包，可选择安装 mariadb-bench 与 mariadb-test 包，具体如下所示。

```
[root@qfedu ~]# yum groupinfo mariadb
Loaded plugins: fastestmirror, langpacks
There is no installed groups file.
Maybe run: yum groups mark convert (see man yum)
Loading mirror speeds from cached hostfile
 * epel: mirrors.tongji.edu.cn
Group: MariaDB Database Server
 Group-Id: mariadb
 Description: The MariaDB SQL database server, and associated packages.
 Mandatory Packages:
   +mariadb-server
 Optional Packages:
   mariadb-bench
   mariadb-test
```

groupinstall 表示安装组，具体如下所示。

```
[root@qfedu ~]# yum groupinstall mariadb
```

11.4.2　yum 查询 RPM 包

使用 list 列出所有 RPM 软件包的名称与版本信息，或查看某个软件包的相关信息，具体如下所示。

```
[root@qfedu ~]# yum list httpd
Loaded plugins: fastestmirror, langpacks
Loading mirror speeds from cached hostfile
 * epel: mirrors.tongji.edu.cn
Available Packages
httpd.x86_64                    2.4.6-80.el7.centos         base
```

使用 list installed 查看已经安装的软件包的信息，具体如下所示。

```
[root@qfedu ~]# yum list installed
Loaded plugins: fastestmirror, langpacks
Loading mirror speeds from cached hostfile
 * epel: mirrors.tongji.edu.cn
Installed Packages
GConf2.x86_64                3.2.6-8.el7                       @anaconda
GeoIP.x86_64                 1.5.0-11.el7                      @anaconda
ModemManager.x86_64          1.6.10-1.el7                      @base
ModemManager-glib.x86_64     1.6.10-1.el7                      @base
NetworkManager.x86_64        1:1.10.2-14.el7_5                 @updates
NetworkManager-adsl.x86_64 1:1.10.2-14.el7_5                   @updates
……………………….部分省略……………………………….
```

使用 info 查看软件的名称、版本、功能等详细信息，具体如下所示。

```
[root@qfedu ~]# yum info httpd
Loaded plugins: fastestmirror, langpacks
Loading mirror speeds from cached hostfile
 * epel: mirrors.tongji.edu.cn
Available Packages
Name        : httpd
Arch        : x86_64
Version     : 2.4.6
Release     : 80.el7.centos
Size        : 2.7 M
Repo        : base/7/x86_64
Summary     : Apache HTTP Server
URL         : http://httpd.apache.org/
License     : ASL 2.0
Description : The Apache HTTP Server is a powerful, efficient, and extensible
            : web server.
```

在使用 yum 查询时，可以选择在本地的 RPM 数据库或者 yum 源中查询，也就是说只能针对 RPM 包进行查询，如果使用源码进行安装则查询不到任何相关信息，如同 Windows 系统中安装的绿色软件并不能在注册表中找到。

11.4.3　yum 卸载 RPM 包

使用 remove 卸载 RPM 软件包，只能卸载软件包本身，不能同时卸载依赖包。yum 自带历史记录功能，可以查看以前的操作，具体如下所示。

```
[root@qfedu ~]# yum history
Loaded plugins: fastestmirror, langpacks
ID     | Login user               | Date and time    | Action(s)        | Altered
-------------------------------------------------------------------------------
     7 | root <root>              | 2018-05-23 16:58 | Install          |    4
     6 | root <root>              | 2018-05-23 14:12 | I, U             |   30
     5 | root <root>              | 2018-05-23 13:41 | Erase            |    4
     4 | root <root>              | 2018-05-22 17:29 | Install          |    1
     3 | root <root>              | 2018-05-22 11:28 | Install          |    5
     2 | root <root>              | 2018-05-22 18:40 | I, O, U          |  614 EE
     1 | System <unset>           | 2018-05-22 17:37 | Install          |  1318
history list
```

根据 history 所显示的 ID 可以查看某一个操作的具体信息，例如，查看 ID 为 7 的操作，具体如下所示。

```
[root@qfedu ~]# yum history info 7
Loaded plugins: fastestmirror, langpacks
Transaction ID: 7
Begin time: Wed May 23 16:58:00 2018
Begin rpmdb: 1342:15157ded1d95ea82cc9aa8dd80c97bd349dc45c8
End time: 16:58:04 2018 (4 seconds)
End rpmdb: 1346:95f276cdb09d956de4e1abf33ba1af5416845362
User: root <root>
Return-Code: Success
Command Line: install -y httpd
Transaction performed with:
    Installed     rpm-4.11.3-32.el7.x86_64                        @base
    Installed     yum-3.4.3-158.el7.centos.noarch                 @base
    Installed     yum-plugin-fastestmirror-1.1.31-45.el7.noarch   @base
Packages Altered:
    Dep-Install  apr-1.4.8-3.el7_4.1.x86_64                       @base
    Dep-Install  apr-util-1.5.2-6.el7.x86_64                      @base
    Install       httpd-2.4.6-80.el7.centos.x86_64                @base
    Dep-Install httpd-tools-2.4.6-80.el7.centos.x86_64            @base
history info
```

添加 undo 可以撤销历史操作，例如，撤销 ID 为 7 的操作，会同时移除 httpd 安装包与所有的依赖包，具体如下所示。

```
[root@qfedu ~]# yum history undo 7
……………………部分省略……………………
Removed:
  apr.x86_64  0:1.4.8-3.el7_4.1    apr-util.x86_64  0:1.5.2-6.el7    httpd.x86_64
0:2.4.6-80.el7.centos  httpd-tools.x86_64 0:2.4.6-80.el7.centos
Complete!
```

再次查看 history，新增 ID 为 8 的操作记录，显示为 erase，具体如下所示。

```
[root@qfedu ~]# yum history
Loaded plugins: fastestmirror, langpacks
ID     | Login user               | Date and time    | Action(s)        | Altered
-------------------------------------------------------------------------------
     8 | root <root>              | 2018-05-23 18:00 | Erase            |    4
```

```
      7 | root <root>          | 2018-05-23 16:58 | Install       |    4
      6 | root <root>          | 2018-05-23 14:12 | I, U          |   30
      5 | root <root>          | 2018-05-23 13:41 | Erase         |    4
      4 | root <root>          | 2018-05-22 17:29 | Install       |    1
      3 | root <root>          | 2018-05-22 11:28 | Install       |    5
      2 | root <root>          | 2018-05-22 18:40 | I, O, U       |  614 EE
      1 | System <unset>       | 2018-05-22 17:37 | Install       |  1318
history list
```

再撤销 ID 为 8 的操作，httpd 包又被重新安装，具体如下所示。

```
 [root@qfedu ~]# yum history undo 8
..............................部分省略..............................................
Installed:
  apr.x86_64 0:1.4.8-3.el7_4.1  apr-util.x86_64 0:1.5.2-6.el7  httpd.x86_64
0:2.4.6-80.el7.centos  httpd-tools.x86_64 0:2.4.6-80.el7.centos
Complete!
```

11.4.4　查询扩展

当 RPM 软件包数量庞大且名称较复杂时，仅凭脑力记忆是不行的，此时就需要用一些特殊的方法进行查询，例如，使用关键字查询。

查找名称中有关键字 chinese 的软件包，具体如下所示。

```
[root@qfedu ~]# yum list |grep chinese
ibus-table-chinese.noarch       1.4.6-3.el7                        @anaconda
fcitx-table-chinese.noarch      4.2.9.6-1.el7                       epel
ghostscript-chinese.noarch      0.4.0-4.el7                        base
..............................部分省略..............................................
```

过滤出拼音输入法的软件包，具体如下所示。

```
[root@qfedu ~]# yum list |grep pinyin
ibus-libpinyin.x86_64          1.6.91-4.el7                          @anaconda
libpinyin.x86_64               0.9.93-4.el7                          @anaconda
libpinyin-data.x86_64          0.9.93-4.el7                          @anaconda
..............................部分省略..............................................
```

有时软件包的名称与软件包的内容会有一些出入，导致查找不到相关软件，使用 search 不仅可以通过软件名称进行查询，还可以通过相关软件描述进行查询。例如，查找含有关键字 chinese 的软件包，允许关键字在软件描述中出现，具体如下所示。

```
[root@qfedu ~]# yum search chinese
Loaded plugins: fastestmirror, langpacks
Loading mirror speeds from cached hostfile
 * epel: mirrors.ustc.edu.cn
====================N/S matched: chinese===========================
fcitx-table-chinese.noarch : Chinese table of Fcitx
ghostscript-chinese.noarch : Common files for ghostscript-chinese
ghostscript-chinese-zh_CN.noarch : Ghostscript Simplified Chinese fonts
configuration files
ghostscript-chinese-zh_TW.noarch : Ghostscript Traditional Chinese fonts
configuration files
google-noto-sans-simplified-chinese-fonts.noarch : Sans Simplified Chinese font
google-noto-sans-traditional-chinese-fonts.noarch : Sans Traditional Chinese font
```

```
ibus-table-chinese.noarch : Chinese input tables for IBus
kde-l10n-Chinese.noarch : Chinese (Simplified Chinese) language support for KDE
kde-l10n-Chinese-Traditional.noarch : Chinese (Traditional) language support for KDE
adobe-source-han-sans-cn-fonts.noarch : Adobe OpenType Pan-CJK font family for
Simplified Chinese
adobe-source-han-sans-twhk-fonts.noarch : Adobe OpenType Pan-CJK font family for
Traditional Chinese
.........................部分省略..............................................................
  Name and summary matches only, use "search all" for everything
```

再如，以 web server 为关键字进行查询，具体如下所示。

```
[root@qfedu ~]# yum search "web server" |less
Loaded plugins: fastestmirror, langpacks
Loading mirror speeds from cached hostfile
 * epel: mirrors.tongji.edu.cn
====================N/S matched: webserver=========================
caddy.x86_64 : HTTP/2 web server with automatic HTTPS
erlang-inets.x86_64 : A set of services such as a Web server and a ftp client
.......................................部分省略..............................................
```

当已知文件的名称以及路径时，使用 yum provides 可以查找到其所属的软件包。例如，/etc/vsftpd/vsftpd.conf 所属的软件包为 vsftpd-3.0.2-22.el7.x86_64，具体如下所示。

```
[root@qfedu ~]# yum provides /etc/vsftpd/vsftpd.conf
Loaded plugins: fastestmirror, langpacks
Loading mirror speeds from cached hostfile
 * epel: mirrors.tongji.edu.cn
vsftpd-3.0.2-22.el7.x86_64 : Very Secure Ftp Daemon
Repo: base
Matched from:
Filename    : /etc/vsftpd/vsftpd.conf
```

在实际情况下，清晰地记住文件路径几乎是不可能的，此时可以通过添加通配符“*”帮助查询，具体如下所示。

```
[root@qfedu ~]# yum provides *vsftpd/vsftpd.conf
Loaded plugins: fastestmirror, langpacks
Loading mirror speeds from cached hostfile
 * epel: mirrors.tuna.tsinghua.edu.cn
vsftpd-3.0.2-22.el7.x86_64 : Very Secure Ftp Daemon
Repo        : base
Matched from:
Filename  : /etc/vsftpd/vsftpd.conf
```

查询某个命令所属的软件包，不用提供任何其他信息，直接查询即可，例如，查询 gnuplot 命令所属的软件包，具体如下所示。

```
[root@qfedu ~]# yum provides gnuplot
Loaded plugins: fastestmirror, langpacks
Loading mirror speeds from cached hostfile
 * epel: mirrors.tongji.edu.cn
gnuplot-4.6.2-3.el7.x86_64 : A program for plotting mathematical expressions and data
Repo: base
```

11.5　自建 yum 源

在互联网上下载 RPM 软件包，无论是使用基础源，还是使用软件的官方源，速度都不会太快。如果是一台或者几台服务器还可以接受，若是几百台、几千台服务器同时需要下载 RPM 软件包，显然这种速度是无法满足需求的。解决这个问题的方法是建立一个内部的 yum 源。

在一台服务器上创建 yum 源作为 yum server，并共享 yum 源，其他服务器可以作为客户机进行访问，并下载软件包。

yum server 获得软件包有两种方式：一种为手动更新，用户可以到官方网站下载软件包并传到 yum server；一种为自动更新，做计划任务，每天在规定的时间进行更新，相当于对官方源做镜像。如客户机需要 Zabbix 软件包，yum server 到官方网站去下载，然后客户机从 yum server 获取即可，如图 11.17 所示。

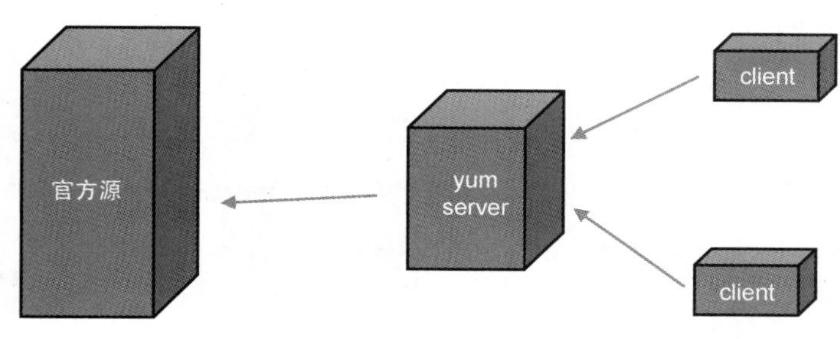

图 11.17　自建 yum 源

11.5.1　建立 yum server

此处的示例将使用两台基础环境相同的虚拟机进行操作。一台作为服务器（yum server），主机名为 qfedu-server。另一台作为客户机（client），主机名为 qfedu-client。

下面将在服务器端的防火墙中配置 FTP 服务，用于资源共享，具体如下所示。

```
[root@qfedu-server ~]# firewall-cmd --permanent --add-service=ftp
success
[root@qfedu-server ~]# firewall-cmd --reload
Success
```

关闭 SELinux 服务，将配置文件中的“SELINUX=enforcing”修改为“SELINUX=disabled”，具体如下所示。

```
[root@qfedu-server ~]# vim /etc/sysconfig/selinux
SELINUX=disabled
```

需要注意，上述关闭 SELinux 服务的方式需要重启虚拟机才可以生效。此处读者也可以使用 setenforce 0 命令临时关闭防火墙。防火墙确认关闭后即可安装 FTP 服务（FTP 详细的部署流程可参考本书 15.1 节），具体如下所示。

```
[root@qfedu-server ~]# yum -y install vsftpd
.............................部分省略.................................
Installed:
  vsftpd.x86_64 0:3.0.2-22.el7
```

```
Complete!
```

启动 vsftpd 服务，具体如下所示。

```
[root@qfedu-server ~]# systemctl start vsftpd
```

设置为开机启动，具体如下所示。

```
[root@qfedu-server ~]# systemctl enable vsftpd
Created symlink from /etc/systemd/system/multi-user.target.wants/vsftpd.service to
/usr/lib/systemd/system/vsftpd.service.
```

启动 yum 缓存，具体如下所示。

```
[root@qfedu-server ~]# vim /etc/yum.conf
keepcache=1
```

设置 keepcache=1，每次下载完成后，安装包并不会被删除，而是保存在/var/cache/yum/x86_64/7 目录下 yum 源的 packages 目录中。

清除所有仓库缓存，升级并下载软件包，具体如下所示。

```
[root@qfedu-server ~]# yum clean all
```

下载完成之后，需将缓存的数据复制到新创建的/var/ftp/update 目录下，具体如下所示。

```
[root@qfedu-server ~]# mkdir /var/ftp/update
[root@qfedu-server ~]# find /var/cache/yum/x86_64/7/ -iname "*.rpm" -exec cp -rf {}
/var/ftp/update \;
```

查看 update 目录下的文件，具体如下所示。

```
[root@qfedu-client ~]# ls /var/ftp/update
abrt-2.1.11-50.el7.centos.x86_64.rpm
abrt-addon-ccpp-2.1.11-50.el7.centos.x86_64.rpm
abrt-addon-kerneloops-2.1.11-50.el7.centos.x86_64.rpm
……………………部分省略……………………………………
```

使用 createrepo 命令创建新的 yum 源，具体如下所示。

```
[root@qfedu -server ~]# yum -y install createrepo
[root@qfedu-server ~]# createrepo /var/ftp/update
Spawning worker 0 with 641 pkgs
Workers Finished
Saving Primary metadata
Saving file lists metadata
Saving other metadata
Generating sqlite DBs
Sqlite DBs complete
```

11.5.2 建立 client

对客户机的 base 源进行压缩处理，让其失去作用，具体如下所示。

```
[root@qfedu-client ~]# gzip /etc/yum.repos.d/CentOS-Base.repo
[root@qfedu-client ~]# yum repolist
Loaded plugins: fastestmirror, langpacks
Loading mirror speeds from cached hostfile
```

```
repolist: 0
```

配置新的源文件，baseurl 指向 yum server 的/update 目录，gpgcheck 设置为 0，enabled 设置为 1，具体如下所示。

```
[root@qfedu-client ~]# vim /etc/yum.repos.d/update.repo
[update]
name= centos update
baseurl=ftp://10.18.45.72/update        //此处 IP 地址为服务器 IP 地址
gpgcheck=0
enabled=1
```

查看仓库信息，仓库名称显示为 update，含有 641 个软件包，具体如下所示。

```
[root@qfedu-client ~]# yum repolist
Loaded plugins: fastestmirror, langpacks
Loading mirror speeds from cached hostfile
repo id      repo name                          status
update       centos update                        641
repolist: 641
```

使用自建的 yum 源对客户机进行升级，具体如下所示。

```
[root@qfedu-client ~]# yum update
………………部分省略……………………………..
  xorg-x11-server-Xorg.x86_64 0:1.19.5-5.el7
  xorg-x11-server-common.x86_64 0:1.19.5-5.el7
  xorg-x11-xinit.x86_64 0:1.3.4-2.el7
  yum.noarch 0:3.4.3-158.el7.centos
  yum-plugin-fastestmirror.noarch 0:1.1.31-45.el7
  yum-utils.noarch 0:1.1.31-45.el7
Replaced:
  grub2.x86_64 1:2.02-0.64.el7.centos grub2-tools.x86_64 1:2.02-0.64.el7.centos
Complete!
```

11.5.3　自建软件源

1. 配置 Nginx 源

在服务器端配置 Nginx 源，以便让服务器可以进行更新操作，具体如下所示。

```
[root@qfedu-server ~]# vim /etc/yum.repos.d/nginx.repo
[nginx]
name=nginx repo
baseurl=http://nginx.org/packages/centos/7/$basearch/
gpgcheck=0
enabled=1
```

2. 下载软件包作为 yum 源数据包

yum server 从 Nginx 官方网站下载软件包，添加--downloadonly，不对其进行安装，具体如下所示。

```
[root@qfedu-server ~]# yum clean all
[root@qfedu-server ~]# yum install nginx --downloadonly
[root@qfedu-server ~]# mkdir /var/ftp/nginx
[root@qfedu-server ~]# find /var/cache/yum/x86_64/7/ -iname "*.rpm" -exec cp -rf {}
```

```
/var/ftp/nginx
```

3. 创建 repodata

```
[root@qfedu-server ~]# createrepo /var/ftp/nginx
```

4. yum client 测试

```
[root@qfedu-client ~]# vim /etc/yum.repos.d/nginx.repo
[nginx]
name=nginx
baseurl=ftp://10.18.45.72/nginx
gpgcheck=0
enabled=1
[root@qfedu-client ~]# yum repolist
repo id        repo name                              status
nginx          nginx                                  1
update         centos update                          75
[root@qfedu-client ~]# yum -y install nginx
```

11.6 yum 签名检查机制

Red Hat 在构建 RPM 包时，使用其私钥（private key）对 RPM 包进行签名。用户在使用 RMP 包时，为了验证其合法性，可以使用 Red Hat 提供的公钥（public key）进行签名检查。

验证签名有两种方法：事先导入公钥和指定公钥的位置。下面分别讲解这两种方法的实现。

1. 事先导入公钥

首先导入公钥，具体如下所示。

```
[root@qfedu ~]# rpm --import /etc/pki/rpm-gpg/RPM-GPG-KEY-CentOS-7
```

然后开启签名验证，即设置 gpgcheck=1，具体如下所示。

```
[root@qfedu ~]# vim /etc/yum.repos.d/CentOS-Base.repo
[base]
name=CentOS-$releasever - Base
mirrorlist=http://mirrorlist.centos.org/?release=$releasever&arch=$basearch&repo
=os&infra=$infra
#baseurl=http://mirror.centos.org/centos/$releasever/os/$basearch/
gpgcheck=1
```

2. 指定公钥的位置

在源文件中开启签名验证并指定公钥位置，具体如下所示。

```
[root@qfedu ~]# vim /etc/yum.repos.d/CentOS-Base.repo
[base]
name=CentOS-$releasever - Base
mirrorlist=http://mirrorlist.centos.org/?release=$releasever&arch=$basearch&repo
=os&infra=$infra
#baseurl=http://mirror.centos.org/centos/$releasever/os/$basearch/
gpgcheck=1
gpgkey=file:///etc/pki/rpm-gpg/RPM-GPG-KEY-CentOS-7
```

11.7 本章小结

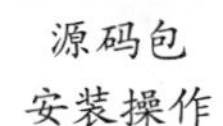

本章主要讲解了 yum 管理 RPM 软件包，在重点掌握 yum 安装、查询、卸载软件的操作。yum 可以根据用户的需求分析出所需软件包及其依赖关系，然后自动从服务器下载软件包并安装到系统，大大降低了软件安装难度。

11.8 习题

一、选择题

1. 下列选项中，不属于官方源的是（　　）。

A. Nginx　　B. base　　C. extras　　D. updates

2. 查看 yum 源中是否存在可安装软件包的命令为（　　）。

A. yum install　　B. yum list　　C. yum clean all　　D. yum remove

3. 重新安装软件的命令为（　　）。

A. yum install　　B. yum list　　C. yum reinstall　　D. yum remove

4. 查看文件所属的软件包的命令为（　　）。

A. yum info　　B. yum search　　C. yum update　　D. yum provides

5. 下列说法错误的是（　　）。

A. yum 不可以更改 yum 源　　B. yum 可以方便地实现软件包升级

C. yum 也是通过 RPM 包安装软件　　D. yum 可以解决软件包依赖关系

二、填空题

1. 软件包分为两种：源码包与________。
2. yum 源文件必须以________作为后缀名。
3. yum 源指定存放在________目录下。
4. 使用 yum 历史记录的命令为________。
5. 用 yum 安装软件时可以使用________参数自动安装。

三、简答题

1. 如何自建软件源（如 Nginx）？
2. 如何进行 yum 签名检查?

12 第 12 章　计划任务

本章学习目标

- 了解计划任务概念
- 熟悉一次性调度执行
- 掌握循环调度执行

计划任务是指在未来的特定时间里，执行一次特定的任务，主要是做一些周期性的任务，目前最主要的用途是定期备份数据。例如，用户每天需要对数据库进行备份，此时可以编写一个脚本，手动执行成功后，创建一个计划任务，每天凌晨 2：00 执行一次。此外，计划任务还可以用于定期清理垃圾文件、对日志文件进行切割等。

12.1　一次性调度执行

执行计划任务的方式有两种：一次性调度执行与循环调度执行。在不做重定向的情况下，计划任务执行中的所有输出都会以邮件的形式发送给指定用户。

一次性调度执行，即执行一次就结束调度。at 命令用于执行一次性任务，适合应对突发性和临时性任务，例如，在 2 分钟后启动一个可执行程序，或者在数天后执行一个脚本。

首先安装 at，然后启动 atd 进程，并设置为开机启动，具体如下所示。

```
[root@qfedu ~]# yum -y install at
[root@qfedu ~]# systemctl start atd
[root@qfedu ~]# systemctl enable atd
```

at 命令的语法格式如下所示。

```
at <TIMESPEC>
```

其中，<TIMESPEC>可以为以下形式。

```
now +5min：从当前时间开始
teatime tomorrow (teatime is 16:00)
noon +4 days
5pm august 3 2019
```

【例 12-1】 在 1 分钟后，创建用户名为 linux 的普通用户。

```
[root@qfedu ~]# at now +1min
at> useradd linux
```

```
at> <EOT>
job 4 at Fri May 25 16:33:00 2018
```

在使用 at 命令时，按 Ctrl+D 键可以结束输入。

使用 atq 命令查看系统中待执行的任务列表。

```
[root@qfedu ~]# atq
4       Fri May 25 16:33:00 2018 a root
```

1 分钟后，查看是否已创建用户 linux。

```
[root@qfedu ~]# id linux
uid=1001(linux) gid=1001(linux) groups=1001(linux)
```

如果任务较多，用上述方法相对烦琐，此时可以把命令写入一个文件，并通过重定向输入到 at 命令中。

【例 12-2】 创建一个文件 at.jobs，写入两条创建普通用户的命令，同时在/home 目录下创建一个以当天时间命名的文件。

```
[root@qfedu ~]# vim at.jobs
useradd linux01
useradd linux02
touch /home/`date +%F`_file.txt
```

设定 1 分钟后执行该文件内容。

```
[root@qfedu ~]# at now +1min < at.jobs
job 5 at Fri May 25 17:28:00 2018
```

查看创建的 2 个普通用户 linux01 与 linux02。

```
[root@qfedu ~]# id linux01
uid=1002(linux01) gid=1002(linux01) groups=1002(linux01)
[root@qfedu ~]# id linux02
uid=1003(linux02) gid=1003(linux02) groups=1003(linux02)
```

在/home 目录下可以看到新创建的文件。

```
[root@qfedu ~]# ls /home/
2018-05-25_file.txt  linux  linux01  linux02
```

【例 12-3】 普通用户使用 sudo 执行命令需要提供密码。使用 visudo 命令修改 sudoers 配置文件，在第 99 行前添加#号，将其注释掉，同时删除第 102 行前的#号，这样加入 wheel 组的用户用 sudo 执行命令将不再需要密码。

```
[root@qfedu ~]# visudo
98 ## Allows people in group wheel to run all commands
99 #%wheel        ALL=(ALL)       ALL
100
101 ## Same thing without a password
102 %wheel  ALL=(ALL)       NOPASSWD: ALL
```

创建普通用户 linux03，将其加入 wheel 组。

```
[root@qfedu ~]# useradd linux03 -G wheel
```

切换到普通用户 linux03，在文件 at.jobs 中写入创建两个普通用户的命令，同时在/home 目录下创建一个文件。

```
[root@qfedu ~]# su - linux03
[linux03@qfedu ~]$ vim at.jobs02
sudo useradd linux04
sudo useradd linux05
sudo touch /home/'date +%F'_file.txt
```

设定 1 分钟后执行该文件内容。

```
[linux03@qfedu ~]$ at now +1min < at.jobs02
job 6 at Sat May 26 13:38:00 2018
```

查看创建的 2 个普通用户 linux04 与 linux05。

```
[linux03@qfedu ~]$ id linux04
uid=1005(linux04) gid=1005(linux04) groups=1005(linux04)
[linux03@qfedu ~]$ id linux05
uid=1006(linux05) gid=1006(linux05) groups=1006(linux05)
```

在/home 目录下可以看到新创建的文件。

```
[linux03@qfedu ~]$ ls /home/
2018-05-25_file.txt  linux    linux02  linux04
2018-05-26_file.txt  linux01  linux03  linux05
```

12.2 循环调度执行

at 命令是进行一次调度，循环调度是进行若干次调度，系统服务为 cron 控制。查看 crond 进程，当前进程状态为正在运行中，开机自动启动，具体如下所示。

```
[root@qfedu ~]# systemctl status crond
• crond.service - Command Scheduler
   Loaded: loaded (/usr/lib/systemd/system/crond.service; enabled; vendor preset: enabled)
   Active: active (running) since Sat 2018-05-26 13:01:33 CST; 2h 0min ago
 Main PID: 1177 (crond)
    Tasks: 1
   CGroup: /system.slice/crond.service
           └─1177 /usr/sbin/crond -n
May 26 13:01:33 qfedu-server systemd[1]: Started Command Scheduler.
May 26 13:01:33 qfedu-server systemd[1]: Starting Command Scheduler...
May 26 13:01:34 qfedu-server crond[1177]: (CRON) INFO (RANDOM_DELAY will be scaled....)
May 26 13:01:34 qfedu-server crond[1177]: (CRON) INFO (running with inotify support)
Hint: Some lines were ellipsized, use -l to show in full.
```

crond 进程每分钟会处理一次计划任务，查看是否有任务需要执行。例如，某任务需要 10 分钟执行一次，其他任务可能需要 20 分钟或者数小时执行一次，crond 进程会每分钟对这些任务扫描一次，如果某一个任务到了执行时间，将执行该任务。

12.2.1 用户级

用户使用 crontab 命令创建循环调度，为了系统安全，可以对用户使用这个命令做出限制：将可以使用 crontab 命令的用户的名称写入/etc/cron.allow 文件，不在该文件内的用户不能使用 crontab 命令；或者将不可以使用 crontab 命令的用户的名称写入/etc/cron.deny 文件，不在该文件内的用户可以使用 crontab 命令。

/etc/cron.allow 的优先级比/etc/cron.deny 高，一般只选择其中一个，以免影响判断。系统默认保留的是/etc/cron.deny 文件，如在文件内写入 jack 与 jerry 两个普通用户（注意每个用户占一行），这两个用户使用 crontap 命令时，系统提示不允许使用，具体如下所示。

```
[root@qfedu ~]# vim /etc/cron.deny
jerry
jack
~
[root@qfedu ~]# su-jerry
[jerry@qfedu root]$ crontab -e
You (jerry) are not allowed to use this program (crontab)
See crontab(1) for more information
[jack@qfedu root]$ crontab -e
You (jack) are not allowed to use this program (crontab)
See crontab(1) for more information
```

当用户新创建循环调度时，每一个用户都会有一个和自己同名的文件，用于存储用户的任务。任务存储的位置在/var/spool/cron 目录下，具体如下所示。

```
[root@qfedu ~]# ls /var/spool/cron
```

循环调度可以通过以下命令进行管理。

```
crontab -l    //列出当前用户的任务
crontab -r    //删除当前用户的所有任务
crontab -e    //编辑当前用户的任务
```

此外，管理员可以使用“-u username”管理其他用户的计划任务。

使用“crontab -e”编辑计划任务时，需要遵循任务的语法格式，具体如下所示。

```
Minutes   Hours   Day-of-Month   Month   Day-of-Week   Command
```

每个参数的具体含义如下所示。

```
# .---------------- minute (0 - 59)
# |  .------------- hour (0 - 23)
# |  |  .---------- day of month (1 - 31)
# |  |  |  .------- month (1 - 12) OR jan,feb,mar,apr ...
# |  |  |  |  .---- day of week (0 - 6) (Sunday=0 or 7) OR sun,mon,tue,wed,thu,fri,sat
# |  |  |  |  |
# *  *  *  *  *  command
```

设定的时间后面一般不是一个命令，而是一个可执行的脚本，所有需要执行的操作都写入这个脚本。

使用循环调度实现 MySQL 备份操作，具体如下所示。

```
0  2  *  *  * /mysql_back.sh          //每天的 2：00 执行
0  2  14 *  * /mysql_back.sh          //每月 14 日的 2：00 执行
0  2  14 2  * /mysql_back.sh          //每年 2 月 14 日的 2：00 执行
0  2  *  *  5 /mysql_back.sh          //每周五的 2：00 执行
```

```
0  2  *  6  5 /mysql_back.sh            //每年 6 月的周五 2：00 执行
0  2  2  *  5 /mysql_back.sh            //每月 2 日 2：00 或周五的 2：00 执行
0  2  2  6  5 /mysql_back.sh            //每年 6 月 2 日 2：00 或周五 2：00 执行
*/5 *  *  *  * /mysql_back.sh           //每隔 5 分钟执行
0 2 1,4,6 * * /mysql_back.sh            //每月的 1、4、6 日 2：00 执行
0 2 5-9  *  * /mysql_back.sh            //每月的 5~9 日 2：00 执行
```

下面 3 个语句语法没有错误，但逻辑上是有问题的，因为 MySQL 备份也需要消耗时间，在实际生产环境中需考虑备份的时间周期。

```
*  *  *  *  * /mysql_back.sh
0  *  *  *  * /mysql_back.sh
*  *  2  *  * /mysql_back.sh
```

下面演示循环调度的创建及使用，在 root 用户下创建一个循环调度，设定每分钟执行一次 date 命令，具体如下所示。

```
[root@qfedu ~]# crontab -e
* * * * * date
~
```

添加“-l”参数，可列出当前用户的所有任务，具体如下所示。

```
[root@qfedu ~]# crontab -l
* * * * * date
```

在不重定向的情况下，执行结果会以邮件的形式发送给用户，具体如下所示。

```
 [root@qfedu ~]# mail
Heirloom Mail version 12.5 7/5/10.  Type ? for help.
"/var/spool/mail/root": 12 messages 10 new 12 unread
 U  1 (Cron Daemon) Sat May 26 16:43  26/842 "Cron <root@qfedu> date"
 U  2 (Cron Daemon) Sat May 26 16:44  26/842 "Cron <root@qfedu> date"
>N  3 (Cron Daemon) Sat May 26 16:45  25/832 "Cron <root@qfedu> date"
 N  4 (Cron Daemon) Sat May 26 16:46  25/832 "Cron <root@qfedu> date"
 N  5 (Cron Daemon) Sat May 26 16:47  25/832 "Cron <root@qfedu> date"
```

输入 1，查看第 1 份邮件的信息，结果为“Date: Sat, 26 May 2018 16:43:01 +0800 (CST)”，具体如下所示。

```
& 1
Message  1:
From root@qfedu.localdomain  Sat May 26 16:43:01 2018
Return-Path: <root@qfedu.localdomain>
X-Original-To: root
Delivered-To: root@qfedu.localdomain
From: "(Cron Daemon)" <root@qfedu.localdomain>
To: root@qfedu.localdomain
Subject: Cron <root@qfedu> date
Content-Type: text/plain; charset=UTF-8
Auto-Submitted: auto-generated
Precedence: bulk
X-Cron-Env: <XDG_SESSION_ID=30>
X-Cron-Env: <XDG_RUNTIME_DIR=/run/user/0>
X-Cron-Env: <LANG=en_US.UTF-8>
```

```
X-Cron-Env: <SHELL=/bin/sh>
X-Cron-Env: <HOME=/root>
X-Cron-Env: <PATH=/usr/bin:/bin>
X-Cron-Env: <LOGNAME=root>
X-Cron-Env: <USER=root>
Date: Sat, 26 May 2018 16:43:01 +0800 (CST)
Status: RO
Sat May 26 16:43:01 CST 2018
New mail has arrived.
Loaded 2 new messages
 N 13 (Cron Daemon)          Sat May 26 16:55  25/832   "Cron <root@qfedu> date"
 N 14 (Cron Daemon)          Sat May 26 16:56  25/832   "Cron <root@qfedu> date"
```

如果不关闭，该调度进程会一直执行下去。添加“-r”参数可删除任务，具体如下所示。

```
[root@qfedu ~]# crontab -r
```

12.2.2　系统级

系统级的循环调度执行主要负责临时文件的清理、系统信息的采集、日志的轮转（切割）。

在/etc/crontab 文件中可定义计划任务。首次打开该文件，其中仅有一些环境定义与可参考的示例。例如，使用的 Shell 类型为/bin/bash，直找路径为/sbin:/bin:/usr/sbin:/usr/bin。在该文件中可以定义系统级的计划任务，添加至文件最后一行即可，具体如下所示。

```
[root@qfedu ~]# vim /etc/crontab
SHELL=/bin/bash                  //使用 Shell 类型
PATH=/sbin:/bin:/usr/sbin:/usr/bin       //查找路径
MAILTO=root                     //邮件收件人
# For details see man 4 crontabs
# Example of job definition:
# .---------------- minute (0 - 59)
# |  .------------- hour (0 - 23)
# |  |  .---------- day of month (1 - 31)
# |  |  |  .------- month (1 - 12) OR jan,feb,mar,apr ...
# |  |  |  |  .---- day of week (0 - 6) (Sunday=0 or 7) OR sun,mon,tue,wed,thu,fri,sat
# |  |  |  |  |
# *  *  *  *  * user-name  command to be executed
```

系统级计划任务还可以定义在/etc/cron.d 目录下。查看该目录下文件，具体如下所示。

```
[root@qfedu ~]# ls /etc/cron.d
0hourly  raid-check  sysstat
```

查看 0hourly 文件内容，具体如下所示。

```
[root@qfedu ~]# cat /etc/cron.d/0hourly
# Run the hourly jobs
SHELL=/bin/bash
PATH=/sbin:/bin:/usr/sbin:/usr/bin
MAILTO=root
01 * * * * root run-parts /etc/cron.hourly
```

在用户名后添加 run-parts，表示可执行目录中的所有脚本，如每小时 01 分以 root 用户执行/etc/cron.hourly 目录下所有脚本，具体如下所示。

```
01 * * * * root run-parts /etc/cron.hourly
```

查看/etc/cron.hourly/0anacron 文件，具体如下所示。

```
[root@qfedu ~]# cat /etc/cron.hourly/0anacron
#!/bin/sh
# Check whether 0anacron was run today already
if test -r /var/spool/anacron/cron.daily; then
   day='cat /var/spool/anacron/cron.daily'
fi
if [ 'date +%Y%m%d' = "$day" ]; then
   exit 0;
fi
# Do not run jobs when on battery power
if test -x /usr/bin/on_ac_power; then
   /usr/bin/on_ac_power >/dev/null 2>&1
   if test $? -eq 1; then
   exit 0
   fi
fi
/usr/sbin/anacron -s
You have new mail in /var/spool/mail/root
```

其中，“/usr/sbin/anacron -s”表示启动 anacron 进程。当系统因为某种原因在计划任务预定执行时间出现问题，例如，系统重新启动，恰好 crond 的调度任务应该在这个时间段里执行，crond 进程便不会执行本次操作，需要再等一个循环，这时就需要 anacron 进程进行管控。

anacron 并不能完全替代 crond，只是去执行某些时刻 crond 没有执行的调度任务。anacron 不能像 crond 那样指定具体时间去执行某项调度任务，而是在开机时立即启动，检测未执行的调度任务，并将任务执行一遍，然后自动停止。

/etc/anacrontab 为 anacron 的配置文件，具体如下所示。

```
[root@qfedu ~]# cat /etc/anacrontab
# /etc/anacrontab: configuration file for anacron
# See anacron(8) and anacrontab(5) for details.
SHELL=/bin/sh
PATH=/sbin:/bin:/usr/sbin:/usr/bin
MAILTO=root
# the maximal random delay added to the base delay of the jobs
RANDOM_DELAY=45
# the jobs will be started during the following hours only
START_HOURS_RANGE=3-22
#period in days   delay in minutes   job-identifier        command
1                  5            cron.daily        nice run-parts /etc/cron.daily
7                 25            cron.weekly nice run-parts /etc/cron.weekly
@monthly          45            cron.monthlynice run-parts /etc/cron.monthly
```

anacron 根据/var/spool/anacron/目录下的文件判断上次计划任务是否执行，具体如下所示。

```
[root@qfedu ~]# cat /var/spool/anacron/cron.daily
20180528
[root@qfedu ~]# cat /var/spool/anacron/cron.weekly
20180522
```

12.3 本章小结

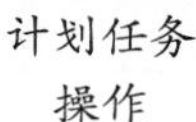

本章主要讲解了计划任务的相关知识，包括一次性调度执行和循环调度执行，循环调度执行又可分为用户级和系统级。在实际环境中，用户级循环调度执行使用较多，读者需重点掌握其用法。

12.4 习题

一、选择题

1.（　　）命令用于执行一次性任务。

A. at　　B. atd　　C. crond　　D. anacron

2. 在设置一次性调度执行时，使用（　　）命令查看系统中待执行的任务列表。

A. at　　B. atq　　C. atd　　D. crond

3. 使用（　　）命令修改 sudoers 配置文件。

A. vi　　B. vim　　C. visudo　　D. sudo

4.（　　）进程每分钟会处理一次计划任务，查看是否有任务需要执行。

A. at　　B. anacron　　C. cron　　D. crond

5. 循环调度通过（　　）命令编辑当前用户的任务。

A. crontab -e　　B. crontab –l　　C. crontab -r　　D. crontab -v

二、填空题

1. 执行计划任务的方式有两种：一次性调度执行与________。

2. 当用户新创建循环调度时，任务存储的位置在________目录下。

3. 使用“crontab -e”编辑计划任务时，“0　2　2　*　5 /mysql_back.sh”表示________。

4. 在不重定向的情况下，计划任务的执行结果会以________的形式发送给用户。

5. ________的循环调度执行主要负责临时文件的清理、系统信息的采集、日志的轮转（切割）。

三、简答题

1. 简述使用“crontab -e”编辑计划任务时，任务语法格式中各参数的含义。

2. 用户级循环调度可以通过哪些命令进行管理？

第 13 章　日志系统

本章学习目标

- 熟悉日志管理
- 掌握日志的采集
- 掌握日志的分析

系统的日志是记录硬件、软件和系统问题的信息，同时也记录系统中发生的事件。用户可以通过它来检查错误发生的原因，或者查找攻击者留下的痕迹。

13.1　日志管理基础

日志文件是用于记录系统操作事件的记录文件或文件集合，可分为事件日志和消息日志，在处理历史数据、问题追踪以及理解系统活动等方面起着重要作用。

13.1.1　处理日志的进程

rsyslogd 进程采集与记录绝大部分与系统相关的日志，包括安全、认证、计划任务等方面。使用 ps 命令查看该进程，具体如下所示。

```
[root@qfedu-log ~]# ps aux |grep rsyslogd
root 677 0.2 0.2 216388  5408 ?   Ssl  19:11   0:00 /usr/sbin/rsyslogd
-n
root 2408  0.0  0.0 112664 968 pts/0 R+ 19:14 0:00 grep --color=auto
rsyslogd
```

另外，Apache、Nginx、MySQL 等服务以自己的方式记录与分析日志。本章主要介绍与系统相关的日志。

日志文件可以存放在本地，也可以存放在远程服务器。

13.1.2　常见的日志文件

/var/log 目录下都是日志文件，文件名称以日期结尾表示该日志已经被切割过，具体如下所示。

```
[root@qfedu-log ~]# ls /var/log
anaconda            gdm                    qemu-ga    vmware-vgauthsvc.log.0
audit               glusterfs              rhsm       vmware-vmsvc.log
boot.log            grubby_prune_debug     sa         vmware-vmusr.log
boot.log-20180611   lastlog                samba      wpa_supplicant.log
btmp                libvirt                secure     wtmp
```

```
chrony              maillog             secure-20180611     Xorg.0.log
cron                maillog-20180611    speech-dispatcher   Xorg.0.log.old
cron-20180611       messages            spooler             Xorg.9.log
cups                messages-20180611   spooler-20180611    yum.log
dmesg               ntpstats            sssd
dmesg.old           pluto               tallylog
firewalld           ppp                 tuned
```

/var/log/messages 文件为系统的主日志文件，几乎系统发生的所有事件都会记录到此文件中。

```
[root@qfedu-log ~]# tail /var/log/messages
```

/var/log/secure 文件为认证、安全相关的日志文件，涉及账号与密码输入的事件都会记录在此文件中。例如，登录使用的 GDM 程序、su、sudo 程序，远程登录使用的 ssh、telnet 等程序，登录信息都会保存在该文件中。

```
[root@qfedu-log ~]# tail /var/log/secure
```

创建一个普通用户 user01，并切换到该用户模式下，具体如下所示。

```
[root@qfedu-log ~]# useradd user01
[root@qfedu-log ~]# su user01
[user01@qfedu-log root]$
```

在/var/log/secure 文件中可以查看到新增加的两条日志信息，具体如下所示。

```
[root@qfedu-log ~]# tailf /var/log/secure
Jun 12 00:11:17 qfedu-log useradd[5336]: new user: name=user01, UID=1001, GID=1001,
home=/home/user01, shell=/bin/bash
Jun 12 00:11:50 qfedu-log su: pam_unix(su:session): session opened for user user01
by root(uid=0)
```

使用 ssh 命令远程登录到这台主机，在/var/log/secure 文件中可以看到登录用户的信息，具体如下所示。

```
[root@qfedu ~]# ssh 10.18.45.155
[root@qfedu-log ~]# tailf /var/log/secure
Jun 12 00:33:15 qfedu-log sshd[5636]: Accepted password for root from 10.18.45.185
port 51676 ssh2
Jun 12 00:33:16 qfedu-log sshd[5636]: pam_unix(sshd:session): session opened for user
root by (uid=0)
```

/var/log/cron 文件记录调度任务的实际情况。

```
[root@qfedu-log ~]# tail /var/log/cron
```

/var/log/dmesg 文件记录系统开机时内核检测过程产生的信息。

```
[root@qfedu-log ~]# less /var/log/dmesg
```

/var/log/yum.log 文件记录 yum 安装、升级软件的时间以及名称等信息。

```
[root@qfedu-log ~]# tail /var/log/yum.log
```

有一些文件是不能直接查看的，如/var/log/wtmp 文件，它属于二进制文件，内容显示为乱码，具体如下所示。

```
[root@qfedu-log ~]# cat /var/log/wtmp
~~~reboot3.10.0-693.el7.x86_64��[�G
```

```
�.:0root:0N�[#� ————————————————————5~~~runlevel3.10.0-693.el7.x86_64Q
�[��
~~~reboot3.10.0-693.el7.x86_64N<-[eX————————————————————5~~~runlevel3.10
.0-693.el7.x86_64�<-[f�:0root:0�<-[D�.
```

使用 w 命令可以查看/var/log/wtmp 文件，了解当前登录到主机的用户，具体如下所示。

```
[root@qfedu-log ~]# w
 01:41:28 up  6:29,  2 users,  load average: 0.00, 0.01, 0.05
USER TTY FROM         LOGIN@  IDLE  JCPU PCPU  WHAT
root  :0      :0          19:13    ?xdm?  3:26   0.32s  /usr/libexec/gnome-ses
root  pts/0   :0          19:14    0.00s  0.32s  0.03s  w
root  pts/1  10.18.45.185  01:58    5.00s  0.03s  0.03s  -bash
```

/var/log/btmp 文件记录最近登录的用户，使用 last 命令查看，具体如下所示。

```
[root@qfedu-log ~]# last
root     pts/1        10.18.45.185      Tue Jun 12 01:58   still logged in
root     pts/2        10.18.45.185      Tue Jun 12 00:37 - 00:38  (00:00)
root     pts/2        10.18.45.185      Tue Jun 12 00:33 - 00:37  (00:03)
root     pts/1        :0                Tue Jun 12 00:10 - 00:51  (00:40)
root     pts/0        :0                Mon Jun 11 19:14   still logged in
root     :0           :0                Mon Jun 11 19:13   still logged in
reboot   system boot  3.10.0-693.el7.x  Mon Jun 11 19:11 - 02:08  (06:56)
```

13.1.3 rsyslogd 子系统

rsyslogd 是默认安装的系统工具，查看其配置文件，具体如下所示。

```
[root@qfedu-log ~]# rpm -qc rsyslog
/etc/logrotate.d/syslog               //和日志轮转（切割）相关
/etc/rsyslog.conf                     //rsyslogd 的主配置文件
/etc/sysconfig/rsyslog                //rsyslogd 相关文件
```

查看 rsyslogd 的主配置文件，共有 91 行，文件中有一些模块，可以开启或者关闭某些功能，具体如下所示。

```
[root@qfedu-log ~]# vim /etc/rsyslog.conf
14 # Provides UDP syslog reception
15 #$ModLoad imudp
16 #$UDPServerRun 514
18 # Provides TCP syslog reception
19 #$ModLoad imtcp
20 #$InputTCPServerRun 514
```

rsyslogd 可以把日志放到本地，也可以作为日志服务器接收远程发送来的日志信息。例如，允许 514 端口接收使用 UDP 协议转发过来的日志，需要打开这个模块，将 14~15 行“#”删除即可；允许 514 端口接收使用 TCP 协议转发过来的日志，将 18～20 行“#”删除即可。

从第 46 行开始为日志文件的规则，规定不同设备对不同级别的信息的处理方式，其中“*”是通配符，代表任何设备或任何级别信息，none 表示不对任何级别的信息进行记录，具体如下所示。

```
46 #### RULES ####
48 # Log all kernel messages to the console.
49 # Logging much else clutters up the screen.
```

```
50# kern.*                                    /dev/console
52 # Log anything (except mail) of level info or higher.
53 # Don't log private authentication messages!
```

第 54 行表示把所有 info 级别及高于该级别的信息记录到/var/log/messages 文件中，不包括 mail、authpriv 与 cron 设备的信息，具体如下所示。

```
54*.info;mail.none;authpriv.none;cron.none     /var/log/messages
```

第 57 行表示将 authpriv 设备中的任何级别的信息记录到/var/log/secure 文件中，这主要是一些与认证、权限使用相关的信息，具体如下所示。

```
56 # The authpriv file has restricted access.
57authpriv.*                                   /var/log/secure
```

第 59 行表示将 mail 设备中的任何级别的信息记录到/var/log/maillog 文件中，这主要是与电子邮件相关的信息，具体如下所示。

```
59 # Log all the mail messages in one place.
60mail.*                                      /var/log/maillog
```

第 64 行表示将 cron 设备中的任何级别的信息记录到/var/log/cron 文件中，这主要是与系统中定期执行的任务相关的信息，具体如下所示。

```
63 # Log cron stuff
64cron.*                                      /var/log/cron
```

第 67 行表示将任何设备的 emerg 级别的信息发送给所有正在系统上的用户，具体如下所示。

```
66 # Everybody gets emergency messages
67*.emerg                                      :omusrmsg:*
```

第 70 行表示将 uucp 与 news 设备的 crit 级别的信息记录到/var/log/spooler 文件中，具体如下所示。

```
69 # Save news errors of level crit and higher in a special file.
70uucp,news.crit                                /var/log/spooler
```

第 73 行表示将与系统启动相关的信息记录到/var/log/boot.log 文件中，具体如下所示。

```
72 # Save boot messages also to boot.log
73 local7.*                                     /var/log/boot.log
```

日志文件规则中的设备和级别可以通过 man 命令查看，具体如下所示。

```
[root@qfedu-log ~]# man 3 syslog
```

查找函数 syslog()中的 facility 参数，具体如下所示。

```
facility
LOG_AUTH                          安全认证
LOG_AUTHPRIV                      安全认证(private)
LOG_CRON                          cron 和 at
LOG_DAEMON                        后台进程
LOG_FTP                           ftp 守护进程
LOG_KERN                          内核消息
LOG_LOCAL0 through LOG_LOCAL7     用户自定义设备
```

```
LOG_LPR                                   行式打印系统
LOG_MAIL                                  邮件系统
LOG_NEWS                                  USENET news 系统
LOG_SYSLOG                                syslogd 自身产生的日志
LOG_USER (default)                        通用用户级消息
LOG_UUCP                                  UUCP 系统
```

查找函数 syslog()中的 level 参数，具体如下所示。

```
level
LOG_EMERG                   紧急，致命，服务无法继续运行，如配置文件丢失
LOG_ALERT                   报警，需要立即处理，如磁盘空使用 95%
LOG_CRIT                    致命行为
LOG_ERR                     错误行为
LOG_WARNING                 警告信息
LOG_NOTICE                  普通
LOG_INFO                    标准信息
LOG_DEBUG                   调试信息，排错所需，一般不建议使用
```

logger 命令可以往系统中写入日志，具体如下所示。

```
[root@qfedu-log ~]# logger -p authpriv.info qfedu
[root@qfedu-log ~]# tail /var/log/secure
Jun 13 16:47:46 qfedu-log root: qfedu
```

13.2 logrotate 日志轮转

服务器上的系统日志和服务日志每天都会产生很多日志文件，许多用户会编写脚本对日志文件进行切割与压缩。实际上，Linux 系统自带的服务 logrotate 可以完成对日志文件的切割。

logrotate 是十分有用的工具，它可以自动对日志进行轮转（切割）、压缩以及删除旧的日志文件，主流 Linux 发行版都默认安装 logrotate 包。下面对 logrotate 做几点说明。

（1）如果没有日志轮转，日志文件会越来越大。

（2）logrotate 丢弃系统中最旧的日志文件，以节省空间。

（3）logrotate 本身不是系统守护进程，它通过计划任务 crond 每天执行。

查看每日计划任务下的 logrotate 文件，具体如下所示。

```
[root@qfedu-log ~]# cat /etc/cron.daily/logrotate
#!/bin/sh
/usr/sbin/logrotate -s /var/lib/logrotate/logrotate.status /etc/logrotate.conf
EXITVALUE=$?
if [ $EXITVALUE != 0 ]; then
    /usr/bin/logger -t logrotate "ALERT exited abnormally with [$EXITVALUE]"
fi
exit 0
```

打开配置文件 logrotate.conf，查看细节可以使用 man 工具，具体如下所示。

```
[root@qfedu-log ~]# vim /etc/logrotate.conf
1 # see "man logrotate" for details
```

轮转周期为一周，具体如下所示。

```
# rotate log files weekly
weekly
```

保留 4 个日志文件，具体如下所示。

```
# keep 4 weeks worth of backlogs
rotate 4
```

日志文件被重命名，新建文件继续存储，具体如下所示。

```
# create new (empty) log files after rotating old ones
create
```

使用日期作为轮转日志文件的后缀名，具体如下所示。

```
# use date as a suffix of the rotated file
dateext
```

对日志文件进行压缩，具体如下所示。

```
# uncomment this if you want your log files compressed
#compress
```

包含该目录下的文件，具体如下所示。

```
# RPM packages drop log rotation information into this directory
include /etc/logrotate.d
```

对/var/log/wtmp 设置日志轮转的方法，具体如下所示。

```
/var/log/wtmp {
  monthly                         //每月轮转一次
  create 0664 root utmp           //轮转后创建新文件，并设置权限和属组
      minsize 1M                  //最小达到 1M 才轮转
  rotate 1                        //保留一份
}
```

对/var/log/btmp 设置日志轮转的方法，具体如下所示。

```
/var/log/btmp {
  missingok                       //丢失不提示
  monthly                         //每月轮转一次
  create 0600 root utmp           //轮转后创建新文件，并设置权限和属组
  rotate 1                        //保留一份
}
```

轮转文件/var/log/yum.log。

打开日志轮转规则文件/etc/logrotate.d/yum，其中文件/var/log/yum.log 为被轮转文件。

```
[root@qfedu-log ~]# vim /etc/logrotate.d/yum
/var/log/yum.log {
  missingok
  notifempty               //空文件不进行轮转，将其注释掉
  size 30k                 //大小达到 30k 即进行轮转
  yearly                   //每年进行一次轮转
```

```
    create 0600 root root
}
```

为了方便演示，修改为每天轮转一次，保留 3 份，并设置权限为 777，其余代码行全部注释掉。

```
/var/log/yum.log {
   missingok
#    notifempty
#    size 30k
#    yearly
    daliy
    rotate 3
#    create 0600 root root
    create 0777 root root
}
```

查看当前已存在轮转日志文件。

```
[root@qfedu-log ~]# ll /var/log/yum*
-rw-------. 1 root root 0 Jun 11 17:12 /var/log/yum.log
```

查看上一次轮转的时间信息。

```
[root@qfedu-log ~]# grep 'yum' /var/lib/logrotate/logrotate.status
"/var/log/yum.log" 2018-6-9-1:0:0
```

手动进行轮转测试。

```
[root@qfedu-log ~]# logrotate -s /var/lib/logrotate/logrotate.status
/etc/logrotate.conf
```

再次查看日志文件。

```
[root@qfedu-log ~]# ll /var/log/yum*
-rwxrwxrwx. 1 root root 0 Jun 25 15:48 /var/log/yum.log
-rw-------. 1 root root 0 Jun 11 17:12 /var/log/yum.log-20180625
```

此外，通过修改系统时间也可以进行轮转测试。

```
[root@qfedu-log ~]# date
Mon Jun 25 16:42:06 CST 2018
```

重新设置系统日期。

```
[root@qfedu-log ~]# date 06261643
Tue Jun 26 16:43:00 CST 2018
[root@qfedu-log ~]# date
Tue Jun 26 16:43:03 CST 2018
```

手动轮转，并查看新的日志文件。

```
[root@qfedu-log ~]# logrotate -s /var/lib/logrotate/logrotate.status
/etc/logrotate.conf
[root@qfedu-log ~]# ll /var/log/yum*
-rwxrwxrwx. 1 root root 0 Jun 26 16:43 /var/log/yum.log
-rw-------. 1 root root 0 Jun 11 17:12 /var/log/yum.log-20180625
-rwxrwxrwx. 1 root root 0 Jun 25 15:48 /var/log/yum.log-20180626
```

轮转文件/etc/logrotate.d/messages。

建议先将/etc/logrotate.d/syslog 中的/var/log/messages 删除，以免与后续操作发生冲突。

给文件/var/log/messages 添加 a 属性。

```
[root@qfedu-log ~]# chattr +a /var/log/messages
[root@qfedu-log ~]# lsattr /var/log/messages
-----a---------- /var/log/messages
```

此时对/var/log/messages 文件做轮转会发生错误，需要对其规则文件/etc/logrotate.d/messages 做配置。

```
/var/log/messages {
   prerotate
     chattr -a /var/log/messages
   endscript
   #notifempty
   daily
create 0600 root root
   missingok
    rotate 5
   postrotate
      chattr +a /var/log/messages
   endscript
}
```

13.3 本章小结

手动轮转操作

本章小结

本章主要讲解了日志系统的相关知识，包括日志处理进程和日志的轮转。在实际环境中，用户需要对日志进行采集，当数据量较大时，需要进行轮转，最终还需对日志进行分析。

13.4 习题

一、选择题

1. (　　)进程采集与记录绝大部分与系统相关的日志。

A. rsyslogd　　B. ps　　C. atd　　D. crond

2. (　　)目录下存放的全部是日志文件。

A. /tmp/log　　B. /var/log　　C. /etc/log　　D. /log

3. (　　)文件为系统的主日志文件。

A. /var/log/cron　　B. /var/log/secure　　C. /var/log/messages　　D. /var/log/cron

4. (　　)文件为认证、安全相关的日志文件。

A. /var/log/cron　　B. /var/log/cron　　C. /var/log/messages　　D. /var/log/secure

5. 与日志轮转（切割）相关的文件为(　　)。

A. /etc/logrotate.d/syslog　　B. /etc/rsyslog.conf　　C. /etc/sysconfig/rsyslog　　D. /var/log

二、填空题

1. 日志文件可以存放在本地，也可以存放在________。
2. ________文件中记录调度任务的实际情况。
3. ________可以自动对日志进行轮转（切割）、压缩以及删除旧的日志文件。
4. 使用________命令可以查看/var/log/wtmp 文件。
5. logrotate 本身不是系统守护进程，它是通过________每天执行。

三、简答题

1. 在日志文件的规则中，“mail.*　/var/log/maillog”表示什么？
2. 日志轮转有哪些作用？

14

第 14 章　网络管理

本章学习目标

- 掌握网络配置
- 了解 CentOS 7 修改网卡为 eth0

Linux 操作系统提供了强大的网络功能，它提供了许多完善的网络工具来配置网络。用户既可以通过命令行的方式，也可以通过直接修改配置文件轻松完成网络配置。

14.1　网络配置

在 CentOS 7 系统中，网络配置发生了较大变化，一是网卡的命名规则，二是使用网络管理器管理网络。

在早期的 Linux 系统中，网卡被命名为 eth0、eth1、eth2 等，但往往不一定准确对应网卡接口的物理顺序。CentOS 7 默认基于硬件、设备拓扑来分配网卡名称。

CentOS 7 的网卡名称具有以下特征。

- 以太网接口名称以 en 开头，WLAN 接口名称从 wl 开头，WWAN 接口名称以 ww 开头。
- 下一个字符表示适配器的类型，其中 o 表示在主板上，s 表示热插拔插槽，p 表示 PCI 接口设备。
- 第三个字符为 x 用于合并 MAC 地址，默认情况下不使用，管理员可用。
- 最后使用数字 *n* 表示索引、ID 或端口。
- 如果无法确定名称，则使用 eth*n* 这样的传统名称。

例如，第一嵌入式网络接口可以被命名为 eno1，PCI 卡网络接口可以被命名为 enp2s0。新命名方案使得用户更容易区分网卡的类型。

网络管理器（NetworkManager）是动态网络的控制器与配置系统，当网络设备可用时，它负责保持设备和连接开启并激活。CentOS 7 默认安装网络管理器，并处于启用状态。

在讲解网络管理器之前，先引入两个概念：一是设备（device），如 enp2s0、virbr0、team0 等；二是连接（connection），指逻辑设置，即一套具体配置方案。多个连接可以应用到同一个设备，但同一时间只能启用其中一个连接。这种设计的优势是针对一个网络接口可以设置多个网络连接，如静态 IP 和动态 IP，再根据需要激活对应的连接。

NetworkManager 提供了 nmcli、nmtui 与 nm-connection-editor 管理工具。接下来演示 nmcli 的使用。查看所有的设备，具体如下所示。

```
[root@qfedu ~]# nmcli device
DEVICE        TYPE       STATE         CONNECTION
virbr0        bridge     connected        virbr0
ens33         ethernet   connected        ens33
lo            loopback   unmanaged        --
virbr0-nic    tun        unmanaged        --
```

输出结果中显示设备的类型、状态以及连接信息。若查看设备详细信息，在其后添加 show 即可，具体如下所示。

```
[root@qfedu ~]# nmcli device show
GENERAL.DEVICE: virbr0
GENERAL.TYPE: bridge
GENERAL.HWADDR: 52:54:00:AB:4E:4D
GENERAL.MTU: 1500
GENERAL.STATE: 100 (connected)
GENERAL.CONNECTION: virbr0
GENERAL.CON-PATH: /org/freedesktop/NetworkManager/ActiveConnection/2
IP4.ADDRESS[1]: 192.168.122.1/24
IP4.GATEWAY: --
IP6.GATEWAY: --

GENERAL.DEVICE: ens33                                              //设备
GENERAL.TYPE: Ethernet                                             //类型
GENERAL.HWADDR: 00:0C:29:4D:22:EA                                  //硬盘地址
GENERAL.MTU: 1500                                                  //最大传输单元
GENERAL.STATE: 100 (connected)                                     //状态(连接的)
GENERAL.CONNECTION: ens33                                          //连接
GENERAL.CON-PATH: /org/freedesktop/NetworkManager/ActiveConnection/1   //路径
WIRED-PROPERTIES.CARRIER: on                                       //容器
IP4.ADDRESS[1]: 10.0.130.32/24                                     //地址
IP4.ADDRESS[2]: 10.0.130.129/24
IP4.GATEWAY: 10.0.130.1                                            //网管
IP4.ROUTE[1]: dst = 169.254.0.0/16, nh = 0.0.0.0, mt = 1002        //路由
IP4.DNS[1]: 114.114.114.114                                        //DNS 解析
IP4.DNS[2]: 202.106.0.20
IP4.DNS[3]: 10.0.14.251
IP6.ADDRESS[1]: fe80::20c:29ff:fe4d:22ea/64
IP6.GATEWAY: --

GENERAL.DEVICE: lo
GENERAL.TYPE: loopback
GENERAL.HWADDR: 00:00:00:00:00:00
GENERAL.MTU: 65536
GENERAL.STATE: 10 (unmanaged)
GENERAL.CONNECTION: --
GENERAL.CON-PATH: --
IP4.ADDRESS[1]: 127.0.0.1/8
```

```
IP4.GATEWAY: --
IP6.ADDRESS[1]:::1/128
IP6.GATEWAY: --

GENERAL.DEVICE: virbr0-nic
GENERAL.TYPE: tun
GENERAL.HWADDR: 52:54:00:AB:4E:4D
GENERAL.MTU: 1500
GENERAL.STATE: 10 (unmanaged)
GENERAL.CONNECTION: --
GENERAL.CON-PATH: --
```

查看所有的连接，具体如下所示。

```
[root@qfedu ~]# nmcli connection
NAME    UUID                                  TYPE            DEVICE
ens33   d89460fe-b6a2-4ae9-8ff8-4e79139d5533  802-3-ethernet  ens33
virbr0  9dbb6cda-e6f9-4d63-b894-251725e52b8e  bridge          virbr0
```

通过 add 添加连接，con-name 表示连接名，autoconnect 为 yes，ifname 表示连接的设备名，type 表示类型，具体如下所示。

```
[root@qfedu ~]# nmcli connection add con-name ens33-qfedu1 autoconnect yes ifname
ens33 type ethernet
 ip4 10.1.130.35/24 gw4 10.1.130.254
Connection 'ens33-qfedu1' (0ac82410-78e2-45a6-b813-dd54547bf668) successfully
added.
[root@qfedu ~]# nmcli connection
NAME          UUID                                  TYPE            DEVICE
ens33         d89460fe-b6a2-4ae9-8ff8-4e79139d5533  802-3-ethernet  ens33
virbr0        9dbb6cda-e6f9-4d63-b894-251725e52b8e  bridge          virbr0
ens33-qfedu1  0ac82410-78e2-45a6-b813-dd54547bf668  802-3-ethernet  --
[root@qfedu ~]#
```

可以看出，ens33-qfedu1 连接添加成功，但此时该连接未激活。

通过 up 激活 ens33-qfedu1 连接，具体如下所示。

```
[root@qfedu ~]# nmcli connection up ens33-qfedu1
Connection successfully activated (D-Bus active path:
/org/freedesktop/NetworkManager/ActiveConnection/3)
[root@qfedu ~]# nmcli connection
NAME          UUID                                  TYPE            DEVICE
ens33-qfedu1  0ac82410-78e2-45a6-b813-dd54547bf668  802-3-ethernet  ens33
virbr0        9dbb6cda-e6f9-4d63-b894-251725e52b8e  bridge          virbr0
ens33         d89460fe-b6a2-4ae9-8ff8-4e79139d5533  802-3-ethernet  --
```

可以看出，ens33-qfedu1 连接激活成功。

此外，针对连接可以进行如下操作。

```
[root@qfedu ~]# nmcli connection
add     delete  edit    help    load    monitor  show
clone   down    export  import  modify  reload   up
```

例如，使用 delete 删除连接，具体如下所示。

```
[root@qfedu ~]# nmcli connection delete ens33-qfedu1
Connection 'ens33-qfedu1' (0ac82410-78e2-45a6-b813-dd54547bf668) successfully
```

```
deleted.
```

也可以通过修改网络配置文件对网络进行配置，具体如下所示。

```
[root@qfedu ~]# vi /etc/sysconfig/network-scripts/ifcfg-ens33
TYPE=Ethernet
PROXY_METHOD=none
BROWSER_ONLY=no
BOOTPROTO=none
DEFROUTE=yes
IPV4_FAILURE_FATAL=no
IPV6INIT=yes
IPV6_AUTOCONF=yes
IPV6_DEFROUTE=yes
IPV6_FAILURE_FATAL=no
IPV6_ADDR_GEN_MODE=stable-privacy
NAME=ens33
UUID=d89460fe-b6a2-4ae9-8ff8-4e79139d5533
DEVICE=ens33
ONBOOT=yes
IPADDR=2.2.2.2
PREFIX=24
IPADDR2=3.3.3.3
PREFIX2=24
GATEWAY=2.2.2.254
DNS1=8.8.8.8
DNS2=114.114.114.114
```

上面手动添加了 2 个 IP，编辑完成后，需要重新加载连接，具体如下所示。

```
[root@qfedu ~]# nmcli connection reload
[root@qfedu ~]# nmcli connection down ens33
Connection 'ens33' successfully deactivated (D-Bus active path:
/org/freedesktop/NetworkManager/ActiveConnection/4)
[root@qfedu ~]# nmcli connection up ens33
Connection successfully activated (D-Bus active path: /org/freedesktop/
NetworkManager/ActiveConnection/5)
[root@qfedu ~]# ip a
………………..部分省略……………………..
2: ens33: <BROADCAST,MULTICAST,UP,LOWER_UP> mtu 1500 qdisc pfifo_fast state UP qlen
1000
    link/ether 00:0c:29:4d:22:ea brd ff:ff:ff:ff:ff:ff
    inet 2.2.2.2/24 brd 2.2.2.255 scope global ens33
       valid_lft forever preferred_lft forever
    inet 3.3.3.3/24 brd 3.3.3.255 scope global ens33
       valid_lft forever preferred_lft forever
    inet6 fe80::7181:f1bb:9499:4839/64 scope link
       valid_lft forever preferred_lft forever
………………..部分省略……………………..
```

通过“ip a”命令查看 IP 地址，可以看到设置的两个 IP 地址。此外，在没有 NetworkManager 服务的情况下，使用以下命令也可以使配置文件生效。

```
[root@qfedu ~]# systemctl restart network
```

nmtui 表示使用文本用户界面方式管理网络。

```
[root@qfedu ~]# nmtui
```

按回车键后，出现图 14.1 所示界面。

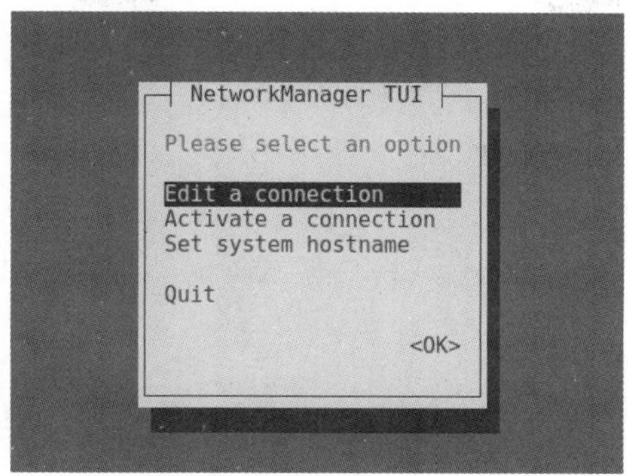

图 14.1　NetworkManager TUI

nm-connect-editor 表示使用图形化界面方式管理网络。

```
[root@qfedu ~]# nm-connection-editor
```

按回车键后，出现图 14.2 所示界面。

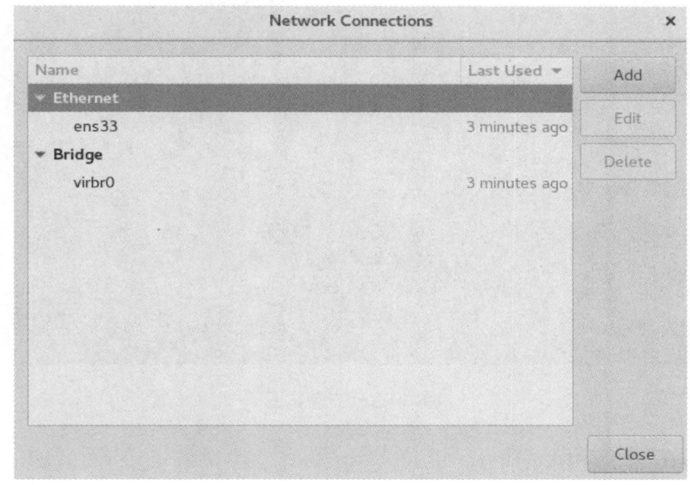

图 14.2　网络连接

14.2　CentOS 7 修改网卡名为 eth0

在批量部署服务器时，CentOS 7 网卡名称不确定会使部署过程非常麻烦，因此，将 CentOS 7 网卡名称修改为 eth0 是非常有必要的。

在 CentOS 7 环境下，可以通过如下步骤修改网卡名。

（1）修改网卡配置文件

```
[root@qfedu ~]# cd /etc/sysconfig/network-scripts/
[root@qfedu network-scripts]# mv ifcfg-ens33 ifcfg-eth0
```

```
[root@qfedu network-scripts]# vim ifcfg-eth0
…………………..部分省略……………………..
DEVICE=eth0
NAME=eth0
…………………..部分省略……………………..
```

（2）添加 kernel 参数

```
[root@qfedu network-scripts]# vim /etc/sysconfig/grub
…………………..部分省略……………………..
GRUB_CMDLINE_LINUX="crashkernel=auto rd.lvm.lv=centos/root rd.lvm.lv=centos/swap
rhgb quiet
net.ifnames=0"
…………………..部分省略……………………..
[root@qfedu network-scripts]# grub2-mkconfig -o /boot/grub2/grub.cfg
```

（3）重启

```
[root@qfedu network-scripts]# reboot
```

此外，也可以在安装系统时，通过添加 kernel 参数将 CentOS 7 网卡名修改为 eth0。在安装界面按 tab 键进入配置选项，如图 14.3 所示。

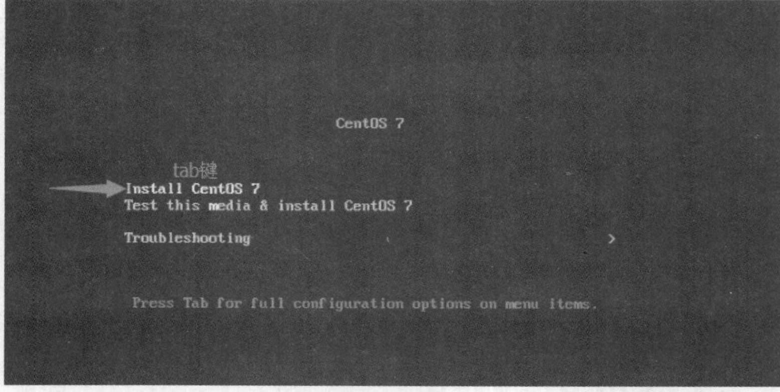

图 14.3　安装界面

添加 net.ifnames=0，如图 14.4 所示。

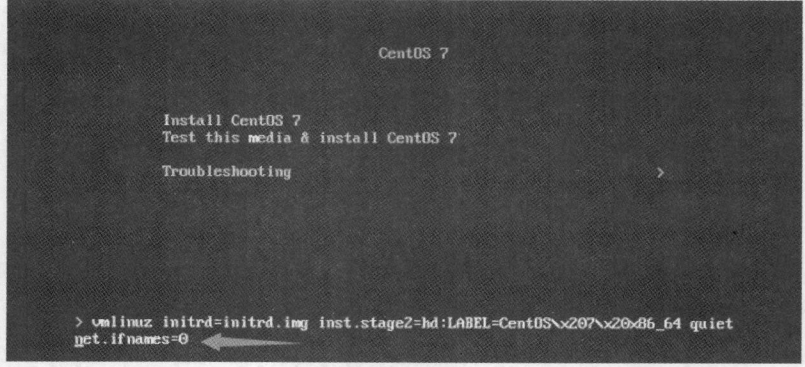

图 14.4　配置参数

系统安装完成后，网卡名称默认为 eth0。

14.3　本章小结

网卡配置操作

本章小结

本章主要介绍了安装 Linux 系统时的网络配置，读者通过操作过程可以了解网卡的主要配置文件路径，此外还介绍了如何修改网卡名称。学习本章应以实践为主，通过不断练习深入掌握网卡的相关操作。

14.4　习题

一、选择题

1. CentOS 7 中的默认命名行为是基于硬件（　　）来分配固定名称。

A. 设备拓扑　　B. 内核版本　　C. CPU 核心数　　D. 服务器型号

2. 网络管理器（NetworkManager）是一个（　　）网络的控制器与配置系统。

A. 静态　　B. TCP　　C. IP　　D. 动态

3. NetworkManager 提供了 nmcli、nm-connection-editor 和（　　）管理工具。

A. firewalld　　B. jdk　　C. nmtui　　D. codeblock

4. CentOS 默认的网卡名称为（　　）。

A. ens0　　B. net33　　C. ens33　　D. eth 0

5. nmcli device 命令输出结果中不显示（　　）信息。

A. 设备的类型　　B. 设备的状态　　C. 设备的版本号　　D. 设备的连接

二、填空题

1. NetworkManager 提供了__________、__________与__________管理工具。

2. 用户可以通过______________________命令查看自己的网络配置信息。

3. 安装系统 CentOS 7 时，通过添加__________参数，可以修改网卡名称。

4. 网卡的配置文件路径是______________________________。

5. 默认情况下，CentOS 7 安装_________，并处于启用状态。

三、简答题

简述网络接口名称具有哪些特征。

15 第 15 章 文件共享

本章学习目标

- 了解 FTP 服务构建
- 掌握 NFS 服务构建
- 了解 CIFS 服务构建

本章讲解

15.1 FTP 服务构建

FTP 服务（File Transfer Protocol Server）是一种文件共享服务，依照 FTP 协议提供服务，默认使用端口 20、21，其中端口 20（数据端口）用于传输数据（主动模式），端口 21（控制端口）用于客户端发出相关的 FTP 指令。

FTP 协议有以下两种工作模式。

主动模式：FTP 服务器主动向客户端发送连接请求。

被动模式：FTP 的默认工作模式，FTP 服务器等待客户端发送连接请求。

15.1.1 安装 vsftpd

Linux 系统使用的 FTP 服务器软件为 vsftpd（very secure ftp daemon），它具有安全性高、传输速度快，以及支持虚拟用户验证等特点，配置文件为 /etc/vsftpd/vsftpd.conf。使用 yum 安装 vsftpd 软件包，具体如下所示。

```
[root@qfedu-server ~]# yum -y install vsftpd
..................部分省略.....................
================================================================
 Package       Arch         Version          Repository       Size
================================================================
Installing:
 vsftpd        x86_64       3.0.2-22.el7     base            169 k
Transaction Summary
================================================================
Install  1 Package
Total download size: 169 k
Installed size: 348 k
Downloading packages:
vsftpd-3.0.2-22.el7.x86_64.rpm                 | 169 kB  00:00:00
Running transaction check
Running transaction test
Transaction test succeeded
```

```
Running transaction
  Installing:vsftpd-3.0.2-22.el7.x86_64                    1/1
  Verifying:vsftpd-3.0.2-22.el7.x86_64                     1/1
Installed:
  vsftpd.x86_64 0:3.0.2-22.el7

Complete!
```

防火墙默认不开放 FTP 传输协议使用的端口，为了避免因防火墙策略而出现问题，设置添加 FTP 服务，永久生效，具体如下所示。

```
[root@qfedu-server ~]# firewall-cmd --permanent --add-service=ftp
success
[root@qfedu-server ~]# firewall-cmd --reload
Success
```

关闭 SELinux。在/etc/selinux/config 文件中，将第 7 行的 SELINUX=enforcing 修改为 SELINUX=disabled，用这种方式修改后需要重启才能生效，具体如下所示。

```
[root@qfedu-server ~]#vim /etc/selinux/config
  1
  2 # This file controls the state of SELinux on the system.
  3 # SELINUX= can take one of these three values:
  4 #     enforcing - SELinux security policy is enforced.
  5 #     permissive - SELinux prints warnings instead of enforcing.
  6 #     disabled - No SELinux policy is loaded.
  7 SELINUX=disabled
  8 # SELINUXTYPE= can take one of three two values:
  9 #     targeted - Targeted processes are protected,
 10 #     minimum - Modification of targeted policy. Only selected processes are protec
ted.
 11 #     mls - Multi Level Security protection.
 12 SELINUXTYPE=targeted
```

执行 setenforce 0 临时关闭 SELinux，具体如下所示。

```
[root@qfedu-server ~]# setenforce 0
```

启动 vsftpd 服务，并设置为开机启动，具体如下所示。

```
[root@qfedu-server ~]# systemctl start vsftpd
[root@qfedu-server ~]# systemctl enable vsftpd
Created symlink from /etc/systemd/system/multi-user.target.wants/vsftpd.service to
/usr/lib/systemd/system/vsftpd.service.
```

查看 vsftpd 状态，显示正在运行，开机自动启动，具体如下所示。

```
[root@qfedu-server ~]# systemctl status vsftpd
● vsftpd.service - Vsftpd ftp daemon
   Loaded: loaded (/usr/lib/systemd/system/vsftpd.service; enabled; vendor preset:
disabled)
   Active: active (running) since Mon 2018-05-28 07:14:13 EDT; 3min 39s ago
 Main PID: 1425 (vsftpd)
   CGroup: /system.slice/vsftpd.service
           └─1425 /usr/sbin/vsftpd /etc/vsftpd/vsftpd.conf
May 28 07:14:13 qfedu systemd[1]: Starting Vsftpd ftp daemon...
May 28 07:14:13 qfedu systemd[1]: Started Vsftpd ftp daemon.
```

将/etc/hosts 文件复制到/var/ftp 目录下，具体如下所示。

```
[root@qfedu-server ~]# cp -rf /etc/hosts /var/ftp/
[root@qfedu-server ~]# ls /var/ftp/
hosts  pub
```

在火狐浏览器中输入 ftp://10.18.45.68，可以查看并下载 FTP 服务器上的 hosts 文件，如图 15.1 所示。

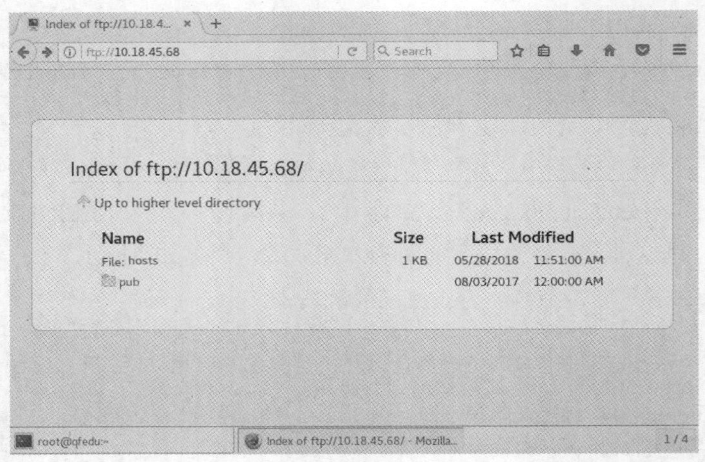

图 15.1　FTP 服务器显示的文件

vsftpd 服务默认开启匿名模式，在该模式下任何人都无须提供密码，可直接登录到 FTP 服务器。匿名并非无任何记录，例如，上次是以 ftp 身份进行访问，具体如下所示。

```
[root@qfedu-server ~]# grep ftp /etc/passwd
ftp:x:14:50:FTP User:/var/ftp:/sbin/nologin
```

15.1.2　用户访问 FTP 服务器

lftp 是一个功能强大的下载工具，支持 FTP 协议。llftp 的界面类似一个 Shell，有命令补全、允许多个后台任务执行功能，还有书签、排队、镜像、断点续传等功能。使用 yum 安装 lftp 工具，具体如下所示。

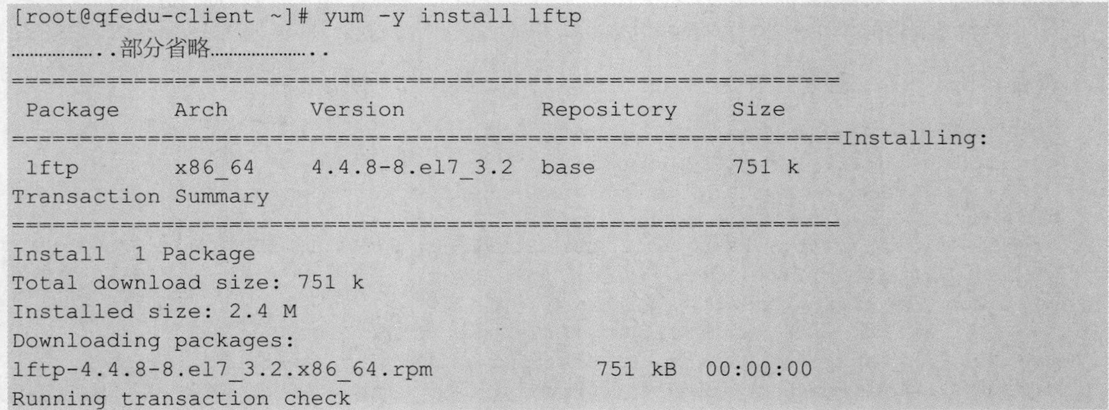

```
[root@qfedu-client ~]# yum -y install lftp
................部分省略....................
============================================================
 Package    Arch      Version           Repository   Size
============================================================Installing:
 lftp       x86_64    4.4.8-8.el7_3.2   base         751 k
Transaction Summary
============================================================
Install  1 Package
Total download size: 751 k
Installed size: 2.4 M
Downloading packages:
lftp-4.4.8-8.el7_3.2.x86_64.rpm                  751 kB  00:00:00
Running transaction check
```

```
Running transaction test
Transaction test succeeded
Running transaction
  Installing:lftp-4.4.8-8.el7_3.2.x86_64                          1/1
  Verifying:lftp-4.4.8-8.el7_3.2.x86_64                           1/1
Installed:
  lftp.x86_64 0:4.4.8-8.el7_3.2

Complete!
```

使用 lftp 从 FTP 服务器下载 hosts 文件与 pub 目录到当前目录，具体如下所示。

```
[root@qfedu-client ~]# lftp 10.18.45.68
lftp 10.18.45.68:~> ls
-rw-r--r--    1 0        0              158 May 28 11:51 hosts
drwxr-xr-x    2 0        0              6 Aug 03  2017 pub
lftp 10.18.45.68:/> get hosts
158 bytes transferred
lftp 10.18.45.68:/> mirror pub/
Total: 1 directory, 0 files, 0 symlinks
```

其中，ls 命令查看所有文件与目录，get 命令下载文件，mirror 命令下载目录。

使用 wget 工具也可以从 FTP 服务器下载文件，例如，下载 hosts 文件，添加“-O”参数，将其重命名为 a.txt，并放到/var/tmp 目录下，具体如下所示。

```
[root@qfedu-client ~]# wget ftp://10.18.45.68/hosts -O /var/tmp/a.txt
--2018-05-29 10:13:30--  ftp://10.18.45.68/hosts
           => '/var/tmp/a.txt'
Connecting to 10.18.45.68:21... connected.
Logging in as anonymous ... Logged in!
==> SYST ... done.    ==> PWD ... done.
==> TYPE I ... done.  ==> CWD not needed.
==> SIZE hosts ... 158
==> PASV ... done.    ==> RETR hosts ... done.
Length: 158 (unauthoritative)
100%[==================================>]158         --.-K/s    in 0s
2018-05-29 10:13:30 (25.8 MB/s) - '/var/tmp/a.txt' saved [158]
```

添加“-P”参数，可指定存放目录，具体如下所示。

```
[root@qfedu-client ~]# wget ftp://10.18.45.68/hosts -P /var/tmp
```

添加“-o”参数，可将整个执行过程的信息存入某一文件，不在终端中显示，具体如下所示。

```
[root@qfedu-client ~]# wget ftp://10.18.45.68/hosts -o /var/tmp/b.txt
[root@qfedu-client ~]# vim /var/tmp/b.txt
--2018-05-29 10:24:22--  ftp://10.18.45.68/hosts
           => 'hosts.1'
Connecting to 10.18.45.68:21... connected.
Logging in as anonymous ... Logged in!
==> SYST ... done.    ==> PWD ... done.
==> TYPE I ... done.  ==> CWD not needed.
==> SIZE hosts ... 158
==> PASV ... done.    ==> RETR hosts ... done.
Length: 158 (unauthoritative)
    0K                                          100% 19.8M=0s
```

```
2018-05-29 10:24:22 (19.8 MB/s) - 'hosts.1' saved [158]
```

添加“-q”参数，不显示任何信息，具体如下所示。

```
[root@qfedu-client ~]# wget ftp://10.18.45.68/hosts -q
```

添加“-m”参数，可下载目录，具体如下所示。

```
 [root@qfedu-client ~]# wget ftp://10.18.45.68/pub -m
--2018-05-29 10:41:13--  ftp://10.18.45.68/pub
         => '10.18.45.68/.listing'
Connecting to 10.18.45.68:21... connected.
Logging in as anonymous ... Logged in!
==> SYST ... done.    ==> PWD ... done.
==> TYPE I ... done.  ==> CWD not needed.
==> PASV ... done.    ==> LIST ... done.
    [ <=>                          ] 243         --.-K/s   in 0s
2018-05-29 10:41:13 (28.8 MB/s) - '10.18.45.68/.listing' saved [243]
--2018-05-29 10:41:13--  ftp://10.18.45.68/pub/pub
         => '10.18.45.68/pub/.listing'
==> CWD (1) /pub ... done.
==> PASV ... done.    ==> LIST ... done.
    [ <=>                          ] 119         --.-K/s   in 0s
2018-05-29 10:41:13 (18.2 MB/s) - '10.18.45.68/pub/.listing' saved [119]
FINISHED --2018-05-29 10:41:13--
Total wall clock time: 0.01s
Downloaded: 2 files, 362 in 0s (24.2 MB/s)
```

本地用户访问 FTP 服务器，创建普通用户 alice，并在用户的/home 目录下创建文件 file，密码设置为 123。在客户端使用 lftp 连接到 FTP 服务器中的 alice 用户，具体如下所示。

```
[root@qfedu-server ~]# useradd alice
[root@qfedu-server ~]# touch /home/alice/file
[root@qfedu-server ~]# echo "123" |passwd alice
[root@qfedu-client ~]# lftp alice@10.18.45.68
Password:
lftp alice@10.18.45.68:~> ls
-rw-r--r--    1 0       0              0 May 29 03:57 file
```

向 FTP 服务器上传文件/etc/services，本地用户默认可下载及上传文件，具体如下所示。

```
lftp alice@10.18.45.68:~> put /etc/services
670293 bytes transferred
[root@qfedu-server ~]# ls /home/alice/
file  services
```

15.1.3 配置 FTP

FTP 服务的主配置文件为/etc/vsftpd/vsftpd.conf，匿名模式是最不安全的一种认证模式，可以将其禁用。将配置文件中的第 12 行允许匿名访问修改为禁止，即 YES 改为 NO，然后保存退出，具体如下所示。

```
[root@qfedu ~]# vim /etc/vsftpd/vsftpd.conf
11 # Allow anonymous FTP? (Beware - allowed by default if you comment this out).
12 anonymous_enable=NO
```

重启 vsftpd 服务，使修改的配置参数生效，具体如下所示。

```
[root@qfedu ~]# systemctl restart vsftpd
```

在修改配置文件时，指令后是不允许添加空格的，为了避免疏忽，可在末行执行 set list 命令，显示$作为提示，具体如下所示。

```
12 anonymous_enable=YES$
13 #$
14 # Uncomment this to allow local users to log in.$
15 # When SELinux is enforcing check for SE bool ftp_home_dir$
16 local_enable=YES$
17 #$
18 # Uncomment this to enable any form of FTP write command.$
19 write_enable=YES$
```

当输入指令重复时，系统不会报错，以后一个指令为准。例如，第 12 行与第 13 行指令重复，具体如下所示。

```
[root@qfedu ~]# vim /etc/vsftpd/vsftpd.conf
11 # Allow anonymous FTP? (Beware - allowed by default if you comment this out).
12 anonymous_enable=YES
13 anonymous_enable=NO
14 #
15 # Uncomment this to allow local users to log in.
```

重启服务后，客户端不能连接，说明以 anonymous_enable=NO 为准，具体如下所示。

```
[root@qfedu-client ~]# lftp 10.18.45.68
lftp 10.18.45.68:~> ls
'ls' at 0 [Delaying before reconnect: 6 ]
```

下面介绍/etc/vsftpd/vsftpd.conf 配置文件中的主要指令。

1. 权限设置

anonymous_enable=YES：允许匿名用户登录 FTP。

local_enable=YES：允许本地用户登录 FTP。

write_enable=YES：允许写入（全局）。用户向 FTP 服务器上传文件需同时满足两个条件：vsftpd 服务程序可写，文件可写。

local_umask=022：控制本地用户上传文件的默认权限，umask 表示要减掉的权限。

在配置文件的第 23 行，可设置 umask 权限，将 umask 设置为 000，具体如下所示。

```
[root@qfedu-server ~]# vim /etc/vsftpd/vsftpd.conf
22 # if your users expect that (022 is used by most other ftpd's)
23 local_umask=000
```

客户端再次上传文件，默认权限已经改变为 666，系统默认不赋予执行权限，具体如下所示。

```
lftp alice@10.18.45.68:~> put /etc/hosts
158 bytes transferred
lftp alice@10.18.45.68:~> ls
-rw-rw-rw-    1 1000     1000          158 May 29 07:59 hosts
```

anon_umask=077：控制匿名用户上传文件的默认权限。

2. chroot 锁定本地用户

chroot_list_enable=YES：锁定部分用户。

chroot_local_user=YES：锁定所有本地用户。

在配置文件的最后一行添加该指令，具体如下所示。

```
chroot_local_user=YES
"/etc/vsftpd/vsftpd.conf" 128 lines --100%--      128,1         Bot
```

在客户端访问 FTP 服务器的本地用户，系统提示使用 chroot 时不能有写权限，具体如下所示。

```
[root@qfedu-client ~]# lftp alice@10.18.45.68
Password:
lftp alice@10.18.45.68:~> ls
ls: Login failed: 500 OOPS: vsftpd: refusing to run with writable root inside chroot()
```

去除/home/alice 的写权限，再次访问 FTP 服务器的本地用户，具体如下所示。

```
[root@qfedu-server ~]# chmod a-w /home/alice
lftp alice@10.18.45.68:~> ls
-rw-r--r--    1 0       0            158 May 29 08:48 hosts
```

3. 限速与最大连接数

anon_max_rate=500000：匿名用户限速。

local_max_rate=80000：本地用户限速。

max_clients=500：FTP 最大连接数。

max_per_ip=2：单个 IP 最大连接数，线程数。

15.1.4 使用 FTP 共享 yum 源

在 FTP 服务器上，创建镜像文件目录，并将镜像文件挂载到该目录下，然后设置为开机自动启动，并赋予文件执行权限，具体如下所示。

```
[root@qfedu-server ~]# mkdir /var/ftp/centos7u3
[root@qfedu-server ~]# mount -o loop /home/centos7u3.iso /var/ftp/centos7u3
[root@qfedu-server ~]# echo "mount -o loop /home/centos7u3.iso\
>/var/ftp/centos7u3"  >> /etc/rc.local
[root@qfedu-server ~]# chmod +x /etc/rc.d/rc.local
```

在客户端配置 yum 源，具体如下所示。

```
[root@qfedu-client ~]# vim /etc/yum.repos.d/centos7.repo
[centos7u3]
name=centos7u3
baseurl=ftp://10.18.45.68/centos7u3
gpgcheck=0
```

15.2 nas 存储之 NFS

NFS（Network File System，网络文件系统）是 UNIX 系统之间共享文件的一种协议，其功能是通过网络让服务器共享数据资源。NFS 的客户端主要为 Linux 系统，支持多节点同时挂载以及并发写入。

准备 4 台主机，其中 1 台作为存储端，3 台作为 web 端，如图 15.2 所示。

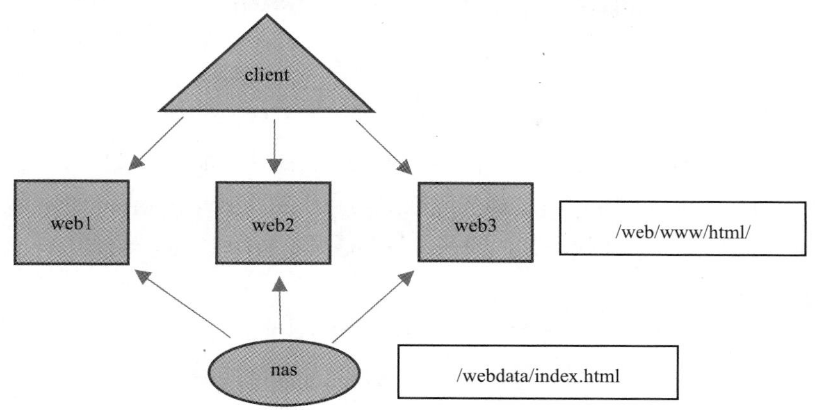

图 15.2　构建 NFS 服务

对 4 台主机分别做关闭 SELinux 和关闭防火墙操作，具体如下所示。

```
# sed -ri '/^SELINUX=/cSELINUX=disabled' /etc/selinux/config
# systemctl stop firewalld
# systemctl disable firewalld
```

1. nas（**存储端**）

在存储端安装 nfs-utils，并创建/webdata 目录，具体如下所示。

```
[root@qfedu-nas ~]# yum -y install nfs-utils
..................部分省略.........................
Installed:
  nfs-utils.x86_64 1:1.3.0-0.54.el7

Dependency Installed:
  gssproxy.x86_64 0:0.7.0-17.el7              keyutils.x86_64 0:1.5.8-3.el7
  libbasicobjects.x86_64 0:0.1.1-29.el7      libcollection.x86_64 0:0.7.0-29.el7
  libevent.x86_64 0:2.0.21-4.el7              libini_config.x86_64 0:1.3.1-29.el7
  libnfsidmap.x86_64 0:0.25-19.el7            libpath_utils.x86_64 0:0.2.1-29.el7
  libref_array.x86_64 0:0.1.5-29.el7          libtirpc.x86_64 0:0.2.4-0.10.el7
  libverto-libevent.x86_64 0:0.2.5-4.el7     quota.x86_64 1:4.01-17.el7
  quota-nls.noarch 1:4.01-17.el7               rpcbind.x86_64 0:0.2.0-44.el7
  tcp_wrappers.x86_64 0:7.6-77.el7
Updated:
  selinux-policy.noarch 0:3.13.1-192.el7_5.3

Dependency Updated:
  libselinux.x86_64 0:2.5-12.el7

  libselinux-python.x86_64 0:2.5-12.el7

  libselinux-utils.x86_64 0:2.5-12.el7

  libsepol.x86_64 0:2.5-8.1.el7

  policycoreutils.x86_64 0:2.5-22.el7
```

```
  selinux-policy-targeted.noarch 0:3.13.1-192.el7_5.3

Complete!
[root@qfedu-nas ~]# mkdir /webdata
```

将网页测试文件写入/webdata/index.html，具体如下所示。

```
[root@qfedu-nas ~]# echo "nfs test..." > /webdata/index.html
```

实现共享需配置/etc/exports 文件，在文件中写入可共享目录，地址为“*”代表所有用户都可访问，这里设置为 10.18.45.0/24 网段，并提供读写权限与同步功能。no_root_squash 表示不压制 root，client 端使用 root 挂载时具有 root 权限，否则只具备普通用户权限，没有写权限，具体如下所示。

```
[root@qfedu-nas ~]# vim /etc/exports
/webdata       10.18.45.0/24(rw,sync,no_root_squash)
```

修改完配置文件，重新启动服务并设置开机启动，具体如下所示。

```
[root@qfedu-nas ~]# systemctl start nfs-server
[root@qfedu-nas ~]# systemctl enable nfs-server
```

查看当前共享相关信息，具体如下所示。

```
[root@qfedu-nas ~]# exportfs -v
/webdata
10.18.45.0/24(rw,sync,wdelay,hide,no_subtree_check,sec=sys,secure,no_root_squash
,no_all_squash)
```

2. web 端（web1、web2、web3）

此处以配置 web1 为例，web2 与 web3 的配置可以参考 web1 的配置方法。

使用 yum 安装 nfs-utils 软件包，具体如下所示。

```
[root@qfedu-web1 ~]# yum -y install nfs-utils
```

使用 yum 安装 httpd 软件包，具体如下所示。

```
[root@qfedu-web1 ~]# yum -y install httpd
.................部分省略.........................
Installed:
  httpd.x86_64 0:2.4.6-80.el7.centos
Dependency Installed:
  apr.x86_64 0:1.4.8-3.el7_4.1                   apr-util.x86_64 0:1.5.2-6.el7
  httpd-tools.x86_64 0:2.4.6-80.el7.centos    mailcap.noarch 0:2.1.41-2.el7
Complete!
```

启动 httpd 服务，并设置为开机启动，具体如下所示。

```
[root@qfedu-web1 ~]# systemctl start httpd
[root@qfedu-web1 ~]# systemctl enable httpd
Created symlink from /etc/systemd/system/multi-user.target.wants/httpd.service to
/usr/lib/systemd/system/httpd.service.
```

在 web1 网站中写入内容，具体如下所示。

```
[root@qfedu-web1 ~]# echo "web1" > /var/www/html/index.html
```

打开火狐浏览器，访问 web1 网站，如图 15.3 所示。

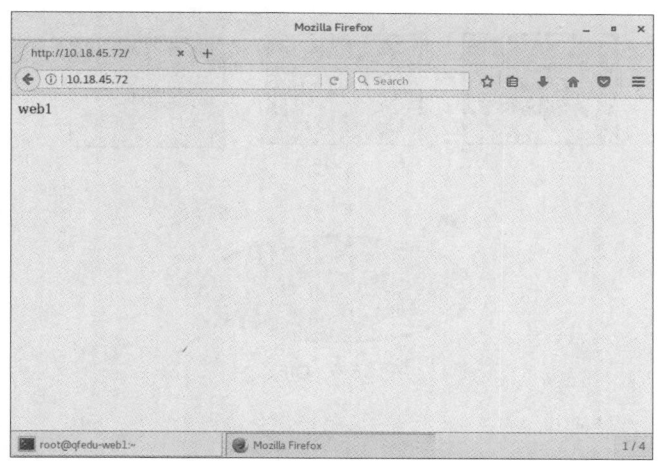

图 15.3　web1 网站

查看存储端共享，具体如下所示。

```
[root@qfedu-web1 ~]# showmount -e 10.18.45.50
Export list for 10.18.45.50:
/webdata 10.18.45.0/24
```

手动挂载到网站主目录，具体如下所示。

```
[root@qfedu-web]# mount -t nfs 10.18.45.50:/webdata /var/www/html/
```

此外，也可以自动挂载到网站主目录，具体如下所示。

```
[root@qfedu-web]# vim /etc/fstab
nas:/webdata      /var/www/html          nfs     defaults        0 0
[root@qfedu-web]# mount -a
```

web2 与 web3 配置完成后，测试 NFS 服务，如图 15.4 所示。

图 15.4　测试 NFS 服务

15.3　nas 存储之 CIFS

CIFS（Common Internet File System）是 Windows 和 UNIX 系统之间共享文件的一种协议，支持多节点同时挂载以及并发写入，客户端主要是 Windows 系统，如图 15.5 所示。

Samba 是以 CIFS 网络协议实现的一款软件，它可以在不同系统、不同计算机之间提供资源的共享服务。Samba 配置简单，操作直观，通常作为 Linux 和 Windows 系统之间实现文件共享、打印机共享的工具。

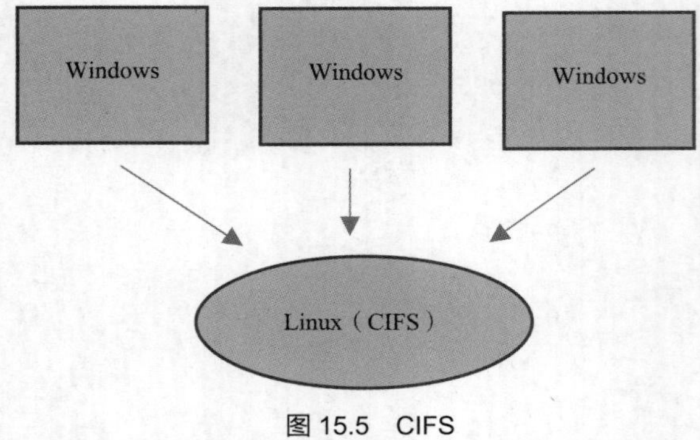

图 15.5 CIFS

1. Samba 服务器（存储端）

准备 1 台主机，用于共享存储，然后按照如下步骤进行操作。

（1）安装 Samba 与 cifs-utils 软件，具体如下所示。

```
[root@qfedu-samba ~]# yum -y install samba cifs-utils
```

（2）建立共享所需目录 data，并赋予 777 权限，然后向 data 目录中写入数据以供测试，复制/etc/hosts 文件到 data 目录下，具体如下所示。

```
[root@qfedu-samba ~]# mkdir /data
[root@qfedu-samba ~]# chmod 777 /data
[root@qfedu-samba ~]# cp -rf /etc/hosts /data/
```

（3）创建两个普通用户 alice 与 jack，并添加 Samba 密码，具体如下所示。

```
[root@qfedu-samba ~]# useradd alice -s /sbin/nologin
[root@qfedu-samba ~]# useradd jack -s /sbin/nologin
[root@qfedu-samba ~]# smbpasswd -a alice
New SMB password:
Retype new SMB password:
Added user alice.
[root@qfedu-samba ~]# smbpasswd -a jack
New SMB password:
Retype new SMB password:
Added user jack.
```

（4）进入 Samba 的配置文件，具体如下所示。

```
[root@qfedu-samba ~]# vim /etc/samba/smb.conf
[data]
      path = /data
      ;valid users = alice jack
      ;hosts allow = 192.168.122.
      ;write list = jack
      writable = yes
```

（5）启动 Samba 服务，并设置为开机启动，具体如下所示。

```
[root@qfedu-samba ~]# systemctl start nmb smb
[root@qfedu-samba ~]# systemctl enable nmb smb
Created symlink from /etc/systemd/system/multi-user.target.wants/nmb.service to
 /usr/lib/systemd/system/nmb.service.
```

```
Created symlink from /etc/systemd/system/multi-user.target.wants/smb.service to
 /usr/lib/systemd/system/smb.service.
```

（6）在 firewalld 中开启 samba 服务与 mountd 服务，具体如下所示。

```
[root@qfedu-samba ~]# firewall-cmd --permanent --add-service=samba
success
[root@qfedu-samba ~]# firewall-cmd --permanent --add-service=samba-client
success
[root@qfedu-samba ~]# firewall-cmd --permanent --add-service=mountd
success
[root@qfedu-samba ~]# firewall-cmd -reload
```

（7）关闭 SELinux，具体如下所示。

```
[root@qfedu-samba ~]# vim /etc/selinux/config
SELINUX=disabled
[root@qfedu-samba ~]# setenforce 0
setenforce: SELinux is disabled
```

2. 客户端连接测试

（1）Windows 客户端测试

通过 Windows+R 键打开运行窗口，输入“\\10.18.45.68”，如图 15.6 所示。

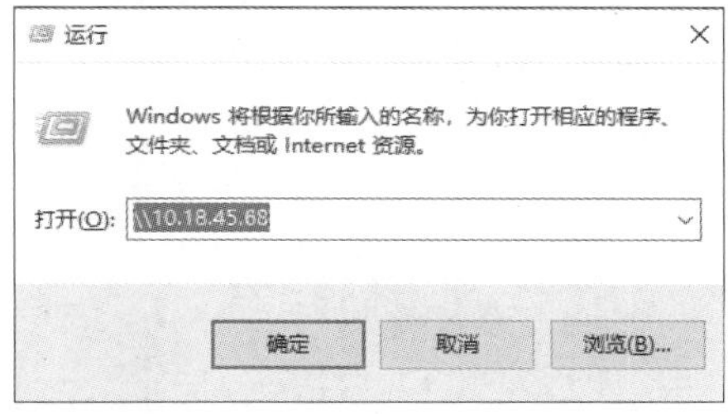

图 15.6　运行窗口

单击【确定】按钮，输入用户名与密码，便可访问共享的文件。

（2）Linux 客户端测试

安装客户端软件，具体如下所示。

```
[root@qfedu-client ~] # yum -y install samba-client cifs-utils
```

查看存储端共享，data 目录在列，具体如下所示。

```
[root@qfedu-client ~]# smbclient -L 10.18.45.68 --user=alice%123
Sharename       Type      Comment
---------       ----      -------
print$          Disk      Printer Drivers
data            Disk
IPC$            IPC       IPC Service (Samba 4.7.1)
alice           Disk      Home Directories
Reconnecting with SMB1 for workgroup listing.
Server               Comment
---------            -------
Workgroup            Master
---------            -------
```

```
SAMBA                  QFEDU-SAMBA
WORKGROUP              PC201712141441
```

自动挂载到指定目录，具体如下所示。

```
[root@qfedu-client ~] # vim /etc/fstab
//10.18.45.68/data  /mnt/cifs  cifs  user=alice,pass=123     0 0
[root@qfedu-client ~] # mount -a
```

查看挂载，具体如下所示。

```
[root@qfedu-client ~] # df -P
……………….部分省略……………………………………………..
//10.18.45.68/data        17811456 3638100  14173356     21% /mnt
[root@qfedu-client ~] # mount
//10.18.45.68/data on /mnt type cifs
 (rw,relatime,vers=1.0,cache=strict,username=alice,domain=QFEDU-SAMBA,
uid=0,noforceuid,gid=0,noforcegid,addr=10.18.45.68,unix,posixpaths,serverino,map
posix,acl,rsize=1048576,wsize=65536,echo_interval=60,actimeo=1)
```

15.4 本章小结

搭建 NFS 操作

本章小结

本章主要讲解了文件共享，包括 FTP、NFS 和 CIFS，其中重点掌握 NFS 服务构建，FTP 与 CIFS 只需了解即可。通过本章的学习，读者应能根据实际环境搭建相应的文件共享服务。

15.5 习题

一、选择题

1. Linux 系统使用的 FTP 服务器软件为（　　）。

A. vsftpd　　B. nginx　　C. ftp　　D. apache

2. FTP 服务的主配置文件为（　　）。

A. /etc/vsftpd/vsftpd　　B. /etc/vsftpd/vsftpd.conf

C. /etc/vsftpd　　D. /vsftpd/vsftpd.conf

3.（　　）是 UNIX 系统之间共享文件的一种协议。

A. HTTP　　B. TCP　　C. NFS　　D. IP

4.（　　）是以 CIFS 网络协议实现的一款软件。

A. lftp　　B. ftp　　C. nfs　　D. Samba

5.（　　）工具不可以从 FTP 服务器下载文件。

A. put　　B. wget　　C. lftp　　D. curl

二、填空题

1. FTP 协议有两种工作模式：主动模式与________。

2. 临时关闭 SELinux 的命令为________。

3. 启动 vsftpd 服务的命令为________。

4. ________是 Windows 和 UNIX 系统之间共享文件的一种协议。
5. 在使用 lftp 时，________命令可以从 FTP 服务器下载文件。

三、简答题

1. 如何搭建 NFS 服务？
2. 如何使用 FTP 共享 yum 源？

16

第 16 章　域名系统

本章学习目标

- 了解 DNS 服务
- 掌握自建 DNS 服务器
- 了解客户端查询

本章讲解

域名系统（Domain Name System，DNS）是互联网的一项核心服务，它可以将域名映射成 IP 地址，使人们能够更加便捷地访问互联网，而不用去记忆大量的 IP 地址。

16.1　DNS 服务

互联网用户访问不同计算机时，首先会发生一个名称解析过程，包括 NetBIOS 名称与 FQDN 名称，本章只讨论 FQDN（Fully Qualified Domain Name，全限定域名）。hosts 文件与 DNS 服务可以提供对 FQDN 的解析。

1. hosts 文件

hosts 文件主要为本地主机名、集群节点提供快速解析。它使用平面式结构、集中式数据库，因此不适合互联网中的名称解析。

2. DNS 服务

虽然互联网上的节点都可以用 IP 地址作为唯一标识，并且可以通过 IP 地址被访问，但 IP 地址不便于记忆，因此，人们发明了域名（Domain Name），它可以与 IP 地址相互映射。

DNS 服务的作用是实现名称解析，例如，将主机名解析为 IP 地址，它包含以下内容。

命名空间：用于给互联网上的主机命名的一种机制。

DNS 数据库：层次化的、分布式的数据库。

权威名称服务器：存储并提供某个区域的实际数据（例如，126.com 的 DNS 服务器存储了 126.com 域中所有主机的记录），其类型包括 Master（主 DNS 服务器，包含原始区域的数据）和 Slave（备份 DNS 服务器，通过区域传输从 Master 服务器获得区域数据的副本）。

非权威名称服务器：不存储某个区域的实际数据，因此被称为唯缓存 DNS 服务器，虽然可供查询，但查询到的内容不具有权威性。

DNS 解析流程如下。

（1）客户端查询自己的缓存（包含 hosts 中的记录），如果查询不到，则将查询请求发送到 /etc/resolv.conf 中的 DNS 服务器。

（2）如果本地 DNS 服务器能提供权威应答，则将权威应答发送到客户端。

（3）如果本地 DNS 服务器不具有权威性，但其缓存中有该信息，则将非权威应答发送到客户端。

（4）如果缓存中没有该信息，本地 DNS 服务器将搜索权威 DNS 服务器以查找信息。

① 从根区域开始，按照 DNS 层次结构（如图 16.1 所示）向下搜索，直至对于信息具有权威性的 DNS 服务器，该 DNS 服务器将信息传递给客户端，并在自己的缓存中保留一个副本，以备以后查找。

② 将该信息转发到其他 DNS 服务器。

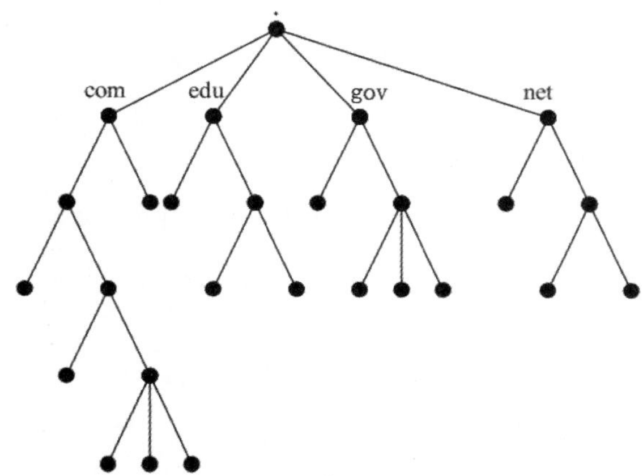

图 16.1　DNS 层次结构

16.2　自建 DNS 服务器

16.2.1　唯缓存 DNS 服务器

首先准备 2 台可以连网的主机，其中一台作为 DNS server，另一台作为 DNS client。

在 DNS client 端 ping 千锋教育官方网站，显示网络正常，具体如下所示。

```
[root@qfedu-DNSclient ~]# ping www.qfedu.com
PING www.qfedu.com (140.143.51.136) 56(84) bytes of data.
64 bytes from 140.143.51.136 (140.143.51.136): icmp_seq=1 ttl=52 time=6.99 ms
64 bytes from 140.143.51.136 (140.143.51.136): icmp_seq=2 ttl=52 time=8.46 ms
64 bytes from 140.143.51.136 (140.143.51.136): icmp_seq=3 ttl=52 time=7.63 ms
```

/etc/resolv.conf 是修改 DNS 的配置文件，可以配置 DNS 服务器的 IP 地址及 DNS 域名。将 nameserver 的 IP 修改为 DNS server 的 IP，具体如下所示。

```
[root@qfedu-DNSclient ~]# vim /etc/resolv.conf
```

```
# Generated by NetworkManager
nameserver 10.18.40.103
```

再次 ping 千锋教育官方网站，网络不通，具体如下所示。

```
[root@qfedu-DNSclient ~]# ping www.qfedu.com
ping: www.qfedu.com: Name or service not known
```

在 DNS server 上安装 tcpdump 抓包工具，查看 DNS client 传送记录，具体如下所示。

```
[root@qfedu-DNSserver ~]# yum -y install tcpdump
```

在 DNS client 端 ping 千锋教育官方网站，同时 DNS server 端使用 tcpdump 抓取端口 53 数据，显示 DNS client 通过端口 54479 到 DNS server 的端口 53 寻求解析网址 www.qfedu.com，具体如下所示。

```
[root@qfedu-DNSserver ~]# tcpdump -i ens33 -nn port 53
tcpdump: verbose output suppressed, use -v or -vv for full protocol decode
listening on ens33, link-type EN10MB (Ethernet), capture size 262144 bytes
03:49:33.068451 IP 10.18.45.68.54479 > 10.18.40.103.53: 3840+ A? www.qfedu.com. (31)
03:49:38.073155 IP 10.18.45.68.54479 > 10.18.40.103.53: 3840+ A? www.qfedu.com. (31)
```

接下来通过搭建 DNS 服务器，解决上述不能解析域名的问题。

首先安装 DNS 软件包，具体如下所示。

```
[root@qfedu-DNSserver ~]# yum -y install bind bind-chroot
```

接着进入配置文件，将第 13 行、第 14 行与第 19 行花括号中的内容修改为 any，也可以直接删除整行，具体如下所示。

```
[root@qfedu-DNSserver ~]# vim /etc/named.conf
12 options {
13          listen-on port 53 { any; };
14          listen-on-v6 port 53 { any; };
15          directory       "/var/named";
16          dump-file       "/var/named/data/cache_dump.db";
17          statistics-file "/var/named/data/named_stats.txt";
18          memstatistics-file "/var/named/data/named_mem_stats.txt";
19          allow-query     { any; };
```

最后启动 DNS 服务，并设置为开机启动，具体如下所示。

```
[root@qfedu-DNSserver ~]# systemctl start named
[root@qfedu-DNSserver ~]# systemctl enable named
Created symlink from /etc/systemd/system/multi-user.target.wants/named.service to
 /usr/lib/systemd/system/named.service.
```

再次重复上面的抓包操作，发现可以解析网站域名。

通过 ss 命令显示处于活动状态的套接字信息，具体如下所示。

```
[root@qfedu-DNSserver ~]# ss -tuln |grep :53 |column -t
udp  UNCONN  0  0   192.168.122.1:53   *:*
udp  UNCONN  0  0   10.18.45.103:53    *:*
udp  UNCONN  0  0   127.0.0.1:53       *:*
udp  UNCONN  0  0   192.168.122.1:53   *:*
udp  UNCONN  0  0   *:5353             *:*
udp  UNCONN  0  0   :::53              :::*
```

```
tcp   LISTEN   0   10   10.18.45.103:53    *:*
tcp   LISTEN   0   10   127.0.0.1:53       *:*
tcp   LISTEN   0   5    192.168.122.1:53   *:*
tcp   LISTEN   0   10   :::53              :::*7
```

上面搭建的 DNS 服务器仅仅是一个唯缓存 DNS 服务器，因为它并不存储某个区域的实际数据，仅仅向其他服务器发起请求。

16.2.2　DNS 正向区解析配置

域名系统是为方便用户记忆专门建立的一套地址转换系统。用户访问互联网上的某一台服务器必须通过 IP 地址来实现，域名解析的作用是将域名重新转换为 IP 地址，这一过程由域名解析系统来完成，如图 16.2 所示。

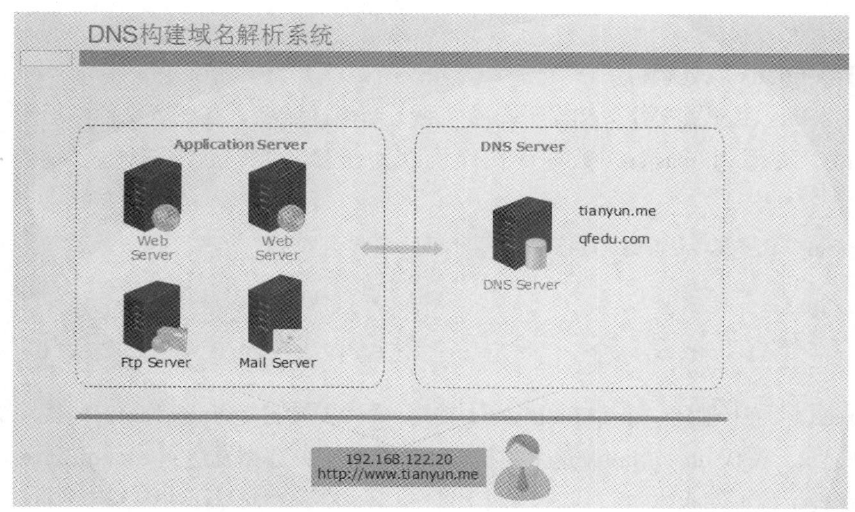

图 16.2　域名解析系统

域名解析区分为正向区与反向区，正向区提供正向解析，将域名解析为 IP；反向区提供反向解析，将 IP 解析为域名。本节重点介绍正向区，反向区简单了解即可。

准备两台主机作为 web server，并进行网页测试。创建 web136，具体如下所示。

```
[root@qfedu-web136 ~]# yum -y install httpd
[root@qfedu-web136 ~]# echo "web136 test" > /var/www/html/index.html
[root@qfedu-web136 ~]# systemctl restart httpd
[root@qfedu-web136 ~]# systemctl enable httpd
[root@qfedu-web136 ~]# systemctl stop firewalld
```

创建 web136 完成后，进行测试，如图 16.3 所示。

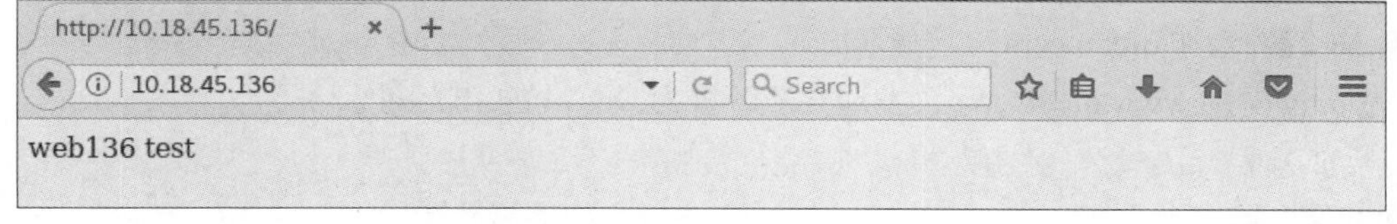

图 16.3　测试 web136

创建 web74，具体如下所示。

```
[root@qfedu-web74 ~]# yum -y install httpd
[root@qfedu-web74 ~]# echo "web74 test" > /var/www/html/index.html
[root@qfedu-web74 ~]# systemctl restart httpd
[root@qfedu-web74 ~]# systemctl enable httpd
[root@qfedu-web74 ~]# systemctl stop firewalld
```

创建 web74 完成后，进行测试，如图 16.4 所示。

图 16.4 测试 web74

【例 16-1】 qf.linux 域名解析。

设置 DNS server 主配置文件，相当于向域名服务商申请域名。在配置文件中写入一个新的域，域名为 qf.linux，类型为 master，数据库文件可以为任意名称，通常与域名保持一致，此处为 qf.linux.zone。

```
[root@qfedu-server ~]# vim /etc/named.conf
zone "qf.linux"{
     type master;
     file "qf.linux.zone";
};
```

在/var/named 目录下创建一个 qf.linux.zone 文件，@代表域名 qf.linux.com，IN 表示 Internet，SOA 表示起始授权记录，授权 dns.qf.linux 这个主机，root 表示相关数据发送到 root.qf.linux 的邮箱。括号中 2018060400 表示数据库版本号，1H 表示 1 小时同步一次，15M 表示每 15 分钟重试一次，1W 表示 1 周过期，1D 表示 1 天缓存。

```
[root@qfedu-server ~]# vim /var/named/qf.linux.zone
@        IN      SOA     dns     root (2018060400 1H 15M 1W 1D)
@        IN      NS      dns
dns      IN      A       10.18.45.68
www      IN      A       10.18.45.136
```

ping 网站域名时，可以解析到 IP 地址。

```
[root@qfedu-web136 ~]# ping www.qf.linux -c1
PING www.qf.linux (10.18.45.136) 56(84) bytes of data.
64 bytes from 10.18.45.136 (10.18.45.136): icmp_seq=1 ttl=64 time=0.278 ms
--- www.qf.linux ping statistics ---
1 packets transmitted, 1 received, 0% packet loss, time 0ms
```

【例 16-2】 增加 qfedu.com 域名解析。

首先 ping 网站 www.qfedu.com，发现并非解析为 web74 的 IP 地址。

```
[root@qfedu-web74 ~]# ping www.qfedu.com -c1
PING www.qfedu.com (140.143.51.136) 56(84) bytes of data.
64 bytes from 140.143.51.136 (140.143.51.136): icmp_seq=1 ttl=52 time=7.20 ms
--- www.qfedu.com ping statistics ---
```

```
1 packets transmitted, 1 received, 0% packet loss, time 0ms
rtt min/avg/max/mdev = 7.202/7.202/7.202/0.000 ms
```

在配置文件中增加一个新的域。

```
[root@qfedu-server ~]# vim /etc/named.conf
zone "qfedu.com"{
       type master;
       file "qfedu.com.zone";
};
```

在/var/named 目录下创建一个 qfedu.com.zone 文件。

```
[root@qfedu-server ~]# vim /var/named/qfedu.com.zone
@        IN      SOA     dns      root (2018060400 1H 15M 1W 1D)
@        IN      NS      dns
dns      IN      A       10.18.45.68
www      IN      A       10.18.45.74
```

ping 网站域名时，可以解析到 IP 地址。

```
[root@qfedu-web74 ~]# ping www.qfedu.com -c1
PING www.qfedu.com (10.18.45.74) 56(84) bytes of data.
64 bytes from qfedu-web74 (10.18.45.74): icmp_seq=1 ttl=64 time=0.024 ms
--- www.qfedu.com ping statistics ---
1 packets transmitted, 1 received, 0% packet loss, time 0ms
rtt min/avg/max/mdev = 0.024/0.024/0.024/0.000 ms
```

16.3 客户端查询

常见的 DNS 查询工具有 nslookup、host、dig，指定 DNS 服务器后，可以使用这些工具查询。

16.3.1 nslookup 工具

nslookup（name server lookup）工具用于查询网络域名信息或者诊断 DNS 服务器的问题，不仅可以在 Linux 系统中使用，还可以在 Windows 系统中使用。它可以指定查询的类型、使用 DNS 服务器的地址，还可以查询 DNS 记录的生存时间等信息。

从 DNS 服务器获取到正确的 IP 后，系统会将这个结果临时存储，并对这个缓存设定一个有效期限。在有效期内，用户再次访问这个网站时，系统就会直接从用户本地的 DNS 缓存中获取相关数据，不必再去访问 DNS 服务器，从而提高网址的解析速率。

1. Linux 系统查询

解析千锋教育官方网站域名，IP 为 140.143.51.136。因为指向的 DNS 服务器为自建服务器，IP 以转发形式得到，所以提示非权威应答，具体如下所示。

```
[root@qfedu-web74 ~]# nslookup qfedu.com
Server:      10.18.45.68
Address: 10.18.45.68#53
Non-authoritative answer:
Name:    qfedu.com
Address: 140.143.51.136
```

nslookup 使用交互的方式查询，具体如下所示。

```
[root@qfedu-web74 ~]# nslookup
> www.qfedu.com
Server:      10.18.45.68
Address: 10.18.45.68#53
Non-authoritative answer:
Name:    www.qfedu.com
Address: 140.143.51.136
```

以交互方式查询域的起始授权记录，具体如下所示。

```
[root@qfedu-web74 ~]# nslookup
> set q=soa
> qfedu.com
Server:      10.18.45.68
Address: 10.18.45.68#53
Non-authoritative answer:
qfedu.com
origin = ns3.dns.com
mail addr = admin.dns.com
serial = 1526368251
refresh = 28800
retry = 3600
expire = 1209600
minimum = 900
Authoritative answers can be found from:
qfedu.com    nameserver = ns4.dns.com.
qfedu.com    nameserver = ns3.dns.com.
ns3.dns.com  internet address = 121.12.104.109
ns3.dns.com  internet address = 183.2.194.173
ns3.dns.com  internet address = 218.66.171.173
ns3.dns.com  internet address = 218.98.111.173
ns4.dns.com  internet address = 183.2.194.174
ns4.dns.com  internet address = 218.66.171.174
ns4.dns.com  internet address = 218.98.111.174
ns4.dns.com  internet address = 121.12.104.110
```

指定向千锋教育官方网站的 DNS 服务器查询，具体如下所示。

```
[root@qfedu-web74 ~]# nslookup
> set q=ns
> qfedu.com
Server:      10.18.45.68
Address: 10.18.45.68#53
Non-authoritative answer:
qfedu.com    nameserver = ns4.dns.com.
qfedu.com    nameserver = ns3.dns.com.
Authoritative answers can be found from:
ns3.dns.com  internet address = 218.98.111.173
ns3.dns.com  internet address = 121.12.104.109
ns3.dns.com  internet address = 183.2.194.173
ns3.dns.com  internet address = 218.66.171.173
ns4.dns.com  internet address = 121.12.104.110
ns4.dns.com  internet address = 183.2.194.174
ns4.dns.com  internet address = 218.66.171.174
ns4.dns.com  internet address = 218.98.111.174
```

2. Windows 系统查询

在 Windows 系统中使用 nslookup 工具查询，打开 DOS 界面，输入 nslookup，显示当前使用的 DNS 服务器的地址，如图 16.5 所示。

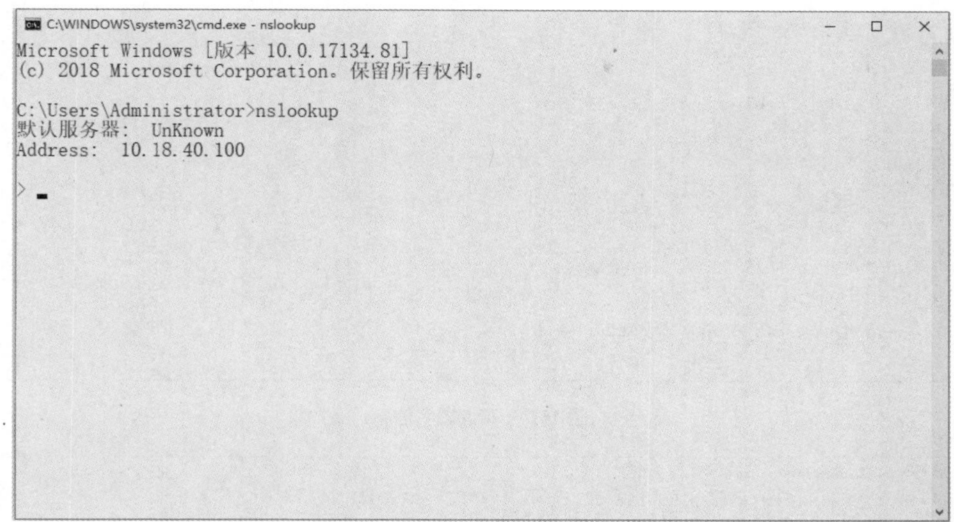

图 16.5　DOS 界面

临时将默认的 DNS 服务器修改为 Google 的 DNS 服务器，如图 16.6 所示。

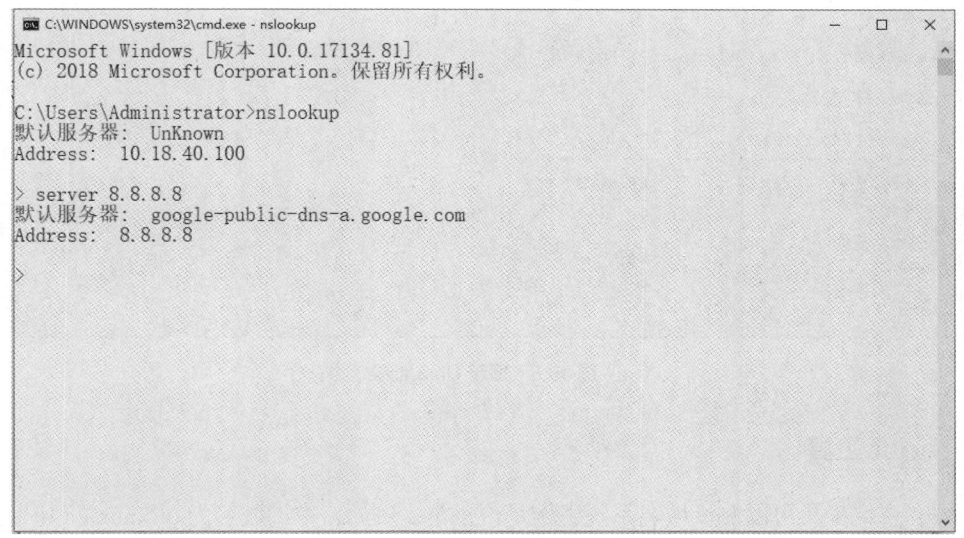

图 16.6　修改默认的 DNS 服务器

查询千锋教育官方网站的域名信息以及起始授权记录，如图 16.7 所示。

访问千锋教育官方网站后，在 CMD（命令提示符页面）中查看 DNS 缓存，当前显示生存时间为 275 秒，在这个时间段内，用户再次访问千锋教育官方网站时，将直接从缓存获取 IP 地址，如图 16.8 所示。

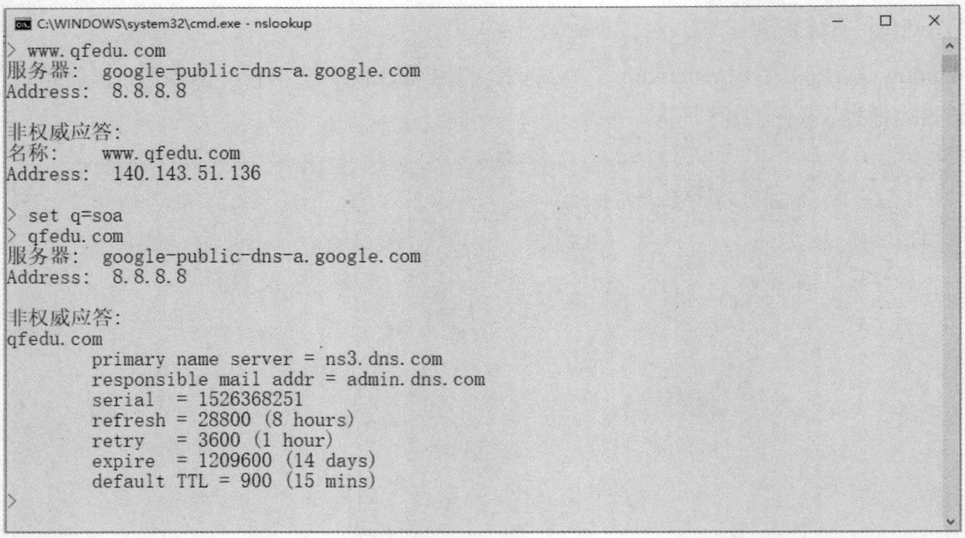

```
C:\WINDOWS\system32\cmd.exe - nslookup
> www.qfedu.com
服务器:  google-public-dns-a.google.com
Address:  8.8.8.8

非权威应答:
名称:    www.qfedu.com
Address:  140.143.51.136

> set q=soa
> qfedu.com
服务器:  google-public-dns-a.google.com
Address:  8.8.8.8

非权威应答:
qfedu.com
        primary name server = ns3.dns.com
        responsible mail addr = admin.dns.com
        serial  = 1526368251
        refresh = 28800 (8 hours)
        retry   = 3600 (1 hour)
        expire  = 1209600 (14 days)
        default TTL = 900 (15 mins)
>
```

图 16.7　查询域名信息

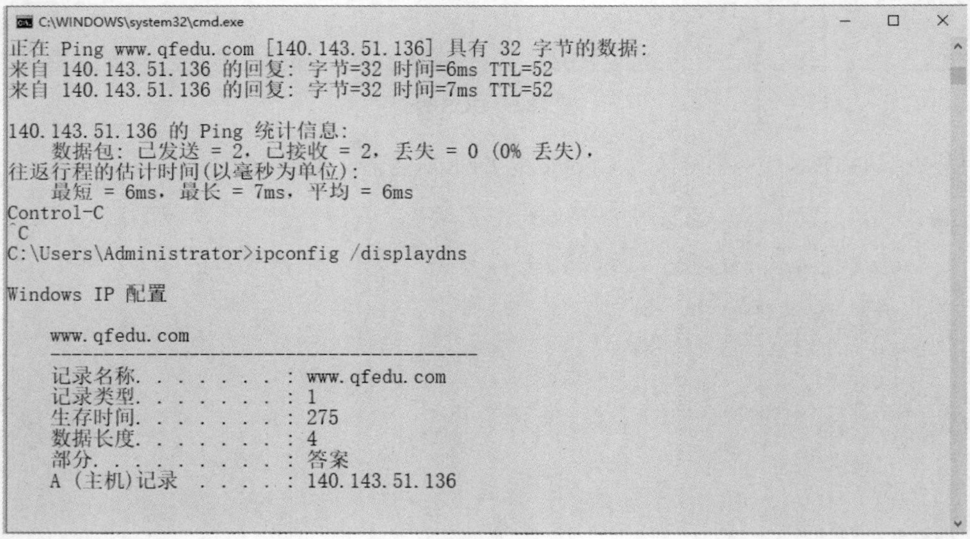

```
C:\WINDOWS\system32\cmd.exe
正在 Ping www.qfedu.com [140.143.51.136] 具有 32 字节的数据:
来自 140.143.51.136 的回复: 字节=32 时间=6ms TTL=52
来自 140.143.51.136 的回复: 字节=32 时间=7ms TTL=52

140.143.51.136 的 Ping 统计信息:
    数据包: 已发送 = 2，已接收 = 2，丢失 = 0 (0% 丢失)，
往返行程的估计时间(以毫秒为单位):
    最短 = 6ms，最长 = 7ms，平均 = 6ms
Control-C
^C
C:\Users\Administrator>ipconfig /displaydns

Windows IP 配置

    www.qfedu.com
    ----------------------------------------
    记录名称. . . . . . . : www.qfedu.com
    记录类型. . . . . . . : 1
    生存时间. . . . . . . : 275
    数据长度. . . . . . . : 4
    部分. . . . . . . . . : 答案
    A (主机)记录 . . . . : 140.143.51.136
```

图 16.8　显示 DNS 记录

16.3.2　host 工具

host 域名查询工具可以测试域名系统工作是否正常。例如，查询域名为 qf.linux 的 IP 地址，“-t”参数表示指定查询的域名信息类型，主机记录默认可以省略，具体如下所示。

```
[root@qfedu-web74 ~]# host -t A www.qf.linux
www.qf.linux has address 10.18.45.136
[root@qfedu-web74 ~]# host www.qf.linux
www.qf.linux has address 10.18.45.136
```

查询起始授权记录，具体如下所示。

```
[root@qfedu-web74 ~]# host -t SOA qf.linux
```

```
qf.linux has SOA record dns.qf.linux. root.qf.linux. 2018060400 3600 900 604800 86400
```

查询 DNS 服务器记录，具体如下所示。

```
[root@qfedu-web74 ~]# host -t NS qf.linux
qf.linux name server dns.qf.linux.
```

查询 126.com 域的邮件服务器，具体如下所示。

```
[root@qfedu-web74 ~]# host -t MX 126.com
126.com mail is handled by 10 126mx03.mxmail.netease.com.
126.com mail is handled by 10 126mx02.mxmail.netease.com.
126.com mail is handled by 50 126mx00.mxmail.netease.com.
126.com mail is handled by 10 126mx01.mxmail.netease.com.
```

16.4　本章小结

域名系统知识综合讲解

本章小结

本章主要讲解了域名系统，包括 DNS 服务、自建 DNS 服务器和客户端查询。通过本章的学习，读者需了解 DNS 域名解析服务的原理及作用，并掌握如何在 DNS 服务器上部署正向解析工作模式。

16.5　习题

一、选择题

1.（　　）文件主要为本地主机名、集群节点提供快速解析。

A. hosts　　B. vsftpd　　C. hostname　　D. DNS

2.（　　）是 DNS 客户机配置文件。

A. /etc/vsftpd/vsftpd.conf　　B. /etc/resolv.conf　　C. /etc/vsftpd/vsftpd　　D. /etc/resolv

3. DNS 软件的包名为（　　）。

A. DNS　　B. bind-chroot　　C. bind　　D. tcpdump

4. bind 服务程序的主配置文件为（　　）。

A. /etc/vsftpd/vsftpd.conf　　B. /etc/resolv.conf　　C. /var/named　　D. /etc/named.conf

5. 在区域配置文件中，（　　）表示起始授权记录。

A. SOA　　B. IN　　C. A　　D. NS

二、填空题

1. 名称解析针对 NetBIOS 与________。

2. 域名解析区分为________。

3. ________工具用于查询网络域名信息，不仅可以在 Linux 系统中使用，还可以在 Windows 系统中使用。

4. ________域名查询工具可以测试域名系统工作是否正常。

5. ________向区提供正向解析，将域名解析为 IP。

三、简答题

1. 简述 DNS 解析流程。
2. 什么是 DNS 缓存？

17

第 17 章　Apache 服务器

本章学习目标

- 了解 Apache 服务
- 掌握部署 LAMP 方法
- 熟悉 Apache 基本配置
- 掌握部署应用服务

本章讲解

Apache 是一款 Web 服务器软件。它可以运行在几乎所有广泛使用的计算机平台上，是非常流行的 Web 服务器端软件。它快速、可靠并且可通过简单的 API 扩充，将 PHP（Page Hypertext Preprocessor，页面超文本预处理器）、Perl、Python 等解释器编译到服务器中。

17.1　LAMP 基础部署

常见的 Web 服务有 Nginx（Tengine）、Apache、IIS，常见的 Web 中间件有 PHP-FPM、HHVM、Tomcat、JBoss、Resin、IBM WebSphere。常见的组合方式有 LNMP（Linux + Nginx + MySQL + PHP，其中 PHP 为 PHP-FPM 进程）、LAMP（Linux + Apache + MySQL + PHP，PHP 作为 Apache 的模块）、Nginx + Tomcat。

Apache HTTP Server（简称 Apache）是 Apache 软件基金会的一个开放源码的网页服务器，可以在大多数计算机操作系统中运行，因其跨平台性和安全性被广泛使用。

Apach 软件包名称为 httpd，服务端口为 80/tcp（http）、443/tcp（https，http+ssl），配置文件为 /etc/httpd/conf/httpd.conf（主配置文件）、/etc/httpd/conf.d/*.conf、/etc/httpd/conf.d/welcome.conf（默认测试页面）。

17.1.1　安装 Apache

使用 yum 安装 Apache 服务程序，软件包名称为 httpd，启动 httpd 服务并将其设置为开机启动，具体如下所示。

```
[root@qfedu-apache ~]# yum -y install httpd
[root@qfedu-apache ~]# systemctl start httpd
[root@qfedu-apache ~]# systemctl enable httpd
Created symlink from /etc/systemd/system/multi-user.target.wants/
httpd.service to
```

```
/usr/lib/systemd/system/httpd.service.
```

接下来进行网站测试，打开火狐浏览器，具体如下所示。

```
[root@qfedu-apache ~]# firefox
```

在地址栏中输入本地 IP 地址 http://127.0.0.1 并按回车键，可以看到 httpd 服务的测试页面，如图 17.1 所示。

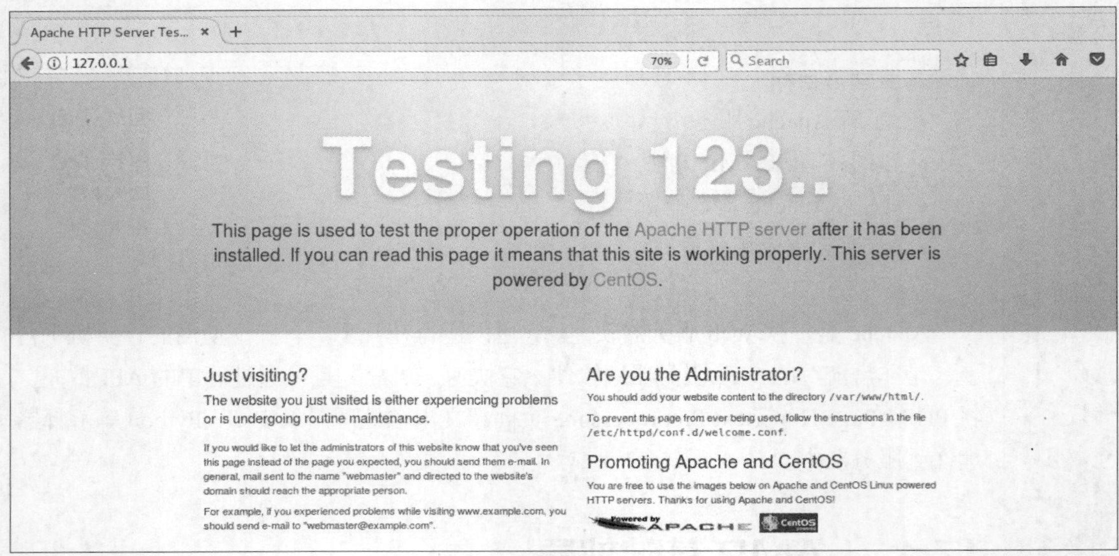

图 17.1　httpd 服务测试页面

在/var/www/html/index.html 文件中写入如下内容。

```
[root@qfedu-apache ~]# vim /var/www/html/index.html
qf.linux
```

打开火狐浏览器，输入 IP 地址并按回车键，此时默认访问服务器 80 端口的/var/www/html/index.html 文件，结果如图 17.2 所示。

图 17.2　访问 index.html 页面

在/var/www/html/目录下创建 qf.php 文件并写入如下内容。

```
[root@qfedu-apache ~]# vim /var/www/html/qf.php
<?php
phpinfo();
?>
```

打开浏览器在地址栏输入 http://10.18.45.175/qf.php 并按回车键，页面显示为空，因为服务器端并没有对 PHP 文件进行解释，如图 17.3 所示。

图 17.3　访问 qf.php 页面

17.1.2　安装 PHP

为解决上述无法解释 PHP 文件问题，安装 PHP 即可，具体如下所示。

```
[root@qfedu-apache ~]# yum -y install php
..................部分省略.....................
Installed:
  php.x86_64 0:5.4.16-45.el7
Dependency Installed:
  libzip.x86_64 0:0.10.1-8.el7             php-cli.x86_64 0:5.4.16-45.el7
  php-common.x86_64 0:5.4.16-45.el7
Complete!
```

安装 PHP 完成后，PHP 成为 httpd 的模块，具体如下所示。

```
[root@qfedu-apache ~]# ls /etc/httpd/modules/ |grep php
libphp5.so
```

重新启动 httpd 服务，具体如下所示。

```
[root@qfedu-apache ~]# systemctl restart httpd
```

通过火狐浏览器再次访问 qf.php，如图 17.4 所示。

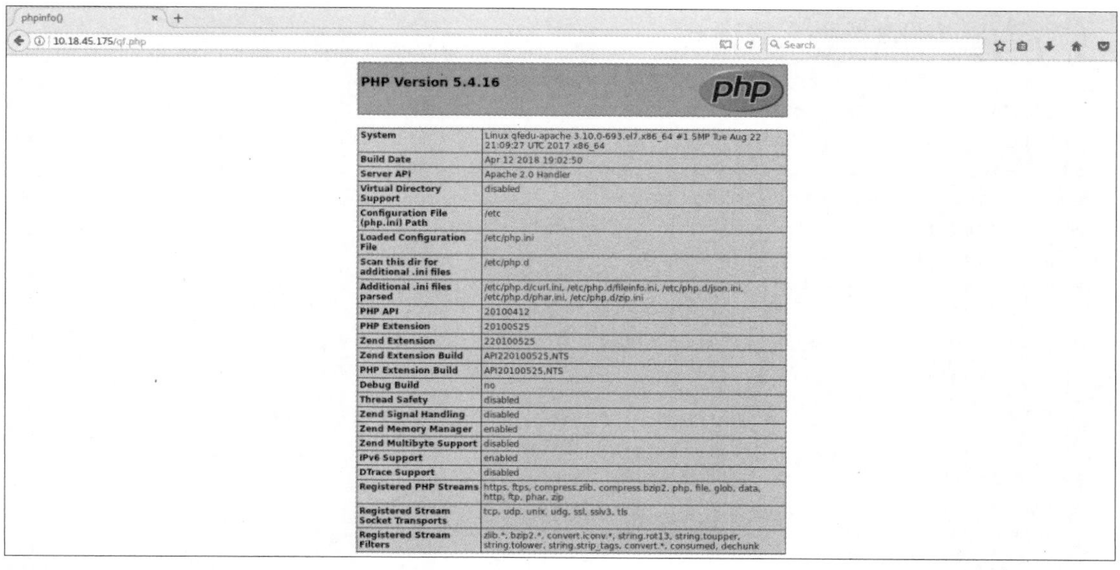

System	Linux qfedu-apache 3.10.0-693.el7.x86_64 #1 SMP Tue Aug 22 21:09:27 UTC 2017 x86_64
Build Date	Apr 12 2018 19:02:50
Server API	Apache 2.0 Handler
Virtual Directory Support	disabled
Configuration File (php.ini) Path	/etc
Loaded Configuration File	/etc/php.ini
Scan this dir for additional .ini files	/etc/php.d
Additional .ini files parsed	/etc/php.d/curl.ini, /etc/php.d/fileinfo.ini, /etc/php.d/json.ini, /etc/php.d/phar.ini, /etc/php.d/zip.ini
PHP API	20100412
PHP Extension	20100525
Zend Extension	220100525
Zend Extension Build	API220100525,NTS
PHP Extension Build	API20100525,NTS
Debug Build	no
Thread Safety	disabled
Zend Signal Handling	disabled
Zend Memory Manager	enabled
Zend Multibyte Support	disabled
IPv6 Support	enabled
DTrace Support	disabled
Registered PHP Streams	https, ftps, compress.zlib, compress.bzip2, php, file, glob, data, http, ftp, phar, zip
Registered Stream Socket Transports	tcp, udp, unix, udg, ssl, sslv3, tls
Registered Stream Filters	zlib.*, bzip2.*, convert.iconv.*, string.rot13, string.toupper, string.tolower, string.strip_tags, convert.*, consumed, dechunk

图 17.4　再次访问 qf.php 页面

17.1.3 安装 MariaDB

MariaDB 数据库管理系统是 MySQL 的一个分支，主要由开源社区维护，采用 GPL 授权许可。MariaDB 的目标是完全兼容 MySQL，包括 API 和命令行，成为 MySQL 的替代品。

使用 yum 安装 MariaDB 服务端与客户端，具体如下所示。

```
[root@qfedu-apache ~]# yum -y install mariadb-server mariadb
……………..部分省略…………………..
Installed:
  mariadb.x86_64 1:5.5.60-1.el7_5     mariadb-server.x86_64 1:5.5.60-1.el7_5
Dependency Installed:
  mariadb-libs.x86_64 1:5.5.60-1.el7_5
  perl-Compress-Raw-Bzip2.x86_64 0:2.061-3.el7
  perl-Compress-Raw-Zlib.x86_64 1:2.061-4.el7
  perl-DBD-MySQL.x86_64 0:4.023-6.el7
  perl-DBI.x86_64 0:1.627-4.el7
  perl-Data-Dumper.x86_64 0:2.145-3.el7
  perl-IO-Compress.noarch 0:2.061-2.el7
  perl-Net-Daemon.noarch 0:0.48-5.el7
  perl-PlRPC.noarch 0:0.2020-14.el7
Complete!
```

启动 MariaDB 服务端并设置为开机启动，具体如下所示。

```
[root@qfedu-apache ~]# systemctl start mariadb
[root@qfedu-apache ~]# systemctl enable mariadb
Created symlink from /etc/systemd/system/multi-user.target.wants/mariadb.service
to
/usr/lib/systemd/system/mariadb.service.
```

提升 MariaDB 安全性，即设置密码，具体如下所示。

```
[root@qfedu-apache ~]# mysql_secure_installation
NOTE: RUNNING ALL PARTS OF THIS SCRIPT IS RECOMMENDED FOR ALL MariaDB
      SERVERS IN PRODUCTION USE!  PLEASE READ EACH STEP CAREFULLY!
In order to log into MariaDB to secure it, we'll need the current
password for the root user.  If you've just installed MariaDB, and
you haven't set the root password yet, the password will be blank,
so you should just press enter here.
Enter current password for root (enter for none):
OK, successfully used password, moving on...
Setting the root password ensures that nobody can log into the MariaDB
root user without the proper authorisation.
You already have a root password set, so you can safely answer 'n'.
Change the root password? [Y/n]     //回车
New password:                       //设置 MariaDB 登录密码
Re-enter new password:              //再次输入密码
Password updated successfully!
Reloading privilege tables..
 ... Success!
By default, a MariaDB installation has an anonymous user, allowing anyone
to log into MariaDB without having to have a user account created for
them.  This is intended only for testing, and to make the installation
go a bit smoother.  You should remove them before moving into a
```

```
production environment.
Remove anonymous users? [Y/n]                    //回车
 ... Success!
Normally, root should only be allowed to connect from 'localhost'.  This
ensures that someone cannot guess at the root password from the network.
Disallow root login remotely? [Y/n]              //回车
 ... Success!
By default, MariaDB comes with a database named 'test' that anyone can
access.  This is also intended only for testing, and should be removed
before moving into a production environment.
Remove test database and access to it? [Y/n]    //回车
 - Dropping test database...
 ... Success!
 - Removing privileges on test database...
 ... Success!
Reloading the privilege tables will ensure that all changes made so far
will take effect immediately.
Reload privilege tables now? [Y/n]               //回车
 ... Success!
Cleaning up...
All done!  If you've completed all of the above steps, your MariaDB
installation should now be secure.
Thanks for using MariaDB!
```

登录 MySQL 时，需提供用户名与密码，具体如下所示。

```
[root@qfedu-apache ~]# mysql -uroot -p123
Welcome to the MariaDB monitor.  Commands end with ; or \g.
Your MariaDB connection id is 17
Server version: 5.5.56-MariaDB MariaDB Server
Copyright (c) 2000, 2017, Oracle, MariaDB Corporation Ab and others.
Type 'help;' or '\h' for help. Type '\c' to clear the current input statement.
MariaDB [(none)]> \q          //退出登录
Bye
```

删除/var/www/html/目录下文件并编辑 index.php 文件，具体如下所示。

```
[root@qfedu-apache ~]# rm -rf /var/www/html/*
[root@qfedu-apache ~]# vim /var/www/html/index.php
<?php
$link=mysql_connect('localhost','root','123');
if ($link)
            echo "Successfuly";
else
            echo "Fail";
mysql_close();
?>
```

此时打开火狐浏览器输入 http://10.18.45.175/index.php 并按回车键，页面显示为空，因为 PHP 模块无法连接数据库，如图 17.5 所示。

图 17.5　访问 index.php 页面

为解决上述问题，安装 php-mysql 即可，具体如下所示。

```
[root@qfedu-apache ~]# yum -y install php-mysql
………………..部分省略……………………..
Installed:
  php-mysql.x86_64 0:5.4.16-45.el7
Dependency Installed:
  php-pdo.x86_64 0:5.4.16-45.el7
Complete!
```

查看 PHP 的扩展模块，具体如下所示。

```
[root@qfedu-apache ~]# php -m
………………..部分省略……………………..
mysql
………………..部分省略……………………..
```

从输出结果中可以看到，PHP 支持 MySQL 模块。

重新启动 httpd 服务，具体如下所示。

```
[root@qfedu-apache ~]# systemctl restart httpd
```

再次访问 http://10.18.45.175/index.php，如图 17.6 所示。

图 17.6　访问 index.php 页面

编辑 index.php 文件，在 mysql_connect()函数中传入错误参数，具体如下所示。

```
[root@qfedu-apache ~]# vim /var/www/html/index.php
<?php
$link=mysql_connect('localhost','root','321');
if ($link)
            echo "Successfuly";
else
            echo "Fail";
mysql_close();
?>
```

再次访问 http://10.18.45.175/index.php，如图 17.7 所示。

图 17.7　访问 index.php 页面

17.2　Apache 基本配置

Apache 安装完成后，其配置文件位于/etc/httpd/目录下，具体如下所示。

```
[root@qfedu-apache ~]# tree /etc/httpd/
/etc/httpd/
├── conf
│   ├── httpd.conf
│   └── magic
├── conf.d
│   ├── autoindex.conf
│   ├── php.conf
│   ├── README
│   ├── userdir.conf
│   └── welcome.conf
├── conf.modules.d
│   ├── 00-base.conf
│   ├── 00-dav.conf
│   ├── 00-lua.conf
│   ├── 00-mpm.conf
│   ├── 00-proxy.conf
│   ├── 00-systemd.conf
│   ├── 01-cgi.conf
│   └── 10-php.conf
├── logs -> ../../var/log/httpd
├── modules -> ../../usr/lib64/httpd/modules
└── run -> /run/httpd

6 directories, 15 files
```

其中，httpd.conf 文件为 Apache 的主配置文件，它包含 conf.d 目录下所有以.conf 为后缀的文件。logs 目录下为日志文件，具体如下所示。

```
[root@qfedu-apache ~]# ls /etc/httpd/logs/
access_log  error_log
```

其中，access_log 文件为访问日志，error_log 文件为错误日志。

查看 Apache 主配置文件，具体如下所示。

```
[root@qfedu-apache ~]# vim /etc/httpd/conf/httpd.conf
31 ServerRoot "/etc/httpd"              //安装目录
42 Listen 80                            //监听端口
56 Include conf.modules.d/*.conf        //包含 conf.d 下的*.conf 文件
66 User apache                          //运行 Apache 的用户
67 Group apache                         //运行 Apache 的用户组
119 DocumentRoot "/var/www/html"        //站点默认主目录
124 <Directory "/var/www">              //Apache 访问控制
125     AllowOverride None
```

```
    # Allow open access:
    Require all granted
</Directory>
DirectoryIndex index.html     //设置默认主页
```

17.3 部署网上商城 ECshop

在第一节中，Apache 上运行的网站是非常简单的，但在实际生产环境中，线上产品可能是一套独立的程序，也可能是进行二次开发的程序。本节部署的网上商城属于一次开发的产品，建议读者在一个新环境中部署。

1. 基础环境

关闭 SELinux 与防火墙，具体如下所示。

```
[root@qtedu-ecshop ~]# sed -ri '/^SELINUX=/cSELINUX=disabled' /etc/selinux/config
[root@qfedu-ecshop ~]# setenforce 0
[root@qfedu-ecshop ~]# systemctl stop firewalld.service
[root@qfedu-ecshop ~]# systemctl disable firewalld.service
```

2. 安装 LAMP

安装 LAMP 相关服务并启动，具体如下所示。

```
[root@qfedu-ecshop ~]# yum -y install httpd mariadb-server mariadb php php-mysql gd
php-gd
[root@qfedu-ecshop ~]# systemctl start httpd mariadb
[root@qfedu-ecshop ~]# systemctl enable httpd mariadb
[root@qfedu-ecshop ~]# mysql_secure_installation
```

3. 安装 ECshop

（1）Apache 配置虚拟主机

在/etc/httpd/conf.d/目录下新建 qf.linux.conf 文件并编辑，具体如下所示。

```
[root@qfedu-ecshop ~]# vim /etc/httpd/conf.d/qf.linux.conf
<VirtualHost *:80>                              //代码段头部定义项，虚拟主机监听端口
      ServerName www.qf.linux                   //网站名称
      ServerAlias qf.linux                      //网站别名
      DocumentRoot /webroot/qf.linux            //网站代码路径
</VirtualHost>                                  //代码段头部定义项，代码段结束符
<Directory "/webroot/qf.linux">                 //网站代码目录
      Require all granted                       //网站访问权限
</Directory>                                    //代码段结束符
```

“httpd -t”命令可以检测语法是否有错，具体如下所示。

```
[root@qfedu-ecshop ~]# httpd -t
AH00112: Warning: DocumentRoot [/webroot/qf.linux] does not exist
AH00558: httpd: Could not reliably determine the server's fully qualified domain name,
using
fe80::a8d7:7535:960a:5ee2. Set the 'ServerName' directive globally to suppress this
message
Syntax OK
```

输出结果提示/webroot/qf.linux 目录不存在，创建该目录，具体如下所示。

```
[root@qfedu-ecshop ~]# mkdir -p /webroot/qf.linux
[root@qfedu-ecshop ~]# httpd -t
AH00558: httpd: Could not reliably determine the server's fully qualified domain name,
using
fe80::a8d7:7535:960a:5ee2. Set the 'ServerName' directive globally to suppress this
message
Syntax OK
```

输出结果提示无法可靠地确定服务器的全限定域名，设置 ServerName 即可，具体如下所示。

```
[root@qfedu-ecshop ~]# vim /etc/httpd/conf/httpd.conf
95 ServerName qflinux:80
```

再次检测语法是否有错，具体如下所示。

```
[root@qfedu-ecshop ~]# httpd -t
Syntax OK
```

检测语法正确后，重新启动 httpd 服务，具体如下所示。

```
[root@qfedu-ecshop ~]# systemctl restart httpd
```

（2）导入 ECshop 网站源码

```
[root@qfedu-ecshop ~]# unzip ECShop_V3.0.0_UTF8_release0518.zip
[root@qfedu-ecshop ~]# cp -rf ECShop_V3.0.0_UTF8_release0518/* /webroot/qf.linux
```

（3）安装 ECshop（任何客户端）

```
[root@qfedu-client ~]# vim /etc/hosts
10.18.45.185    www.qf.linux    qf.linux
```

打开火狐浏览器，在地址栏输入 qf.linux 并按回车键，进入欢迎使用界面，如图 17.8 所示。

图 17.8　欢迎使用界面

勾选图 17.8 中“我已仔细阅读，并同意上述条款中的所有内容”选项，单击【下一步，配置安装环境】，进入检查环境界面，如图 17.9 所示。

在图 17.9 中，目录权限检测显示为不可写。除此之外，模板可写性检查同样显示不可写。解决方法如下。

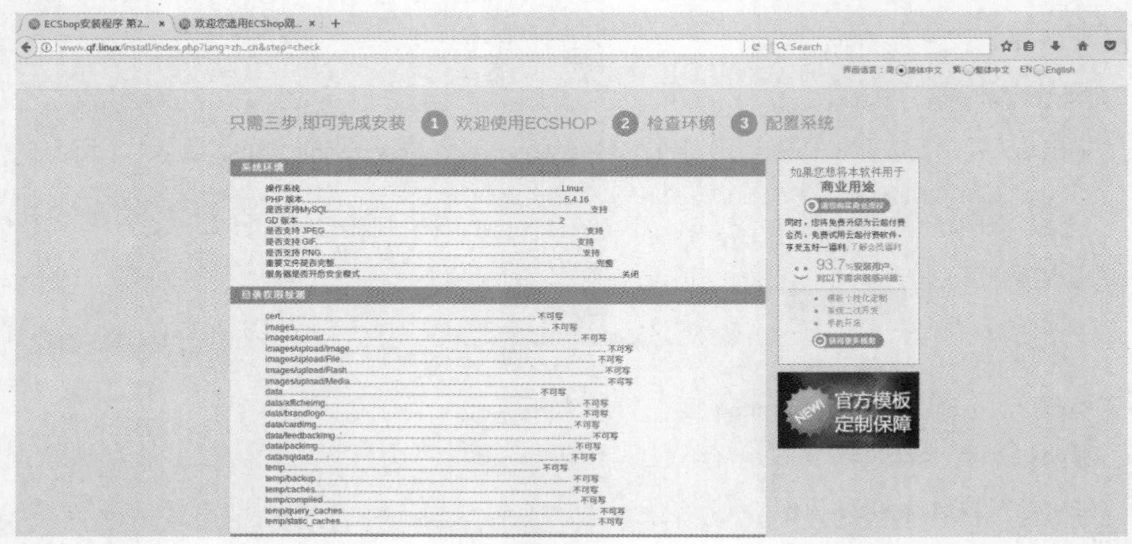

图 17.9　检查环境界面

```
[root@qfedu-ecshop ~]# chmod -R 777 /webroot/qf.linux/
```

单击重新检测按钮，目录权限检测与模板可写性检查都显示可写，如图 17.10 所示。

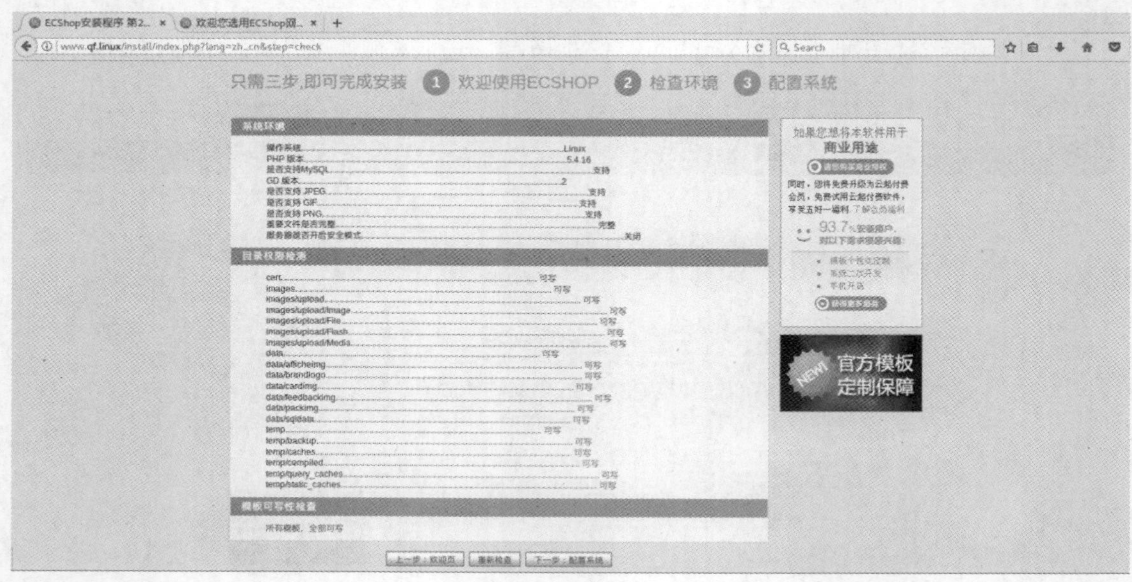

图 17.10　检查环境正确界面

在图 17.10 中，单击【下一步，配置系统】按钮，进入配置系统界面，如图 17.11 所示。

图 17.11 提示 PHP 日期函数的错误，即依靠系统的时区设置是不安全的。解决方法是修改 PHP

配置文件 php.ini 中的 date.timezone 选项，具体如下所示。

```
[root@qfedu-ecshop ~]# vim /etc/php.ini
875 [Date]
876 ; Defines the default timezone used by the date functions
877 ; http://php.net/date.timezone
878 date.timezone = Asia/Shanghai
```

图 17.11　配置系统界面

修改配置文件后，重启 Apache 服务，再次刷新页面，如图 17.12 所示。

图 17.12　配置系统界面

填写相应的配置信息，单击【立即安装】按钮，出现激活界面，如图 17.13 所示。

图 17.13　激活界面

点击【跳过激活】按钮，进入完成界面，如图 17.14 所示。

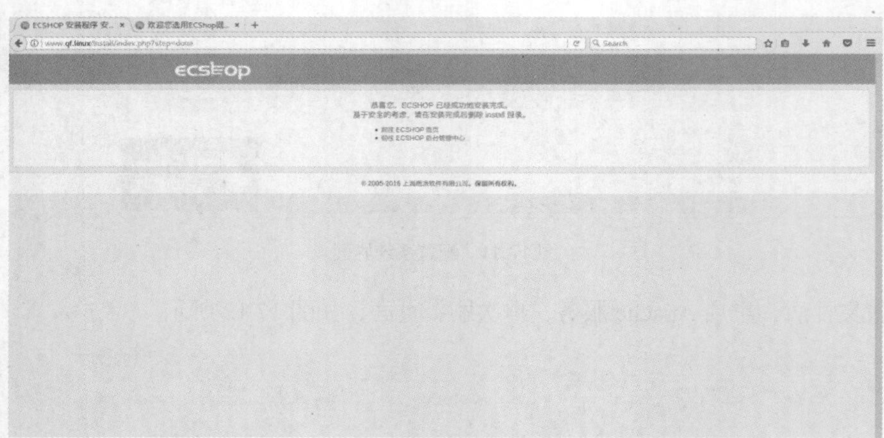

图 17.14 完成界面

单击“前往 ECSHOP 首页”，如图 17.15 所示。

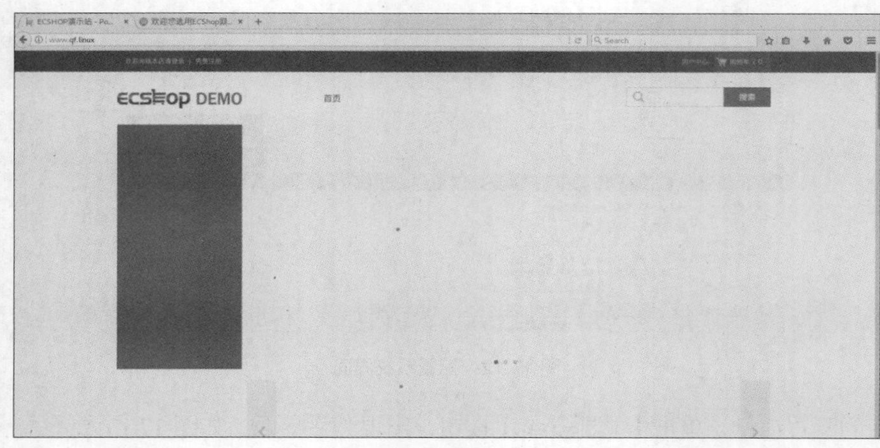

图 17.15　ECSHOP 首页

在图 17.14 中单击“前往 ECSHOP 后台管理中心”，如图 17.16 所示。

图 17.16　ECSHOP 后台管理中心

17.4　部署博客系统 WordPress

与部署网上商城类似，部署博客系统需关闭 SELinux 和防火墙，以及搭建 LAMP 环境，方法与上节相同，此处不再赘述。

在/etc/httpd/conf.d/目录下新建 wordpress.conf 文件并编辑，具体如下所示。

```
[root@qfedu-wordpress ~]# vim /etc/httpd/conf.d/wordpress.conf
<VirtualHost *:80>
       ServerName www.wordpress
       ServerAlias wordpress
       DocumentRoot "/webroot/wordpress"
</VirtualHost>
<Directory "/webroot/wordpress">
       Require all granted
</Directory>
```

创建/webroot/wordpress 目录并修改权限，具体如下所示。

```
[root@qfedu-ecshop ~]# mkdir -p /webroot/wordpress
[root@qfedu-wordpress ~]# chmod -R 777 /webroot/wordpress/
```

下载 wordpress 软件包，具体如下所示。

```
[root@qfedu-wordpress ~]# wget https://cn.wordpress.org/wordpress-4.9.4-zh_CN.
tar.gz
```

下载完成后，解压并解包，具体如下所示。

```
[root@qfedu-wordpress ~]# tar xf wordpress-4.9.4-zh_CN.tar.gz
[root@qfedu-wordpress ~]# ls wordpress
index.php        wp-blog-header.php    wp-includes          wp-settings.php
license.txt      wp-comments-post.php  wp-links-opml.php    wp-signup.php
```

```
readme.html      wp-config-sample.php  wp-load.php        wp-trackback.php
wp-activate.php  wp-content            wp-login.php       xmlrpc.php
wp-admin         wp-cron.php           wp-mail.php
```

将 wordpress 目录下的所有文件复制到/webroot/wordpress 目录下，具体如下所示。

```
[root@qfedu-wordpress ~]# cp -rf wordpress/* /webroot/wordpress
```

登录数据库，具体如下所示。

```
[root@qfedu-wordpress ~]# mysql -uroot -p123
Welcome to the MariaDB monitor.  Commands end with ; or \g.
Your MariaDB connection id is 29
Server version: 5.5.56-MariaDB MariaDB Server
Copyright (c) 2000, 2017, Oracle, MariaDB Corporation Ab and others.
Type 'help;' or '\h' for help. Type '\c' to clear the current input statement.
```

创建数据库 wordpress，具体如下所示。

```
MariaDB [(none)]> create database wordpress;
Query OK, 1 row affected (0.00 sec)
```

查询已创建的所有数据库，具体如下所示。

```
MariaDB [(none)]> show databases;
+--------------------+
| Database           |
+--------------------+
| information_schema |
| ecshop             |
| mysql              |
| performance_schema |
| wordpress          |
+--------------------+
5 rows in set (0.00 sec)
MariaDB [(none)]> \q
Bye
```

编辑/etc/hosts 文件，具体如下所示。

```
[root@qfedu-client ~]# vim /etc/hosts
127.0.0.1   localhost localhost.localdomain localhost4 localhost4.localdomain4
::1         localhost localhost.localdomain localhost6 localhost6.localdomain6
10.18.45.185   www.qf.linux   qf.linux   www.wordpress   wordpress
```

重新启动 Apache 服务，具体如下所示。

```
[root@qfedu-wordpress ~]# systemctl restart httpd
```

打开火狐浏览器，在地址栏输入 www.wordpress/并按回车键，进入欢迎使用界面，如图 17.17 所示。

在图 17.17 中，单击【现在就开始!】按钮，进入数据库连接界面，如图 17.18 所示。

在图 17.18 中，填写相应的数据库连接信息，单击【提交】按钮，进入安装界面，如图 17.19 所示。

在图 17.19 中，单击【现在安装】按钮，进入详细信息界面，如图 17.20 所示。

WordPress › 调整配置文件
www.wordpress/wp-admin/setup-config.php
Search
欢迎使用WordPress。在开始前，我们需要您数据库的一些信息。请准备好如下信息。
1. 数据库名
2. 数据库用户名
3. 数据库密码
4. 数据库主机
5. 数据表前缀（table prefix，特别是当您要在一个数据库中安装多个WordPress时）
我们会使用这些信息来创建一个wp-config.php文件。如果自动创建未能成功，不用担心，您要做的只是将数据库信息填入配置文件。您也可以在文本编辑器中打开wp-config-sample.php，填入您的信息，并将其另存为wp-config.php。需要更多帮助？看这里。
绝大多数时候，您的网站服务提供商会给您这些信息。如果您没有这些信息，在继续之前您将需要联系他们。如果您准备好了…
现在就开始！

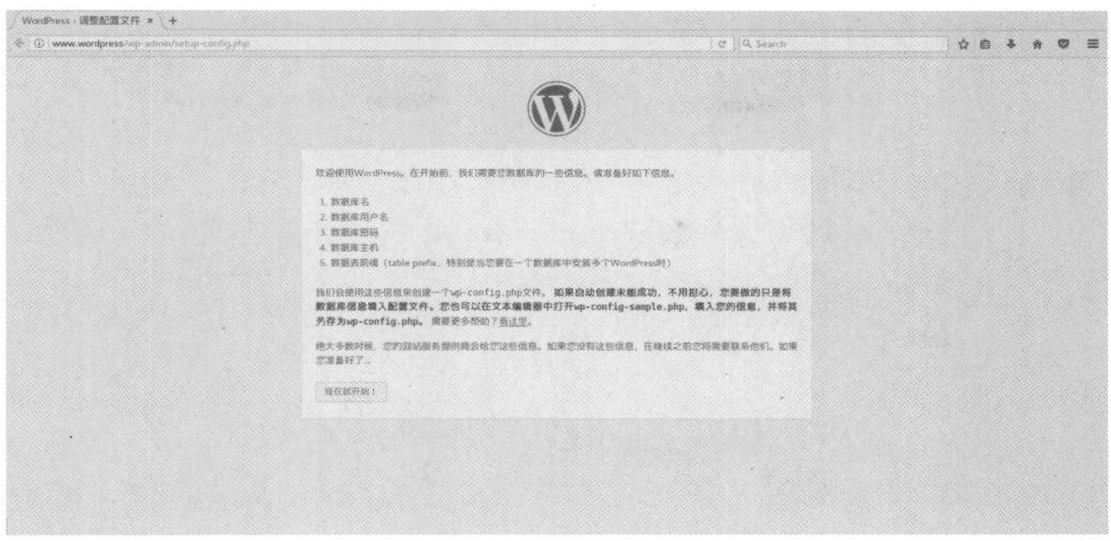

图 17.17　欢迎使用界面

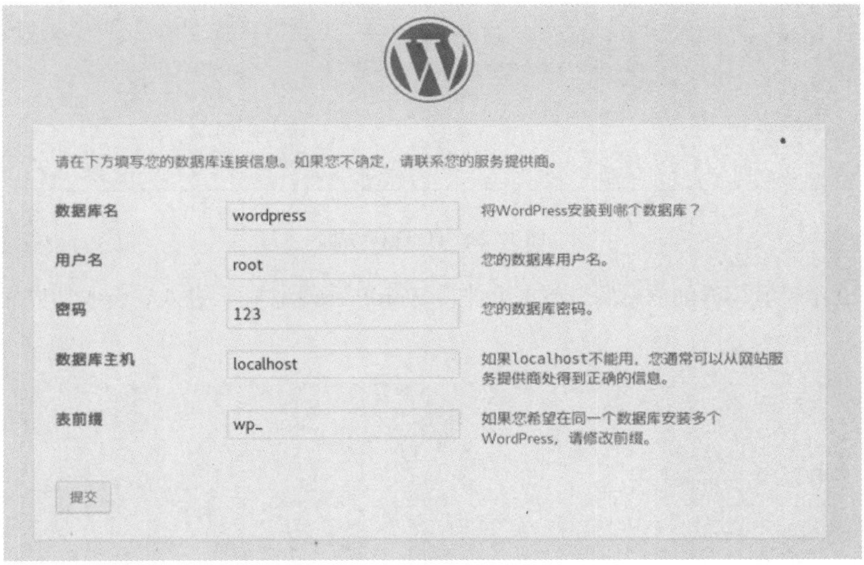

请在下方填写您的数据库连接信息。如果您不确定，请联系您的服务提供商。
数据库名
wordpress
将WordPress安装到哪个数据库？
用户名
root
您的数据库用户名。
密码
123
您的数据库密码。
数据库主机
localhost
如果localhost不能用，您通常可以从网站服务提供商处得到正确的信息。
表前缀
wp_
如果您希望在同一个数据库安装多个WordPress，请修改前缀。
提交

图 17.18　数据库连接界面

不错。您完成了安装过程中重要的一步，WordPress现在已经可以连接数据库了。如果您准备好了的话，现在就…
现在安装

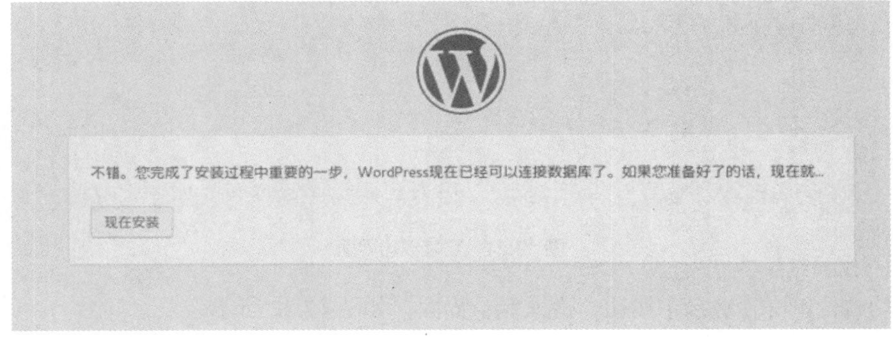

图 17.19　安装界面

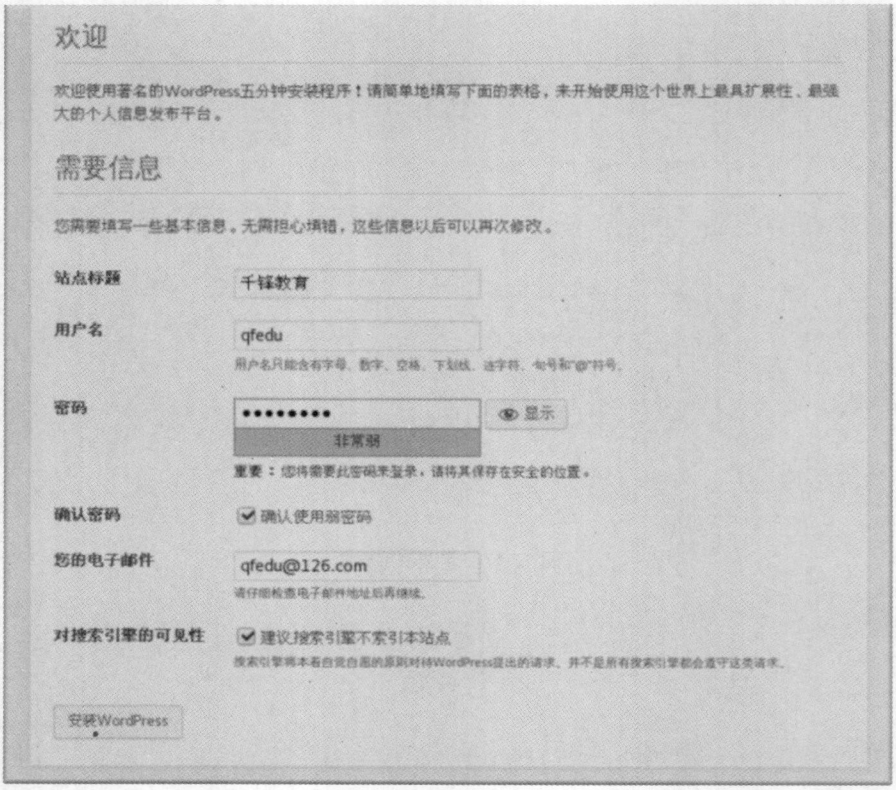

图 17.20 详细信息界面

在图 17.20 中，填写详细信息后，单击【安装 WordPress】按钮，进入安装成功界面，如图 17.21 所示。

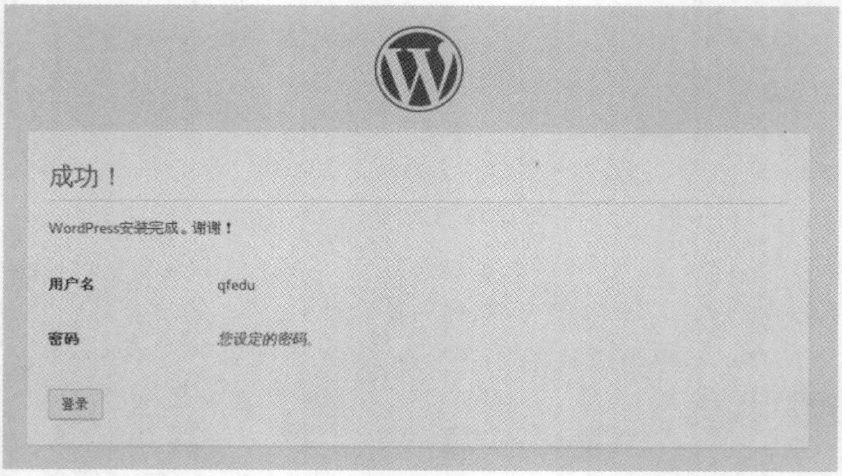

图 17.21 安装成功界面

安装成功后，单击【登录】按钮，进入登录界面，如图 17.22 所示。

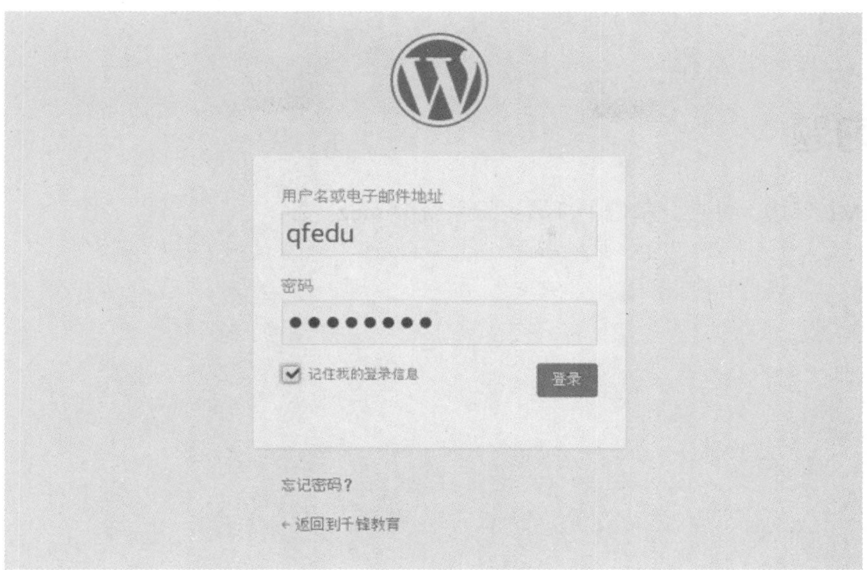

图 17.22 登录界面

在图 17.22 中，输入用户名与密码，单击【登录】按钮，进入管理界面，如图 17.23 所示。

图 17.23 管理界面

17.5 本章小结

Apache 服务器综合讲解

本章小结

本章主要讲解了 Apache 服务器的配置，包括 LAMP 基础部署、Apache 基本配置。学习本章后，读者需动手实践部署网上商城 ECshop、博客系统 WordPress，两个系统的部署方法大致相同，读者应仔细体会。

17.6 习题

部署 LAMP 环境，并在此基础上部署论坛系统 Discuz。